Dr. Ulrich Cimolino
M.Sc. B.Eng. Manuel Fabrizio
Dipl.-Ing. Christian Pannier

Persönliche Schutzausrüstung in der Feuerwehr

Für den sicheren Einsatz bei der Feuerwehr und anderen Hilfsorganisationen

ecomed
SICHERHEIT

Bibliografische Information der Deutschen Nationalbibliothek

Die Deutsche Nationalbibliothek verzeichnet diese Publikation in der Deutschen Nationalbibliografie; detaillierte bibliografische Daten sind im Internet über <http://dnb.de> abrufbar.

Bei der Herstellung des Werkes haben wir uns zukunftsbewusst für umweltverträgliche und wiederverwertbare Materialien entschieden. Der Inhalt ist auf elementar chlorfreiem Papier gedruckt.

ISBN: 978-3-609-77520-3

E-Mail: kundenservice@ecomed-storck.de
Telefon: 089/2183-7922
Telefax: 089/2183-7620

www.ecomed-storck.de

Titelbild: Christian Buchold (Langen, HE)

Satz: Fotosatz Buck, Kumhausen
Druck: Westermann Druck, Zwickau

Information zur Produktsicherheit: https://www.ecomed-storck.de/gpsr

Inhaltsverzeichnis

Vorwort

Von Anfang an wurden in den Büchern dieser Reihe, deren Vorgänger (Einsatzpraxis) sowie den Standard-Einsatz-Regeln immer wieder Hinweise zur Notwendigkeit bzw. Auswahl von Persönlicher Schutzausrüstung (PSA) gegeben. Aufgrund der Veränderungen in der Normung, häufigen Unklarheiten der verwendeten Begriffe und der ganz praktischen Probleme im Einsatz mit der Auswahl/Akzeptanz der richtigen bzw. notwendigen PSA haben wir uns dazu entschlossen, ein eigenes Buch speziell zum Thema PSA zu bringen.

Mit dem Titel Persönliche Schutzausrüstung (PSA) in der Fachbuchreihe Einsatzpraxis lag seit 2014 ein umfassendes Nachschlagewerk und Handbuch rund um das Thema PSA vor, das hiermit aktualisiert wird. Neben Hinweisen zum Gebrauch ist der Fokus besonders auf die Auswahl und auf unterschiedliche Gestaltungsmerkmale von PSA gerichtet. Das Buch wendet sich also nicht nur an Anwender, sondern auch in erhöhtem Maße an Beschaffer von PSA – ganz gleich, ob bei großen oder kleinen, hauptamtlichen oder ehrenamtlichen, öffentlichen oder Werkfeuerwehren.

Außer der bloßen Erfüllung der Norm sollten sicherheitsrelevante wie praxisorientierte Aspekte bei der Auswahl von PSA im Vordergrund stehen. Wenig geeignet als Beschaffungskriterium sind die Optik („der neue Helm Superheld 8000 sieht einfach verdammt gut aus, in grün-blinkend“) oder nur Preis („so billig wie möglich“) als jeweilige Entscheidungsgrundlage. Machen Sie sich vertraut mit den am Markt vorhandenen Produkten, sprechen Sie mit anderen Anwendern, tauschen Sie sich aus – und kaufen Sie nicht das Erstbeste. Worauf besonderes Augenmerk gelegt werden sollte, ist auf den nachfolgenden Seiten zu erfahren.

Es ist gelungen, für das Werk ein breit aufgestelltes Autorenkollektiv zu gewinnen. Neben Kollegen mit jahrzehntelanger Erfahrung bei Feuerwehren und Hilfsorganisationen, die aus Anwender- und aus Beschaffer-Sicht mit PSA zu tun hatten und haben, wirken auch mehrere Verfasser mit, die über umfangreiche Kenntnisse aus dem Bereich Herstellung, Produktmanagement und Vertrieb von unterschiedlicher PSA verfügen.

Außer den im Titel aufgeführten Autoren haben weiterhin Dirk Aschenbrenner, Andreas Baumgartner, Florian Besch, Michael Breker, Jörg Lange-Hegermann, Mario-Alexander Lehmann, Björn Lüssenheide, Jan Südmersen, Andreas Weich-Arin und Wolfgang Werft eigene Inhalte beigesteuert.

Danksagung

Wir bedanken uns herzlich bei allen Feuerwehren, Kollegen, Kameraden, PSA-Herstellern, Vertreibern und weiteren Personen, die uns mit Material und/oder Bildern für das vorliegende Buch unterstützt haben.

Weiterhin sind wir allen Korrekturlesern für die investierte Mühe sowie die zahlreichen Anregungen sehr dankbar.

Sie finden im vorliegenden Buch teilweise einige Wiederholungen in den einzelnen Kapiteln. Dies halten wir für sinnvoll, um jedes Kapitel für sich verständlich zu gestalten! Wie für alle anderen Bücher dieser Reihe gilt auch hier, dass die Aktualität der Aufnahmen vor hoher Auflösung geht. Sie finden also Einsatzbilder, die nicht unbedingt höchsten fotografischen Ansprüchen genügen. Aufgrund der besonderen Aussagen der Aufnahmen, gerade aus Anfangsphasen von Einsätzen, legen wir auf die technische Qualität weniger Wert als auf die inhaltliche.

Die Autoren respektieren die Leistung aller weiblichen Feuerwehrangehörigen. Frauen bereichern die Feuerwehren, ohne sie ist das bewährte flächendeckende Feuerwehrsystem in Deutschland nicht mehr zu erhalten. Wir haben versucht, geschlechtsneutrale Bezeichnungen zu verwenden. Im Sinne der Lesbarkeit haben wir, wo dies nicht möglich ist, auf die weibliche Form verzichtet, ohne damit zu unterstellen, dass die Feuerwehr Männersache sei.

Pfarrkirchen, im Juli 2025 Dr. Ulrich Cimolino

1 Einleitung

von U. Cimolino, M. Fabrizio und Ch. Pannier

Persönliche Schutzausrüstung (PSA) wird bei den Feuerwehren seit Beginn des Feuerlöschwesens verwendet. Wie auch andere Bereiche des Brandschutzes und der technischen Hilfeleistung ist die PSA in Abhängigkeit von taktischen Erfordernissen und technischen Entwicklungen gewissen Änderungen unterworfen.

Grundsätzlich diente und dient seit dem Entstehen eines neuzeitlichen professionellen[1] Feuerwehrwesens die Persönliche Schutzausrüstung dem Schutz des Feuerwehrangehörigen vor den mannigfaltigen Gefahren des Einsatzdienstes. Unter anderem durch sich wandelnde Aufgabengebiete und Einsatztaktiken haben sich auch die Anforderungen an die Persönliche Schutzausrüstung geändert. Die Gefährdungen – auch durch andere Einsatzmöglichkeiten, z.B. im Innenangriff – unterliegen einem gewissen Wandel. Doch aus welchen Bestandteilen setzt sich die Persönliche Schutzausrüstung überhaupt zusammen? In den folgenden Seiten werden einleitend die einzelnen PSA-Bestandteile nach dem Schutzbereich entlang dem menschlichen Körper von oben nach unten betrachtet.

Der Kopfschutz ist in folgende Bereiche unterteilbar: Allgemeiner Kopfschutz, Gesichtsschutz, Augenschutz und Gehörschutz.

1 Professionell ist in diesem Zusammenhang als organisierte Form des Feuerlöschwesens gemeint und schließt sowohl ehren- und nebenamtliche als auch hauptamtliche Feuerwehrkräfte ein.

Der allgemeine Kopfschutz wird durch einen Feuerwehrhelm sichergestellt. Dieser kann je nach Schutzzweck unterschiedlich ausgestaltet sein und ggf. mehrere Schutzbereiche abdecken. Beispiele hierfür finden sich u.a. bei Feuerwehrhelmen mit ein- oder angebauten Visieren zum Gesichtsschutz oder bei Helmen für Benutzer von handgeführten Kettensägen mit integriertem Splittervisier und angebautem Gehörschutz (gemeinhin „Forsthelm" oder „Waldarbeiterhelm").

Es ist grundsätzlich zu beachten, dass Gesichtsschutz (beispielsweise mit einem Visier dargestellt) und Augenschutz zwei verschiedene Schutzziele erfüllen – das eine kann das andere nicht ersetzen. Während der Gesichtsschutz für das Gesicht bzw. den vorderen Teil des Kopfes im Allgemeinen vorzusehen ist, schützt der Augenschutz in Form einer Brille oder dergleichen im Speziellen die Augen. Beides ist ggf. parallel zu tragen, wenn spanabhebende bzw. schleifende Werkzeuge verwendet werden, da kleine Splitter grundsätzlich zwischen Gesicht und Visier gelangen und so ohne zusätzlichen Schutz auch die Augen verletzten könnten (s. Kap. 2.1.1.3).

Der Schutz der Atemwege wird je nach Gefährdung im Feuerwehreinsatz unterschiedlich gewährleistet. Das bekannteste Gerät ist hier vermutlich der landläufig so bezeichnete Pressluftatmer, also das „umluftunabhängige" Atemschutzgerät mit dem dazugehörigen passenden Atemanschluss (der sog. Atemschutzmaske) und die damit verbundene Einsatztaktik. Klassischer Atemschutz durch diese Gerätetechnik ist jedoch nur am Rande Inhalt dieses Werks, es sei auf die ausführlichen Veröffentlichungen („Atemschutz", Cimolino et al., 1999–2011 und „Atemschutz-Notfallmanagement", Cimolino/Ridder, 2010) hingewiesen. Andere Möglichkeiten zum Schutz der Feuerwehrangehörigen vor Intoxikationen über die Atemluft bieten jedoch auch verschiedene Filtersysteme und -masken, die in Kapitel 3.8 in diesem Werk genauer dargestellt werden. Sie schützen davor, etwaige Schadstoffe über die Atemluft in den Körper aufzunehmen.

Der Körper selbst wird z.B. durch Feuerwehrschutzkleidung vor äußeren Einflüssen geschützt, die je nach Gefährdung unterschiedlich ausfallen kann.

Die Standard-Schutzausrüstung soll vor folgenden Gefährdungen schützen:

- chemische Gefährdungen wie Tropfen oder Flüssigkeitslachen

- elektrische Gefährdungen wie Stromschläge
- klimatische Gefährdungen wie Kälte, Niederschlag oder Wind
- mechanische Gefährdungen wie Schlag-, Schnitt- oder Stoßeinwirkungen
- thermische Gefährdungen wie Wärmestrahlung und Flammeneinwirkung (s. Kap. 3.1)
- Gefährdungen durch den Straßenverkehr, wie von anderen Verkehrsteilnehmern übersehen zu werden (s. Kap. 3.6)

Beim „klassischen" Feuerwehrschutzanzug handelt es sich um eine Feuerwehrhose und eine Feuerwehrjacke. Darüber hinaus muss der Körperschutz fallweise jedoch auch mit spezieller PSA gewährleistet werden, beispielsweise mit Schnittschutzkleidung oder mit Chemikalienschutzanzügen.

Ergänzt wird der Körperschutz durch entsprechende Handschuhe und Schuhe bzw. Stiefel, die ebenfalls je nach Einsatzzweck unterschiedlich ausfallen können.

Die Persönliche Schutzausrüstung für den Feuerwehreinsatz besteht damit für verschiedene Einsatzlagen aus den meisten der hier aufgeführten Bestandteile oder einer Kombination daraus. Für spezielle Gefährdungen (zum Beispiel Einsatz auf dem oder unter Wasser, in Höhen) ist entsprechend spezielle PSA zu verwenden. Zur Wasserrettung sei ergänzend auf das entsprechende Buch der Reihe Standard-Einsatz-Regeln, Cimolino et al., 2011 bzw. das Buch der Reihe Fachwissen Feuerwehr, Bartmann/Cimolino, 2025 verwiesen und zur PSA für den Einsatzbereich Absturzsicherung etc. vgl. das Buch in der Reihe Einsatzpraxis, Werft/Cimolino et al., 2009.

Als Mindestkonfiguration der Persönlichen Schutzausrüstung dient die Ausstattung mit Feuerwehrhelm, Feuerwehrschutzanzug, Feuerwehrhandschuhen und Sicherheitsschuhwerk[1]. Diese Ausrüstung muss jedem Feuerwehrangehörigen zur Verfügung gestellt werden!

Wie aus dieser Übersicht bereits erkennbar ist, wird verschiedene PSA für verschiedene Zwecke verwendet. Je nach Ausgangslage kann es auch erforderlich sein, unterschiedliche PSA gemeinsam

1 Vgl. hierzu „UVV-Feuerwehren", DGUV-Vorschrift 49, § 14 (früher: GUV-V C 53 § 12).

einzusetzen. Auf Basis der sogenannten PSA-Richtlinie der EU, ausgeschrieben als „Richtlinie 89/686/EWG des Rates vom 21. Dezember 1989 zur Angleichung der Rechtsvorschriften der Mitgliedstaaten für persönliche Schutzausrüstungen“ bezeichnet, gibt es daher seither mehrere harmonisierte Normen zur Persönlichen Schutzausrüstung. Nachfolgend werden daher die rechtlichen Rahmenbedingungen rund um PSA näher erläutert.

1.1 Rechtliche Grundlagen

Das Thema „Rechtliche Grundlagen“ ist bei der Feuerwehr eher unbeliebt. Es wird in Lehrgängen nicht selten nur aufgrund von Vorgaben in Lehrplänen gelehrt und bei dem ein oder anderen Feuerwehrangehörigen lediglich maximale Langeweile erzeugt. Trotzdem, oder vielleicht gerade deshalb, herrscht bei den weitaus meisten Feuerwehrangehörigen eine fast schon erschreckende Unkenntnis darüber. Es ist daher unerlässlich, sowohl für das tiefere Verständnis der Thematik als auch für die folgenden Kapitel im Buch, wenigstens die Grundzüge des PSA-Rechts näher zu erläutern.

Es muss zunächst zwischen zwei Themenbereichen unterschieden werden: Den Anforderungen an das (erstmalige) Inverkehrbringen sowie die grundsätzliche Gestaltung von Persönlicher Schutzausrüstung und den Anforderungen an die Benutzung Persönlicher Schutzausrüstungen. Obwohl in der Praxis eng miteinander verknüpft, so sind die Anforderungen an und die Benutzung von PSA doch im rechtlichen Sinne zwei grundverschiedene Themen, die dementsprechend in unterschiedlichen Rechtstexten behandelt werden. Beiden gemeinsam ist, dass die jeweiligen Ursprünge mittlerweile im europäischen Recht liegen. Im folgenden Kapitel wird kurz auf die Rechtsetzung in der EU eingegangen. Fachkundige Leser, die mit dieser Thematik vertraut sind, können dieses Kapitel überspringen.

1.1.1 Rechtsetzung durch die Europäische Union

Während die Anforderungen an das Inverkehrbringen sowie die grundlegenden Sicherheitsanforderungen an PSA-Produktsicherheitsrecht auf Grundlage des Artikels 95 des Maastrichter Vertrages sind, handelt es sich bei den Anforderungen an die Benutzung von Persönlicher Schutzausrüstung um Arbeitsschutzrecht auf Grundlage des Artikels 137 des Maastrichter Vertrages.

1.1.2 Rechtliche Grundlagen für das Inverkehrbringen sowie die grundlegenden Sicherheitsanforderungen an Persönliche Schutzausrüstungen

Der Rat der Europäischen Gemeinschaften hatte mit der Richtlinie 89/686/EWG vom 21. Dezember 1989 erstmals eine Richtlinie bezüglich des Inverkehrbringens sowie den grundlegenden Sicherheitsanforderungen an Persönliche Schutzausrüstungen erlassen. Diese Richtlinie wurde im Juni 1992 in Form der 8. Verordnung zum Gerätesicherheitsgesetz (ab Mai 2004: 8. Verordnung zum Geräte- und Produktsicherheitsgesetz (8. GPSGV), seit Dezember 2011 8. Verordnung zum Produktsicherheitsgesetz (8. ProdSGV)) in deutsches Recht umgesetzt und verfolgte zwei Ziele: Zum einen sollte durch eine einheitliche Zulassungsvoraussetzung die grundlegende Voraussetzung für einen Binnenmarkt geschaffen werden, d.h. eine PSA, die die Anforderungen der PSA-Richtlinie erfüllt, kann und durfte überall innerhalb des europäischen Binnenmarktes verkauft werden. Dies sollte Handelshemmnisse abbauen und für einen stärkeren Wettbewerb sorgen. Zum anderen wurden durch die PSA-Richtlinie einheitliche Mindestvoraussetzungen und somit ein einheitlicher Mindeststandard für PSA definiert.

Die PSA-Richtlinie 89/686/EWG wurde ab 2016 durch die neue PSA-Verordnung (EU) 2016/425 ersetzt. Mit ihrer Einführung werden die gleichen Ziele wie bisher mit der PSA-Richtline verfolgt. Da EU-Verordnungen, im Gegensatz zu EU-Richtlinien, unmittelbare Rechtswirkung entfalten und nicht erst in den Mitgliedsstaaten in nationales Recht umgesetzt werden müssen, entfiel mit der EU PSA-Verordnung also nicht nur die PSA-Richtlinie, sondern auch die 8. Verordnung zum Produktsicherheitsgesetz.

Was ist nun PSA im rechtlichen Sinne? Artikel 3 Nr. 1 der EU PSA-Verordnung definiert:

Im Sinne dieser Verordnung bezeichnet der Ausdruck

1. „Persönliche Schutzausrüstung“ (PSA)
   a) Ausrüstung, die entworfen und hergestellt wird, um von einer Person als Schutz gegen ein oder mehrere Risiken für ihre Gesundheit oder ihre Sicherheit getragen oder gehalten zu werden,
   b) austauschbare Bestandteile für Ausrüstungen gemäß Buchstabe a, die für ihre Schutzfunktion unerlässlich sind,
   c) Verbindungssysteme für Ausrüstungen gemäß Buchstabe a, die nicht von einer Person gehalten oder getragen werden und so entworfen sind, dass sie diese Ausrüstung mit einer externen Vorrichtung oder einem sicheren Ankerpunkt verbinden, und die nicht so entworfen sind, dass sie ständig befestigt sein müssen, und die vor ihrer Verwendung keine Befestigungsarbeiten benötigen.

Somit bezieht sich, wie auch schon bisher, der Begriff „Persönlich“ in „Persönliche Schutzausrüstung“ per Legaldefinition auf den Schutz von Personen. Persönliche Schutzausrüstung muss demnach nicht notwendigerweise persönlich zugeteilt, d.h. zur Nutzung lediglich durch eine einzelne, bestimmte Person, bestimmt sein. Dies ist oft auch nicht sinnvoll, gerade bei Persönlichen Schutzausrüstungen wie Atemschutzgeräten etc. würde eine persönliche Zuteilung nicht nur unverhältnismäßig teuer, sondern in der Praxis auch unpraktikabel sein. (Es müsste bei einem Einsatz beispielsweise gewährleistet sein, dass die Atemschutzgeräte eines Löschgruppenfahrzeugs die persönlich zugeteilten der jeweiligen Besatzung sind.)

Dies bedeutet im Gegenzug, dass alle Gegenstände, die nicht zum Schutz vor Risiken für die Gesundheit oder Sicherheit von Personen dienen, keine Persönliche Schutzausrüstung sind. Gerade im Bereich der Feuerwehr kommt es hier immer wieder zu Missverständnissen bzw. Verwechslungen, weil Persönliche Ausrüstung i.S. der FwDV 1 mit Persönlicher Schutzausrüstung im rechtlichen Sinne verwechselt wird. Die Persönliche Ausrüstung des Feuerwehrangehörigen gemäß FwDV 1 umfasst unter anderem Persönliche Schutzausrüstung, darüber hinaus als Ergänzung bei entsprechenden Erfordernissen, aber auch zusätzliche Ausrüstungsgegenstände. So sind beispielsweise weder das in der FwDV 1 genannte Feuerwehrbeil, noch die Signalpfeife Persönliche Schutzausrüstung, da sie nicht der Abwehr von Gefahren für die Sicherheit und Gesundheit von Personen dienen. Vielmehr handelt es sich bei den beiden genannten Beispielen um Arbeits- bzw. Kommunikationsmittel.

Die PSA-Verordnung unterteilt (in Anhang I) Persönliche Schutzausrüstungen in drei Kategorien:

Die Kategorie I umfasst PSA gegen geringfügige Risiken. In der Verordnung folgt eine komplette Aufzählung aller PSA, die unter diese Definition fallen, nämlich PSA gegen oberflächliche mechanische Verletzungen (z.B. Handschuhe für die Gartenarbeit oder Fingerhüte), PSA gegen den Kontakt mit schwach aggressiven Reinigungsmitteln oder längeren Kontakt mit Wasser (z.B. Spülhandschuhe), PSA gegen den Kontakt mit heißen Oberflächen, deren Temperatur 50 °C nicht übersteigt, PSA gegen die Schädigung des Auges durch Sonneneinstrahlung (Sonnenbrillen) sowie PSA gegen Witterungsbedingungen, die nicht extremer Art sind (z.B. Regenschutzkleidung). Handelt es sich hingegen um PSA gegen Risiken, die zu sehr schwerwiegenden Folgen wie Tod oder irreversiblen Gesundheitsschäden führen können, so wird diese in die Kategorie III eingestuft. Auch hier erfolgt in der PSA-Verordnung eine abschließende Aufzählung, die u.a. Atemschutzgeräte, PSA gegen Absturz, PSA für den Einsatz in warmer (Lufttemperatur von 100 °C oder mehr) oder kalter (Lufttemperatur von -50 °C oder weniger) Umgebung oder PSA gegen Stromschläge und die Arbeit an unter Spannung stehenden Teilen umfasst. Im Gegensatz zur alten PSA-Richtlinie umfasst in der PSA-Verordnung PSA der Kategorie III nun auch solche gegen schädlichen Lärm. Die meisten im Feuerwehrbereich verwendeten PSA (beispielsweise Feuerwehrschutzanzüge, -stiefel, -handschuhe, -schutzhauben oder -helme) fallen in diese Kategorie III. Alle anderen PSA, die nicht in die Kategorien I oder III fallen werden der Kategorie II zugeordnet.

Die PSA-Verordnung sieht nun steigende Anforderungen für das erstmalige Inverkehrbringen/die Zulassung von PSA in Abhängigkeit von der Kategorieeinteilung vor. Während bei PSA der Kategorie I der Hersteller selbst die Konformität mit den Bestimmungen der Verordnung (speziell den grundlegenden Gesundheitsschutz und Sicherheitsanforderungen gemäß Anhang II der Verordnung Richtlinie) erklärt, eine Konformitätserklärung erstellt und das (CE-)Konformitätszeichen auf der PSA anbringt, muss er bei PSA der Kategorie II zusätzlich eine sogenannte Baumusterprüfung durchführen lassen. Hierbei prüft eine unabhängige, benannte Stelle („Notified body"), ob die PSA den jeweiligen Voraussetzungen entspricht und stellt – wenn alle Voraussetzungen erfüllt sind – eine Konformitätsbescheinigung (auch als „Zertifikat" bezeichnet) aus. Noch weiter gehen die Anforderungen an PSA der

Kategorie III: Zusätzlich zu Konformitätserklärung und Baumusterprüfung muss der Hersteller der PSA ein Qualitätssicherungsverfahren einrichten, welches regelmäßig, ebenfalls durch eine benannte Stelle, überprüft und bescheinigt wird.

Auf Anwenderseite werden manchmal die Begriffe Konformitätserklärung und Konformitätsbescheinigung verwechselt oder gar gleichgesetzt. Beachten Sie deshalb:

Eine Konformitätserklärung wird immer und ausschließlich vom Hersteller der PSA ausgestellt. Sie muss für jede PSA erstellt werden.

Eine Konformitätsbescheinigung hingegen wird durch die benannte Stelle nur für PSA der Kategorien II und III ausgestellt.

Dem aufmerksamen Leser wird aufgefallen sein, dass bis hierher weder UVVen, noch Normen, noch sonstige Richtlinien oder Regelwerke genannt wurden. Der Grund dafür ist einfach: Sie sind für die grundsätzlichen Anforderungen und das Inverkehrbringen von PSA komplett bedeutungslos.

1.1.3 Unfallverhütungsvorschriften

Die Unfallverhütungsvorschrift „Feuerwehren“ (DGUV Vorschrift 49) macht an keiner Stelle irgendwelche Vorgaben bezüglich der Anforderungen an Persönliche Schutzausrüstungen. Sie besagt in § 14 lediglich, dass der Arbeitgeber Persönliche Schutzausrüstungen zur Verfügung zu stellen hat (s. Kap. 1.2) und nennt beispielhaft anhand von Normnummern, wie diese Vorgabe umgesetzt werden kann. Die Unfallverhütungsvorschrift „Feuerwehren“ trifft grundsätzlich keine Regelungen bezüglich der Anforderungen an Persönliche Schutzausrüstungen, da die gesetzlichen Unfallversicherer hier nicht regelungsbefugt sind. Ein Grundsatz im EU-Recht lautet sinngemäß und vereinfacht: „Was im EU-Gemeinschaftsrecht geregelt ist, darf in den Mitgliedsstaaten weder gegensätzlich geregelt werden, noch darf es doppelt bzw. parallel geregelt werden“. Dies bedeutet schlichtweg, dass die Unfallversicherer die Anforderungen an PSA gar nicht regeln dürfen. Dieser Punkt ist von besonderer Bedeutung, da er in vielen Feuerwehren nicht bekannt ist. Wenn Sie Persönliche Schutzausrüstung beschaffen wollen bzw. müssen, dann benötigen Sie weder eine Genehmigung des zuständigen Unfallversicherungsträgers (z.B. UK, FUK), noch kann Ihnen der Unfallversicherer eine bestimmte PSA erlauben oder gar untersagen. Es ist ebenfalls sinnlos, beispielsweise in einer Technischen Leistungsbeschreibung auf (Einhaltung der Anforderungen aus) Unfallverhütungsvorschriften zu verweisen, da diese gar keine Vorgaben diesbezüglich machen. Nicht verwechselt werden darf hier aber die Steuerungsmöglichkeit der Länder, die z.B. Zuschüsse nur für bestimmte Ausführungen geben können. Diese Beschaffungsvorgaben oder -empfehlungen dürfen aber wiederum den Regelungen aus dem EU-Gemeinschaftsrecht nicht entgegenstehen.

1.1.4 Normen

Auch die Rolle der Normen hinsichtlich der Anforderungen an Persönliche Schutzausrüstungen wird häufig falsch eingeschätzt. Es ist ein gängiger Irrglaube, Persönliche Schutzausrüstungen müssten einer Norm entsprechen. Sogenannte „harmonisierte Normen“ (oftmals auch als „EN-Normen“ bezeichnet und erkennbar am „EN“ in der Normbezeichnung, z.B. DIN EN 469) stellen lediglich eine Möglichkeit dar, wie die grundlegenden Sicherheitsanforderungen des Anhangs II der PSA-Verordnung erfüllt werden können. Von ihnen geht eine sogenannte „Vermutungswirkung“ aus, d.h. bei Einhaltung der Normanforderungen einer harmonisierten Norm wird davon ausgegangen, dass die grundlegenden Sicherheitsanforderungen des Anhangs II der PSA-Verordnung erfüllt sind.

Dies bedeutet jedoch nicht, dass eine PSA immer den Anforderungen einer Norm entsprechen muss. Zum einen sind die Hersteller nicht verpflichtet, eine PSA nach einer Norm zu entwickeln, zum anderen gibt es immer wieder Fälle, in welchen eine Norm gar nicht vorhanden ist. Ein gutes Beispiel hierfür sind Feuerschutzhauben[1], die schon hergestellt und verwendet wurden, bevor erstmals im Jahre 2004 mit EN 13911 eine (mittlerweile aktualisierte[2]) entsprechende harmonisierte Norm veröffentlicht wurde.

1 Umgangssprachlich auch als „Flammschutzhaube“ bezeichnet. Es wird der Normbegriff „Feuerschutzhaube“ aus EN 13911 verwendet.
2 Stand zum Zeitpunkt der Manuskriptbearbeitung: DIN-EN 13911:2017-11

Da Normen lediglich eine unverbindliche Möglichkeit darstellen, wie die grundlegenden Sicherheitsanforderungen des Anhangs II der PSA-Verordnung erfüllt werden können, und somit nicht eine Norm, sondern einzig und ausschließlich die PSA- Verordnung das entscheidende rechtliche Kriterium ist, ist die – oftmals auch von den (Marketingabteilungen der) PSA-Hersteller(n) verwendete – Formulierung „Zertifiziert nach EN xyz" sachlich falsch. Es ist für das Inverkehrbringen von Persönlicher Schutzausrüstung in der Europäischen Union rechtlich nicht möglich, eine PSA nach einer Norm zu zertifizieren. Vielmehr erfolgt die Zertifizierung ausschließlich nach der PSA-Verordnung, im Regelfall unter Anwendung einer bestimmten Norm.

Es stellt sich nun folgende Frage: Da die Normen selbst unverbindlich sind und eine Zertifizierung ausschließlich auf Basis der PSA-Verordnung erfolgt, warum gibt es dann überhaupt harmonisierte Normen?

Antwort: Zum einen vereinfacht die Anwendung harmonisierter Normen das Zulassungsverfahren erheblich, sowohl für die Hersteller wie auch für die benannten Stellen, welche ggf. Baumusterprüfungen durchführen. Die Norm formuliert die in der PSA-Verordnung doch nur sehr rudimentär beschriebenen Schutzziele in konkrete Anforderungen für bestimmte Produkte und/oder Einsatzzwecke um, die die Produkte der Hersteller erfüllen müssen und die die benannten Stellen überprüfen können. Zum anderen helfen harmonisierte Normen den Beschaffern von Persönlicher Schutzausrüstung, da ein Beschaffer genau weiß, welche Anforderungen eine PSA erfüllt. Würde ein Beschaffer nicht nach einer Norm beschaffen, so müsste er im Vorfeld jedes noch so kleine Detail explizit in einer Leistungsbeschreibung definieren, um es zur Vorgabe seiner Beschaffung zu machen. Dies würde einen immensen Arbeitsaufwand bedeuten und erhebliche fachliche Vorkenntnisse erfordern. Weiterhin kann der Beschaffer bei einer Beschaffung nach Norm davon ausgehen, dass die zu beschaffende PSA für den in der Norm genannten Einsatzzweck geeignet ist[1].

Zusammengefasst stellen Normen somit einen technischen Standard dar, der bei ihrer Anwendung die Prozesse des Inverkehrbringens durch den Hersteller wie auch der Beschaffung durch die Feuerwehren für alle Beteiligten erheblich vereinfacht.

[1] Dies entbindet den Beschaffer jedoch nicht von seiner Pflicht zur Gefährdungsbeurteilung.

Gleichwohl sind sie kein rechtlich verbindliches Kriterium. Es steht sowohl den Herstellern wie auch den Anwendern frei, PSA zu entwickeln, zu vermarkten, zu beschaffen und zu verwenden, die nicht einer harmonisierten Norm entspricht.

1.2 Rechtliche Anforderungen für die Benutzung Persönlicher Schutzausrüstungen

Ein (im rechtlichen Sinne) völlig anderes Thema ist die Bereitstellung bzw. Benutzung Persönlicher Schutzausrüstungen. Sie findet ihre Grundlage in der EWG-Richtlinie 89/656/EWG „Richtlinie des Rates über die Mindestvorschriften für Sicherheit und Gesundheitsschutz bei der Benutzung persönlicher Schutzausrüstung durch Arbeitnehmer bei der Arbeit". Diese wurde in Deutschland in Form der „Verordnung über Sicherheit und Gesundheitsschutz bei der Benutzung persönlicher Schutzausrüstung bei der Arbeit (PSA-Benutzungsverordnung – PSA-BV)" in nationales Recht umgesetzt. In Österreich erfolgte die Umsetzung in nationales Recht nicht wie in Deutschland über eine separate Verordnung, vielmehr sind die Anforderungen der Richtlinie 89/656/EWG mit den §§ 69, 70 direkt im ArbeitnehmerInnenschutzgesetz (ASchG) in österreichisches Recht umgesetzt worden.

Die PSA-BV ist eine Verordnung auf Grundlage des § 18 des Arbeitsschutzgesetzes (ArbSchG) und somit im Arbeitsschutzrecht angesiedelt.

Die PSA-BV regelt kurz und bündig (sie umfasst lediglich drei Paragraphen und ist ausgedruckt gerade einmal zwei Seiten lang)

- was Persönliche Schutzausrüstung ist (sinnvollerweise ist die Definition identisch mit der in der 8. ProdSG) und auch explizit, was keine Persönliche Schutzausrüstung ist,
- dass ein Arbeitgeber geeignete Persönliche Schutzausrüstung bereitzustellen und zu warten/reparieren hat und
- dass die Beschäftigten über die sicherheitsgerechte Benutzung der Persönlichen Schutzausrüstung zu unterweisen sind.

Sie regelt nicht, dass bzw. wann Beschäftigte die Persönliche Schutzausrüstung benutzen müssen. Dies ist auch nicht notwendig, da dies bereits im Arbeitsschutzgesetz festgeschrieben ist[1].

Persönliche Schutzausrüstung kann grundsätzlich zwei unterschiedliche Ziele verfolgen, welche im englischen mit „first defence" oder „first resort" bzw. „last defence" oder „last resort" bezeichnet werden und dementsprechend im Folgenden als „primärer Schutz" bzw. „letzter Schutz" bezeichnet werden.

Denkt der Laie an Persönliche Schutzausrüstung, so denkt er oftmals zuerst an das, was man als „letzter Schutz" bezeichnet: Die Persönliche Schutzausrüstung soll im Falle eines Unfalls schützen und stellt somit den letzten Schutz dar, einen Schaden zu verhindern. Ihre Schutzwirkung kommt also erst bei Eintritt eines Unfalls zum Tragen. Persönliche Schutzausrüstung als letzter Schutz sind beispielsweise Schutzhelme, ballistische Westen, Schutzbrillen, Gesichtsschutzschilde etc.

Anders verhält es sich bei der Persönlichen Schutzausrüstung als primärem Schutz. Hier ermöglicht Persönliche Schutzausrüstung erst, dass eine bestimmte Tätigkeit überhaupt durchgeführt werden kann oder andersherum: Eine bestimmte Tätigkeit kann nicht durchgeführt werden, wenn eine Persönliche Schutzausrüstung nicht zur Verfügung steht. Beispiele für Persönliche Schutzausrüstungen als primärem Schutz sind Tauchgeräte, Atemschutzgeräte, Hitzeschutzkleidung etc.

Gerade im Bereich der Feuerwehr ist die verwendete PSA oftmals primärer und letzter Schutz zugleich: Ein Feuerwehr-Schutzanzug nach EN 469 macht einen Innenangriff überhaupt erst möglich (primäres Mittel), gleichzeitig soll er aber auch im Falle eines Unfalls (hier z.B. ein Flashover) Gesundheitsschäden verhindern (letzter Schutz).

Gleichwohl darf die Bezeichnung „primärer Schutz" nicht darüber hinwegtäuschen, dass Persönliche Schutzausrüstung grundsätzlich immer das letzte Mittel in der Rangfolge der Schutzmaßnahmen sein muss. Gerade bei Persönlicher Schutzausrüstung als primärem Mittel ist die Versuchung groß, eine Gefahr lediglich

1 Da in Österreich die 89/656/EWG im ArbeitnehmerInnenschutzgesetz (ASchG) umgesetzt wurde, ist hier die Situation etwas anders: § 69 (3) ASchG regelt ausdrücklich auch die Benutzung von Persönlicher Schutzausrüstung durch die ArbeitnehmerInnen.

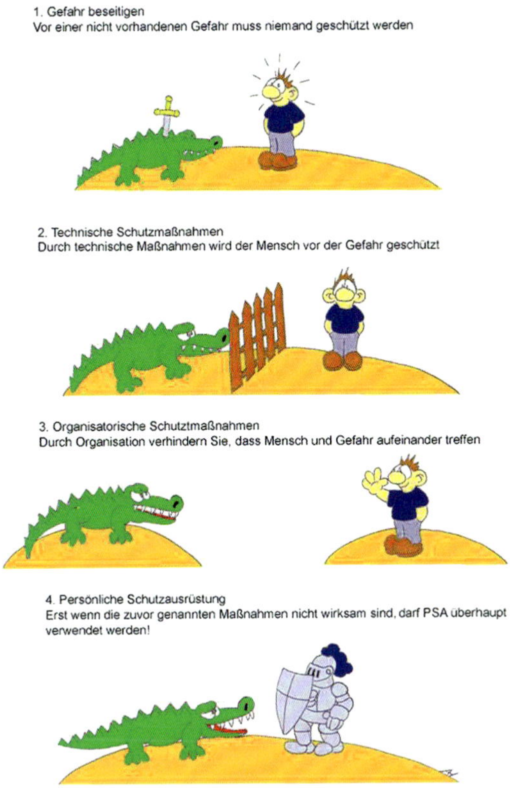

Abb. 1: Rangfolge der Schutzmaßnahmen. (Grafik: Pannier, nach einer Zeichnung von A. Höfler, München)

durch das Tragen von PSA zu bannen, obgleich der Gesetzgeber hier klar andere Vorgaben macht[1].

Rangfolge der Schutzmaßnahmen:

1. Beseitigung der Gefahr
2. Technische Schutzmaßnahmen
3. Organisatorische Schutzmaßnahmen
4. Persönliche Schutzmaßnahmen

Beseitigung der Gefahr

Oberstes Ziel der Arbeitssicherheit ist es grundsätzlich, eine Gefahr vollkommen zu beseitigen. Eine Gefahr, die nicht vorhanden ist, kann keinen Unfall auslösen und keinen Schaden verursachen. Das Problem der Feuerwehren ist, dass man sie als Einrichtungen der Gefahrenabwehr immer dann ruft, wenn eine Gefahr

[1] Zum Beispiel § 4 ArbSchG, § 7 GefStoffV.

bzw. ein Schaden bereits vorhanden ist. Dieser Punkt soll daher nicht näher betrachtet werden.

■ Technische Schutzmaßnahmen

Technische Maßnahmen sollen verhindern, dass es bei einer bestehenden Gefahr zu einem Unfall kommen kann. Dies kann ganz trivial sein und erfolgt nicht selten unbewusst. Beispiele für technische Schutzmaßnahmen im Feuerwehrdienst:

- Bei Rettungsarbeiten am Führerhaus eines verunfallten LKW wird eine Rettungsplattform eingesetzt. Zum Schutz vor Absturz von der Rettungsplattform verfügt diese über ein Geländer.
- Bei der Rettung einer verschütteten Person werden Schachtringe zur Stabilisierung eingesetzt, sodass die Einsatzkräfte nicht selbst verschüttet werden können.

■ Organisatorische Schutzmaßnahmen

Organisatorische Schutzmaßnahmen sollen bewirken, dass Mensch und Gefahr nicht aufeinandertreffen können. Sie dürfen nur dann angewandt werden, wenn die Beseitigung der Gefahr und technische Maßnahmen grundsätzlich nicht möglich sind. Beispiele im Feuerwehrdienst:

- Beim Brand eines Tanks oder Heuballen-/Palettenlagers entschließt sich die Einsatzleitung zum Einsatz von Monitoren mit großer Wurfleistung. Die Einsatzkräfte müssen daher nicht nahe an das Brandobjekt herantreten und sind der Gefahr der Hitzestrahlung nicht ausgesetzt.
- Beim Brand einer kleinen Lagerhalle ist bekannt, dass sich keine Personen oder nennenswerte Sachwerte im Gebäude befinden. Die Einsatzleitung entschließt sich zur Brandbekämpfung lediglich im Außenangriff, die Einsatzkräfte sind daher nicht der Gefahr eines Flashovers ausgesetzt.

■ Persönliche Schutzmaßnahmen

Erst wenn die oben genannten Schutzmaßnahmen eine Gefahr nicht beseitigen bzw. wirkungsvoll vor ihr schützen können, darf überhaupt Schutzausrüstung verwendet werden. Die Schutzausrüstung ist also das letzte Mittel, um einen Feuerwehrangehörigen vor einer Verletzung zu schützen. Umso wichtiger ist es, bei der Auswahl der benötigten PSA sorgsam vorzugehen und nicht „schnell mal irgendwas“ zu beschaffen. Basis für die Beschaffung von PSA bildet immer eine vorab durchgeführte Gefährdungsbeurteilung.

1.3 Gefährdungsbeurteilung

In einem Feuerwehrforum im Internet begann vor einiger Zeit eine Diskussion mit sinngemäß folgender Aussage:

„Wir haben vor einiger Zeit spezielle Handschuhe für die Technische Hilfeleistung, Modell „Firefighter McCaffrey Superhero[1]“ beschafft. Nun haben wir ein Infoschreiben der Unfallkasse erhalten, dass Handschuhe für die Technische Hilfeleistung mindestens die Leistungsstufen 3 2 3 3 nach EN 388 erfüllen müssen. Unsere Handschuhe erreichen laut Herstellerangabe aber nur 3 1 2 2 und sind damit für den Feuerwehreinsatz gar nicht geeignet und zugelassen. Müssen wir jetzt die Handschuhe aussondern oder können wir uns zwecks Umtausches oder Nachbesserung an den Hersteller wenden?“

Mal abgesehen davon, dass ein Infoschreiben als solches lediglich informieren soll und keineswegs eine Vorschrift ist, verdeutlichen Aussagen wie diese ein Dilemma, welches – leider – gar nicht so selten ist, wenn bei Feuerwehren Persönliche Schutzausrüstung beschafft wird: Man kauft einfach irgendetwas.

Wenn eine Feuerwehr ein neues Fahrzeug beschaffen möchte, wird nicht selten eine Arbeitsgruppe gegründet, welche in der Folgezeit ausgiebig den Markt sichtet, sich anschaut, was es alles gibt, was sinnvoll ist und was nicht, was man braucht und was nicht und als Ergebnis ihrer Arbeit ein ausführliches Anforderungs-/Leistungsverzeichnis für das neue Fahrzeug erstellt. Wenn alles optimal läuft, erhält die Feuerwehr somit genau das Fahrzeug, welches sie für ihre Aufgaben braucht und welches alle hierfür nötigen Anforderungen erfüllt.

Im Gegensatz dazu gibt es leider immer noch Feuerwehren, bei denen die Beschaffung von Persönlicher Schutzausrüstung sich wie folgt zusammenfassen lässt: Man guckt mal in Katalogen und im Internet, was es denn so gibt, ruft evtl. auch noch ein, zwei

1 Natürlich gibt es diesen Handschuh nicht wirklich. Der Name ist rein beispielhaft gewählt.

Hersteller zwecks Präsentation ihrer Produkte an und bestellt dann das, was einem gefällt und/oder in den preislichen Rahmen passt. Im Endeffekt kauft man nicht das, was man braucht, sondern man kauft einfach irgendwas und setzt stillschweigend voraus, dass es den Anforderungen schon genügen wird. Schließlich steht ja FEUERWEHR drauf, entspricht irgendeiner Norm (oder auch nicht) und war ohnehin teuer genug. Das ist zwar einfach und geht schnell, ist aber schon vom Ansatz her grundverkehrt: Sie laufen damit Gefahr eine Schutzausrüstung zu kaufen, die entweder nicht (ausreichend) vor einer vorhandenen Gefahr schützt oder vor Gefahren schützt, die es gar nicht gibt oder schlimmstenfalls sogar beides. Die Beschaffung Persönlicher Schutzausrüstung ist kein Selbstzweck, sondern hat das Ziel die Feuerwehrangehörigen vor bestimmten Gefahren zu schützen. Das bedeutet zwangsläufig, dass man die speziellen Gefahren kennt und anschließend definiert, welche Anforderungen eine PSA erfüllen muss, um hiervor wirksamen Schutz zu bieten. Ein gewisses Maß an Kenntnis im Bereich Persönlicher Schutzausrüstung ist hierfür unerlässlich, es ist im Endeffekt aber nichts anderes als bei der oben beschriebenen Beschaffung eines Feuerwehrfahrzeugs.

Für eine Gefährdungsbeurteilung ermitteln Sie zunächst die vorhandenen Gefahren und ob die Feuerwehrangehörigen diesen ausgesetzt sind. Anschließend definieren Sie, wie eine oder mehrere PSA gegen diese Gefahren bzw. Risiken schützen sollen. Hilfestellung dabei gab vor Jahren beispielsweise die vfdb-Richtlinie 08/05, welche auch als GUV-Information GUV-I 8675 erschienen war und nun in der DGUV Information 205-114 aufgegangen ist. Sie ist frei im Internet verfügbar ist (vgl. DGUV, 2008 bzw. 2016). Sie können diese Vorlage verwenden, müssen es jedoch nicht. Der Gesetzgeber lässt Ihnen freie Wahl, wie Sie Ihre Gefährdungsbeurteilung durchführen. Wichtig ist lediglich, dass sie durchgeführt und dokumentiert wird.

Es ist wichtig zu verstehen, dass die Gefährdungsbeurteilung die einzig bindende Vorgabe ist, was genau an Persönlicher Schutzkleidung benötigt wird. Das heißt im Gegenzug: Bei einer nicht oder nicht sorgsam durchgeführten Gefährdungsbeurteilung wird PSA quasi „im luftleeren Raum" beschafft. Für eine Ausrüstung, die als letzter Schutz vor einer Gefahr dient, ist das ein sehr riskantes Spiel.

Abb. 2: Die Feuerwehr Bretten beschaffte 2014 nach einer Gefährdungsbeurteilung als Einsatzjacke für alle Nicht-AGT die im Bild rechts zu sehende Einsatzjacke nach EN ISO 11612 mit Nässesperre und herausnehmbarer Fleece-Innenjacke. Atemschutzgeräteträger wurden weiterhin mit Feuerwehrüberjacke und -hose nach EN 469, im Bild links, ausgerüstet. (Foto: P. Pannier, Bretten)

Ein Ergebnis einer Gefährdungsbeurteilung kann sein, dass Sie für unterschiedliche Feuerwehrangehörige und unterschiedliche Einsatzszenarien unterschiedliche PSA benötigen. Die Gefährdungsbeurteilung der Freiwilligen Feuerwehr Bretten beispielsweise ergab, dass für Feuerwehrangehörige, die keine Atemschutzgeräteträger sind, keine Einsatzbekleidung nach EN 469 erforderlich ist. Diese bietet u.a. Schutz vor thermischen Gefahren, denen ein Nicht-AGT gar nicht ausgesetzt ist, ist aber – eben aufgrund der hohen Isolationswirkung – nachteilig (und im schlimmsten Fall sogar schädlich) bei allen anderen Einsatzszenarien. In der Folge werden zukünftig Nicht-AGT mit einer leichteren Einsatzbekleidung nach EN ISO 11612 ausgerüstet.

1.4 Tipps für den richtigen Umgang mit PSA

PSA ist in der Beschaffung meistens teuer und in der Haltbarkeit von einigen Faktoren abhängig. Damit sie möglichst lange hält und dabei auch ihre Schutzwirkung nicht verliert, gelten für alle Bestandteile einige allgemeine Regeln.

- **Erfassen Sie die PSA beim Kauf und bei der Ausgabe!**

Damit wird es möglich, Fristen zu überwachen und auf evtl. Rückrufaktionen des Herstellers zu reagieren (vgl. Abb. 3 und 4).

- **Reinigen Sie die PSA richtig!**

Das Tragen verschmutzter PSA ist weder angenehm noch sinnvoll. Schutzbekleidung, die vom letzten THL-Einsatz noch ölgetränkt ist, kann im Brandeinsatz sehr unangenehme Eigenschaften zeigen. (Das Ausgasen von erwärmten bzw. erhitzten Rückständen kann die Haut irritieren, brennbare Stoffe in Textilien können Dochtwirkungen erzeugen und eine Zündung beschleunigen.) Längerer Kontakt von bestimmten Stoffen mit der PSA kann diese schneller unbrauchbar machen.

Es gelten die allgemeinen Grundsätze der Einsatzstellenhygiene (vgl. Einsatzleiter-Handbuch Feuerwehr, Cimolino, 2025 und Auszug daraus im Anhang) bzw. natürlich erst recht die Vorgaben zur Dekontamination bei Verdacht auf Verunreinigung mit gefährlichen Stoffen.

Darunter fällt die Grobreinigung möglichst noch an der Einsatzstelle durch Abklopfen, Abbürsten, oder für wasserdichte Teile wie z.B. Stiefel auch Abwaschen. Waschen[1], reinigen und pflegen Sie die PSA nach einer Grobreinigung daher so, wie es der Hersteller empfiehlt, und sorgen Sie danach für die richtige Trocknung. Damit dies funktioniert, benötigt eine Einsatzorganisation mehr als nur einen Satz PSA für jede Einsatzkraft. Es muss also einen Wechselpool für Kleidung oder mehrere Garnituren PSA für jeden geben, um die Reinigung überhaupt zu ermöglichen!

Das Ausblasen von PSA „an der Einsatzkraft" ist gefährlich, weil Schmutzpartikel in die Atemwege bzw. Augen geraten können und mit Druckluft Stäube auch weiter in Textilien getrieben werden können (daher ggf. die abgelegte PSA von innen ausblasen!). Das Ausblasen der angelegten PSA durch die Einsatzkraft selbst oder jemand anderen ist daher i.d.R. nach vielen Unfallverhütungsvorschriften oder Gefährdungsbeurteilungen sogar verboten!

1 Abwaschen der textilen Bekleidung an Einsatzstellen macht in den seltensten Fällen Sinn. Mit den an der Einsatzstelle vorhandenen Mitteln (kaltes Wasser, Waschbürste) wäscht man den Schmutz nicht ab, sondern spült ihn eher tiefer in die Fasern.

▶ Lagern und bewahren Sie die PSA richtig auf!

Die meisten Teile der PSA reagieren empfindlich auf UV-Einstrahlung (auch durch Fenster) oder auf Feuchtigkeit (Stockflecken, Schimmelbildung). Lagern Sie die PSA nach der Beschaffung im Lager bzw. nach dem Gebrauch im Spind daher

- UV-geschützt,
- trocken[1] und
- so aufgehängt, abgelegt bzw. gefaltet, wie es der Hersteller ggf. empfiehlt.

Prüfen Sie ggf. die PSA während der geplanten Tragezeit, wenn Sie den Verdacht haben, dass die Schutzwirkung eingeschränkt ist. Dieser Verdacht sollte immer aufkommen, wenn die PSA ungewöhnliche Verfärbungen oder gar Verformungen (z.B. durch UV-Einstrahlung oder Hitzeeinwirkung) zeigt, sie beschädigt ist (Schnitte, Risse) oder mehrlagige PSA merkwürdige Geräusche (Rascheln, Knistern) macht, wenn sie bewegt wird, oder gar aus der PSA Teile der Herstellungsprodukte herausfallen.

▶ Reinigen Sie die PSA rechtzeitig und richtig!

Schäden an PSA können auch durch ausbleibende bzw. zu späte Reinigung (nach Kontamination) oder durch falsche Reinigung erfolgen. Es kann auch sein, dass für bestimmte PSA bestimmter Hersteller konkrete Reinigungsverfahren und -mittel seitens des Herstellers „vorgeschrieben" bzw. freigegeben sind. Es kann auch sein, dass eine maximale Anzahl von Reinigungen beschrieben ist, bevor die PSA ausgemustert oder überprüft werden muss. Je nachdem muss ggf. auch jede Reinigung erfasst werden!

▶ Reparieren Sie die PSA rechtzeitig und richtig!

Schäden an PSA bedeuten immer Einschränkungen in

- Schutzwirkung,
- Tragekomfort,
- Handhabbarkeit

und sind daher immer schnell zu beheben. Wenn dies nicht geht, sind die Teile auszumustern und zu ersetzen. Allerdings muss ein Schaden nicht zwingend den Austausch bedeuten, weil einiges auch repariert werden kann. So kann z.B. ein defekter Reißverschluss an einem Schnürstiefel teilweise komplett mit der Schnü-

[1] Ist die PSA nass oder auch nur feucht, sorgen Sie dafür, dass sie gut gelüftet trocknen kann. Das Ablegen auf heißen Oberflächen kann die Bekleidung ggf. schädigen, Vorsicht also mit dem Ablegen auf Heizkörpern.

rung gelöst und ausgetauscht oder ein Riss in einer Jacke oder Hose ggf. genäht werden. Die Reparatur von textiler Bekleidung sollte nur in autorisierten Fachwerkstätten bzw. beim Hersteller geschehen, weil sonst die Schutzwirkung nicht gewährleistet werden kann.

▶ **Nehmen Sie Ihre komplette PSA mit!**

Wenn Sie nicht sicher ausschließen können, von einem „kleinen" THL-Einsatz (z.B. Ölspur im Hochsommer) ggf. zu einem größeren Einsatz (z.B. Zimmerbrand mit Menschenleben in Gefahr bzw. Großbrand) fahren zu müssen, muss die komplette PSA mitgeführt werden, auch wenn man die Überbekleidung für die Ölspur oder das Öffnen einer Türe natürlich nicht benötigt.

▶ **Tragen Sie die PSA richtig!**

Abgesehen davon, dass nur richtig angelegte PSA auch richtig schützen kann, ist für den Bürger bzw. erst recht „Kunden" die PSA der Einsatzkräfte auch eine Art „Uniform". Schlampig angelegte Kleidung (z.B. offene Verschlüsse, geöffnete Helmbänder usw.) kann i.d.R. nicht richtig schützen. Richtig angelegte Kleidung kann ihre Schutzwirkung voll entfalten und ist damit auch ein Zeichen von Professionalität.

Legen Sie die PSA zunächst immer stichwortbezogen (z.B. vor dem Ausrücken) komplett an. Ein Ablegen von Teilen bzw. eine Reduzierung der Schutzwirkung kann nach Erkundung und Lageeinschätzung ggf. vom Einsatzleiter angeordnet werden. Durch mehrfaches Durchlaufen des Regelkreises (vgl. FwDV 100 bzw. Graeger, 2003–2009) kann sich diese Entscheidung auch erst im Einsatzverlauf ergeben. Durch Veränderungen der Lage muss diese Entscheidung ggf. auch wieder revidiert werden.

▶ **Abgabe von PSA nach Verwendungsende bzw. Ausmusterung!**

Die Abgabe von PSA nach ihrer geplanten Verwendungszeit bzw. nach Beschädigung und Ausmusterung sollte so erfolgen, dass eine missbräuchliche[1] Verwendung nicht möglich ist, d.h. entwe-

[1] Im schlimmsten Fall wäre das die Verwendung von PSA von Einsatzorganisationen für kriminelle Zwecke. Aber auch der Gebrauch als „Karnevalskostüm" durch volltrunkene Personen ist nicht gerade imagefördernd für die Organisation, deren PSA zweckentfremdet wurde. Defekte PSA zu Hause weiter zu verwenden mag zwar billig sein, preiswert ist es nur, solange damit nichts passiert. Vorsicht vor möglichen Regressansprüchen („Warum wurde die PSA nicht zerstört, wenn sie doch kaputt ist?") oder heftigen Diskussionen mit Betroffenen oder in der Presse.

der durch sichere Zerstörung oder mindestens durch Abtrennen von „Hoheitszeichen“ (Wappen) bzw. Beschriftungen.

▶ **Tauschen Sie Erfahrungen aus!**

Tauschen Sie Ihre Erfahrungen v.a. aus echten Vergleichen und im Einsatz auch mit anderen aus. Das erleichtert die Beschaffung und Unterhaltung der PSA für viele. Melden Sie ggf. aufgetretene Probleme an den Hersteller, bei erkennbar größeren Problemen bzw. dem Verdacht auf einen „Serienfehler“ reichen Sie die Information auch an die zuständigen Arbeitskreise der Verbände bzw. Unfallkassen weiter (vgl. dazu auch Kap. 1.5).

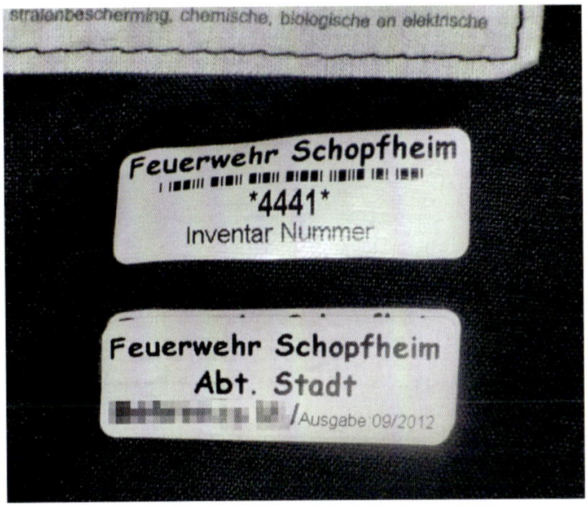

Abb. 3 und 4: Etiketten mit Identifikation und Ausgabedatum. (Fotos: Hofer, Schopfheim)

1.5 Umgang mit Unfällen

1.5.1 Unfallvermeidung und Auswertung

Unfälle sollten natürlich vermieden werden. Ein wesentlicher Bestandteil dazu ist neben dem taktisch richtigen Verhalten und einer guten Aus- und Fortbildung v.a. die richtige Persönliche Schutzausrüstung – und deren richtige Verwendung.

Kommt es aber dennoch zu Schäden an der PSA oder gar zu Verletzungen von Einsatzkräften, sollte – dem Vorbild der Feuerwehr Köln (vgl. Maurer et al., 1996) folgend – eine möglichst offene, ehrliche, d.h. neutrale Untersuchung stattfinden, um v.a. zu vermeiden, dass sich das Problem wiederholt oder gar (noch) schlimmere Konsequenzen hat.

Eine gute Übersicht über verschiedenste Unfälle, deren Auswertung sowie Beschreibungen zu den Problemen inkl. umfangreicher allgemeiner Informationen rund um Vorschriften und Regelwerke, Ausbildung, Ausrüstung und Taktik liefert die 1996 gegründete Plattform www.atemschutzunfaelle.eu. Dieses Internetprojekt wird mittlerweile von einem mittlerweile internationalen Team getragen. Die zentrale Unfalldatenbank ist zwar immer noch privat organisiert, aber gleichwohl bestens direkt oder über Kollegen mit den einschlägigen Verbänden, z.B. vfdb, Unfallkassen, AGBF, DFV etc. vernetzt.

Aus der Auswertung von Unfällen und Beinaheunfällen zur PSA kommt man zu vielen grundlegenden Erkenntnissen z.B. über Schutzbedarf, -wirkung oder falschen Vorstellungen (z.B. zum leidigen Thema „Wärmefenster“), die in den folgenden Kapiteln umfassend bearbeitet werden.

Ein erster Schritt für einen offenen Umgang ist eine gesunde Gesprächskultur. Sprechen Sie ehrlich über Beinahefehler („Near Miss“), nutzen Sie Beinahefehler als Verbesserungspotenzial und entwickeln eine Fehlerkultur. Bereits seit 2002 ist in der Feuerwehr-Dienstvorschrift 7 „Atemschutz“ festgeschrieben, dass über jeden Beinaheunfall und Unfall der Leiter der Feuerwehr zu informieren ist.

Leider gibt es noch keine offizielle Meldestelle, welche europaweit in der Notfallmedizin nutzbar ist. Erfahrungen in der Luftfahrt, einigen Kliniken und der Industrie sprechen für eine Sammelstelle für kritische Situationen. Etabliert hat sich ein sogenanntes Critical Incident Reporting System (CIRS), welches auch anonymisiert funktioniert.

▶ Meldungen von Unfällen in Deutschland

Erleidet ein Angehöriger der Freiwilligen Feuerwehr einen Arbeits- oder Wegeunfall, muss die zuständige Feuerwehr-Unfallkasse informiert werden. Diese und auch Bagatellverletzungen müssen in das Verbandbuch eingetragen werden.

Der Träger der Feuerwehr (Gemeinde/Stadt) ist verpflichtet innerhalb von drei Tagen eine Unfallanzeige zu erstatten (§ 193 SGB VII), die zusammen mit der Anlage hierzu vollständig auszufüllen und zu unterzeichnen ist. Der Sicherheitsbeauftragte hat die Unfallanzeige mitzuunterzeichnen. Bei tödlichen Unfällen oder bei Massenunfällen hat eine sofortige Benachrichtigung der Feuerwehr-Unfallkasse zu erfolgen.

Unfälle von Feuerwehrbeamten sind über entsprechende Dienstunfallanzeigen auf dem Dienstweg einzureichen. Mitarbeiter von Werkfeuerwehren melden Unfälle über die innerbetrieblichen Verwaltungswege an die jeweilige Berufsgenossenschaft.

Damit werden allein in Deutschland geschätzte 150 Meldestellen für Unfälle im Feuerwehrdienst genutzt.

▶ Meldungen von Zwischenfällen an Atemschutzunfaelle.eu

Mit der ehrlichen Veröffentlichung von Atemschutzunfällen und deren Konsequenzen sowie mit gut recherchierten Informationen über Ausrüstung und Ausbildung kann ein Stück Präventionsarbeit geleistet werden. Mit Atemschutzunfällen sind hier alle Zwischenfälle gemeint, welche sich in einem Einsatz oder in einer Übung unter Atemschutz ereignen. Also auch technische Probleme, z.B. mit der PSA oder Beinaheunfälle. Mit den auf der Homepage von www.atemschutzunfaelle.eu verlinkten Meldebögen (s. auch Anhang) können diese einfach per E-Mail an info@atemschutzunfaelle.eu gesendet oder gefaxt werden. Gerne werden auch Zwischenfälle von ausländischen Feuerwehrangehörigen veröffentlicht. Bitte beschreiben Sie neben der Lage, der durchgeführten Taktik, der Vorgehensweise der Trupps und Truppstärken auch die Verletzungen und die getragene Schutzkleidung sowie die Maßnahmen zur Rettung und die dafür notwendigen Personalstärken bzw. Ausrüstungen.

Eine kurze und sehr grobe (Fern-)Analyse wird auf Wunsch von erfahrenen Einsatzkräften verschiedener Dienststellen angeboten. Auf Wunsch wird die Analyse anonymisiert veröffentlicht. Detaillierte Untersuchungen sollten am besten im Rahmen einer offenen Unfallkommission (vgl. Kölner Todesfall von BM Stampe, MAURER, Brandschutz, 1996 und 1997) durchgeführt werden. Hierzu kann Hilfestellung geleistet werden.

Die Vereinigung zur Förderung des deutschen Brandschutzes (vfdb), Referat 8 „Persönliche Schutzausrüstung“, sollte unbedingt über sämtliche Probleme unterrichtet werden. Alle Anwender werden gebeten, bei Störfällen im Zusammenhang mit Persönlicher Schutzausrüstung Meldungen an das Referat 8 weiterzugeben. Dort wird dann die Relevanz für den gesamten Feuerwehrbereich geprüft. Im Bedarfsfall wird Einfluss auf das DIN, den Hersteller und/oder den Anwender genommen. Den Kontakt zum Referat 8 der vfdb können Sie über den o.a. Meldebogen über www.atemschutzunfaelle.eu herstellen.

Die „neue“ FwDV 7 (Ausgabe 2002 mit Änderungen 2005) schreibt einige Verfahrensweisen bei einem Atemschutzunfall vor. Falls mit einem Atemschutzgerät ein Unfall passiert, ist der Öffnungszustand des Ventils zu kennzeichnen und schriftlich festzuhalten (auch Anzahl der Umdrehungen bis zum Schließen des Ventils). Der Behälterdruck ist ebenfalls schriftlich festzuhalten. Das Atemschutzgerät (einschließlich des Atemanschlusses) ist sicherzustellen. Unfälle oder Beinaheunfälle sind dem Leiter der Feuerwehr zu melden!

Sofern es um Beinaheunfälle/Unfälle geht, in denen Atemschutzgeräte betroffen sind (Ausfall des Gerätes ...), sollte das entsprechende Gerät ohne große (zeitliche) Verzögerung zu einer unabhängigen Untersuchung eingereicht werden.

Hierbei ist Folgendes zu beachten:

- Es sollten keine Veränderungen bzw. eigenständige Prüfungen am Gerät vorgenommen werden.
- Im Unfallprotokoll ist der Einsatz- bzw. Übungsablauf genauestens zu beschreiben (verrichtete Tätigkeiten, Umgebungstemperaturen, Örtlichkeiten, Einsatzzeiten, Flaschendrücke usw.).
- Beim Schließen des Flaschenventils ist die Stellung des Flaschenventils (Öffnungszustand) so genau wie möglich im Protokoll zu vermerken.

1.5.2 Unfallbeispiele mit wesentlicher Rolle der PSA

Beispiel 1: Thermische Belastbarkeit von deutschen Feuerwehrhelmen nach EN 443

Im Jahr 2001 ereigneten sich mehrere Beinaheunfälle in der Realbrandausbildung (z.B. Osnabrück, Viersen/Mönchengladbach). In der ersten Fassung der DIN EN 443 für Feuerwehrhelme wurde die thermische Belastung nicht ausreichend bedacht, so dass es schwere Materialschäden gab. Helme aus Textil-Phenol-Kunstharz bildeten zwischen den Schichten Blasen, welche sich nach innen wölbten. Durch die Anhebung des Helmes erfolgten Strangulationen durch den Kinnriemen. Da ein Panikverschluss kein Bestandteil der Norm ist, mussten Schneidwerkzeuge eingesetzt werden, um gesundheitliche Schäden abzuwenden.

Die Erkenntnisse wurden über sämtliche Medien schnellstmöglich einer breiten Masse zur Verfügung gestellt. Neben dem Internet (u.a. Atemschutzunfaelle.eu) wurde auch das Fernsehen (ZDF, Frontal 21) genutzt.

Das Prüfinstitut der DMT (jetzt DEKRA EXAM) stellte eine Blasenbildung nach einer Bestrahlung < 3 Minuten und < 300 °C fest. Unfallkassen, Innenministerien, Landesfeuerwehrschulen und Feuerwehren reagierten. Es folgten Anordnungen zur Abwendung besonderer Unfall- und Gesundheitsgefahren nach § 17 Abs. 1 Nr. 2 Siebtes Buch Sozialgesetzbuch (SGB VII) und zusätzliche Hinweise.

Der damalige Bundesverband der Unfallkassen (jetzt Deutsche Gesetzliche Unfallversicherung Spitzenverband – DGUV) beauftragte mit Unterstützung des Deutschen Feuerwehrverbandes (DFV) einen umfassenden Test bei der DMT und veröffentlichte einen Prüfbericht.

In diesem Zusammenhang sei daran erinnert, dass die DIN 14940 (Ausgabe 1981, letzte Änderung 1990) für den deutschen „Alu-Helm" zurückgezogen und 1997 von der EN 443 abgelöst wurde. Es kann vermutet werden, dass vereinzelt noch DIN-Helme mit Lederpolster (waren bis 1968 zulässig), DIN-Helme mit Kunststoffeinsätzen, DIN-Helme mit Gewebetragband oder EN-Helme aus Textil-Phenol-Kunstharz eingesetzt werden. Im Rahmen der Gefährdungsbeurteilung sollte auffallen, dass diese Helme ausnahmslos nicht geeignet sind. Stoßdämpfungseigenschaften, Leitfähigkeiten (Wärme/Elektrizität), Durchdringungsfestigkeiten, fehlende Panikverschlüsse und nicht zuletzt die fehlenden Möglichkeiten zur schnellen Änderung der Passform verdeutlichen die Notwendigkeit, geeignete Helme zu nutzen.

Beispiel 2: Wohnungsbrand in Bruchsal-Untergrombach (Baden-Württemberg)

Am 7. Dezember 2002 entwickelte sich ein nächtlicher Wohnungsbrand zu einem extremen Brandphänomen, in dessen Folge vier Feuerwehrangehörige verletzt wurden. Drei Atemschutzgeräteträger erlitten aufgrund der getragenen Schutzausrüstung nur leichte Verletzungen. Der vierte Atemschutzgeräteträger erlitt leider schwerste thermische Schäden an den Beinen. Die betroffene Feuerwehr hatte, entgegen dem damals üblichen Standard im Land Baden-Württemberg, bereits zweilagige Hosen im Einsatz. Der damals eingesetzte Typ hat zwar mit einer modernen Überhose zur Brandbekämpfung nicht mehr viel zu tun, stellte jedoch einen erheblichen Fortschritt gegenüber der damals noch weit verbreiteten Einsatzhose 90 Ba-Wü dar.

Jeder Atemschutzgeräteträger verfügte über eine entsprechende Schutzausrüstung „bessere Brandbekämpfungsschutzkleidung". Aus wirtschaftlichen Gründen gab es jedoch keine zweite Garnitur. Der schwerverletzte Feuerwehrmann hatte seine zweilagige Hose wenige Tage zuvor bei einem Großbrand verschmutzt und richtigerweise der Reinigung zugeführt. Für den Wohnungsbrand mit dem Stichwort „Menschenleben in Gefahr" ging der Atemschutzgeräteträger mit einer einlagigen Schutzhose vor. Dort, wo die Truppkollegen geschützt waren, erlitt der Atemschutzgeräteträger mit der einlagigen Schutzhose (TFB-typgeprüft, mit Proban behandelte Baumwolle) schwere Verbrennungen: 19 % der Körperoberfläche wurden durch Verbrennungen 2. und 3. Grades geschädigt. Der Feuerwehrmann war über ein Jahr arbeitsunfähig und leidet noch heute unter den Verletzungen.

Die Brandausbruchstelle befand sich in einer Sauna im ersten Obergeschoss. Acht Minuten nach dem Eintreffen des ersten Fahrzeugs kam es zu einem extremen Brandphänomen. Massive Gebäudeschäden deuten auf eine Rauchexplosion hin. Beide Trupps knieten/lagen während der Explosion in einem Flur vor dem Saunaraum. Die beiden Bewohner konnten parallel über eine Schiebleiter gerettet werden.

Beispiel 3: Dachstuhlbrand, plötzliche Brandausbreitung, zwei verletzte FA

Am 21. Januar 2009 kam es zu einem schweren Unfall im belgischen Diksmuide. Während der Arbeiten an einem Dach (Dämmung mit PU-Schaumisolierung) kam es zu einem Schwelbrand. Das eingeschossige Gebäude wurde in den 1970er-Jahren erbaut und mehrfach renoviert. Das Dach bestand aus Holz, Bitumen und Keramikziegeln. Der Dachboden war über eine Falttreppe erreichbar. Die Brandursache ist unklar. Bekannt ist, dass eine Firma ein 2-Komponenten-PU-Spray (Resinol AL 800, Urestyl 10) nutzte, um das Dach zu isolieren. Am Vormittag entstand ein kleines Feuer, welches umgehend von den Arbeitern gelöscht werden konnte. Nach der Mittagspause bemerkte einer der beiden Handwerker erneut Brandgeruch und alarmierte die Feuerwehr. Die Einheit rückte mit drei Fahrzeugen an. Eine erste Erkundung des Gruppenführers im Gebäude brachte keine Erkenntnisse. Als der Angriffstrupp mit vollständiger Schutzausrüstung (Überkleidung aus Nomex, zwischen ein und acht Jahre alt) und einem CO_2-Löscher den Dachboden betrat, breitete sich das Feuer explosionsartig aus. Beide Kollegen (27 und 41 Jahre) erlitten schwere Verbrennungen. Ein Feuerwehrangehöriger erlitt Verbrennungen 2. und 3. Grades an 25 % seiner Körperoberfläche (Unterarme, Hände, Schulter, rechte Gesäßhälfte). Der zweite Kollege erlitt Verbrennungen 2. und 3. Grades an 30 % KOF (Hände, Arme, Schulter, Gesäß, …). Ein zweiter Trupp rettete zuerst den Kollegen, der im Erdgeschoss lag. Der zweite Kollege wurde wenig später gerettet. Er lag noch auf dem Dachboden, die Falttreppe war zerstört. Die Schutzausrüstung wurde massiv beschädigt, was auf (extrem) hohe Temperaturen schließen lässt. Das Material wurde nach der Beflammung brüchig und bot keinen weiteren Schutz vor weiteren Verletzungen. Die Jacke und auch die Unterkleidung zeigten deutliche Hinweise auf eine Einengung der isolierenden Luftschicht im Bereich des getragenen Sicherheitsgurtes.

Beispiel 4: Brand eines Motorradgeschäftes in St. Augustin, zwei getötete und ein verletzter FA

Am 18.06.2023 kam es bei einem Brandeinsatz in einem Motorradgeschäft in St. Augustin zu einem Unfall, bei dem zwei Einsatzkräfte getötet und eine verletzt wurde. Initiale Unfallursache war nach dem Bericht der UK NRW, 2025, der durch das Brandereignis auf dem Rückzug beschädigte Schlauch. Dieser gab große Mengen Wasser in den aufgeheizten Brandraum ab. Die PSA der Einsatzkräfte wurde völlig durchnässt und die Hitze schlug dann durch. In der Folge der Auswertung wurden umfangreiche Auswertungen und Untersuchungen angestellt. Auf die nötige Qualität der Angriffsschläuche wurde erneut auch im Untersuchungsbericht hingewiesen.

2 Standard-Einsatzkleidung

von M. Fabrizio, Ch. Pannier und U. Cimolino

Entsprechend § 14 der DGUV-Vorschrift 49 Unfallverhütungsvorschrift Feuerwehren besteht der Mindestschutz für jede Feuerwehrkraft aus einem Helm, einem Feuerwehrschutzanzug, einem Satz Handschuhen sowie aus Stiefeln bzw. Sicherheitsschuhen. Im Folgenden werden die einzelnen Bestandteile sowie die Anforderungen daraus genauer betrachtet.

2.1 Feuerwehrhelm

Für den Kopfschutz sieht die DGUV-Vorschrift 49 einen Feuerwehrhelm, beispielsweise gemäß „DIN EN 443 Feuerwehrhelme für die Brandbekämpfung in Gebäuden und anderen baulichen Anlagen“ vor, der mit einem Gesichtsschutz ausgestattet sein soll bzw. für den ergänzend ein Gesichtsschutz bereitzustellen ist.

Da Standard-Feuerwehrhelme in Deutschland üblicherweise entsprechend der DIN EN 443 beschafft werden, erfolgt zunächst ein genauerer Blick auf diese Norm.

Um aktuelle Entwicklungen in die Normung einbinden zu können und festgelegte Anforderungen anzupassen, werden Normen von Zeit zu Zeit überarbeitet. Entsprechend erfolgte die Überarbeitung der ersten europäischen Norm für Feuerwehrhelme, in deren Zuge nach etwa elf Jahren Gültigkeit eine Nachfolgenorm im Juni 2008 als deutsche Norm erschien.

Die Norm DIN EN 443 ist eine Anforderungsnorm. Somit können die Hersteller von Feuerwehrhelmen die Anforderungen der Norm auf unterschiedliche Art und Weise erfüllen. Es handelt sich nicht um eine sogenannte Ausführungsnorm, die beispielsweise den konkreten Materialaufbau oder die Abmessungen eines Helmes beschreiben würde (vgl. DIN EN 443).

Derartige Ausführungsnormen waren im Feuerwehrbereich jahrzehntelang in nationalen Normen üblich, beispielsweise für den Feuerwehrhelm nach DIN 14940, der sich folglich in Form und Aussehen herstellerunabhängig über Jahrzehnte kaum geändert hat (vgl. DIN 14940:1990-04 und Vorgängerausgaben), und finden sich noch heute in DIN 14927 (Feuerwehrhaltegurt; hier werden beispielsweise Ösendurchmesser und -abstände millimetergenau vorgegeben) oder der HuPF (u.a. Definition der Farbe, Anordnung von Warn- und Reflexstreifen, Vorgaben zur Größe des Taschenbeutels).

Im Gegensatz dazu gibt es unterschiedlich aufgebaute und aussehende Helmtypen und -formen, die über eine Zulassung gemäß PSA-Verordnung unter Anwendung der DIN EN 443:2008 verfügen. Die EN 443 definiert verschiedene Mindestanforderungen, die sowohl äußerlich erkennbare als auch nicht direkt sichtbare technische Merkmale der Feuerwehrhelme betreffen.

Hinweise zu den konkreten Normanforderungen und Prüfungen finden sich im Kapitel 3.1, da es sich bei Helmen nach DIN EN 443 eben um „Feuerwehrhelme für die Brandbekämpfung in Gebäuden und anderen baulichen Anlagen“ handelt. Einige allgemeine Aspekte werden jedoch nachfolgend ausgeführt.

Das markanteste optische Klassifizierungsmerkmal nach DIN EN 443:2008 ist der Schutzbereich der Helmschale. Hierbei wird nach Feuerwehrhelmen beziehungsweise deren Helmschalen unterschieden, die sich in die Kategorien Typ A oder Typ B einordnen lassen. Bei Helmen nach Typ A liegt der Schutzbereich des Helmes oberhalb der Linie zwischen Augenbrauen und Oberkante der Ohren, bei Helmen nach Typ B wird zusätzlich der Ohrenbereich geschützt. Aufgrund der aus dem Schutzbereich resultierenden Form sind auch die Begriffe „Halbschalenhelm“ für den Typ-A-Helm sowie „Vollschalenhelm“ für den Typ-B-Helm gängig.

Weiterhin werden diverse Kriterien zur Schutzwirkung des Helmes in der Norm festgeschrieben.

Abb. 5 und 6: Typ-B-Helm (Vollschalenhelm) mit integriertem Visier und Hollandtuch, üblicherweise vorgesehen zur vorrangigen Verwendung mit Helm-Masken-Kombinationen (links). Typ-A-Helm (Halbschalenhelm) mit Hollandtuch und darunter getragener Feuerschutzhaube (rechts). (Fotos: Fabrizio)

Die Erfüllung der Normanforderungen ist durch bestimmte Prüfverfahren nachzuweisen, deren Abläufe entweder in der Helm-Norm DIN EN 443:2008 beschrieben sind oder in spezifischen Normen geregelt werden, die sich als Verweis in der DIN EN 443:2008 finden. Die Aussage, ob ein Helm der Norm und deren Anforderungen entspricht, wird von Prüfinstitutionen mit sogenannten Baumusterprüfbescheinigungen bzw. Konformitätsbescheinigungen getroffen. Im Zulassungsverfahren für Helme nach der PSA-Verordnung unter Anwendung der DIN EN 443:2008 bescheinigen benannte Prüfinstitutionen die Normkonformität der Produkte für die Hersteller von Feuerwehrhelmen.

Wie oben bereits beschrieben, gibt es ein Hauptunterscheidungsmerkmal von Helmen nach DIN EN 443, nämlich den (flächenmäßigen) Schutzbereich des Helmes und somit die Unterteilung in die Typen A (kleinerer Schutzbereich) und B (größerer Schutzbereich).

Beide Helmformen haben gewisse Vor- und Nachteile, die nun genauer betrachtet werden. Der Typ-A-Helm weist insgesamt eine kleinere Fläche auf. Naturgemäß bringt das den Nachteil, dass ein kleinerer Anteil des Kopfs durch diesen Helmtyp geschützt ist, als durch einen Helm des Typs B. Beispielhaft seien hier etwas schlechtere Wetterschutzeigenschaften genannt, die als Argument gegen den Typ-A-Helm berücksichtigt werden können. Auch ist die Verwendung von Helm-Masken-Kombinationen[1] bei den Typ-B-Helmen einfacher möglich, da eine größere Flächenüberschneidung bzw. -angrenzung zwischen Helm und Maske vorhanden ist als beim Typ-A-Helm (vgl. FABRIZIO, 2010).

Andererseits ist das Gewicht eines Typ-B-Helms durch die größere Fläche auch deutlich höher als das eines Typ-A-Helms. Messungen des Autors bei verschiedenen Helmtypen ergaben in der Konfiguration mit Hollandtuch und Visier eine Differenz von ca. 200 g bis hin zu gut 400 g zwischen den Typ-A- und den Typ-B-Helmen.

In diesem Zusammenhang ist jedoch darauf hinzuweisen, dass die Masse des Helms allein noch kein echtes Qualitätskriterium (nach dem Motto „leicht = gut") sein muss. Vielmehr kommt es darauf an, dass eine bestmögliche Verteilung des Gewichts und ein komfortabler Sitz durch eine vielfach (und intuitiv) verstell- und anpassbare Kopfbebänderung ermöglicht wird und der Helm so möglichst wenig auf dem Kopf „herumschlackern" kann.

Darüber hinaus bietet die kompaktere Bauform der Typ-A-Helme den Vorteil, dass die Ohren weniger abgeschirmt sind als mit

Abb. 7 und 8: Verschiedene PSA-Varianten der Feuerwehr Trogir (Kroatien) (links) bzw. der Feuerwehr Postojna (Slowenien) (rechts). (Fotos: Dr. Cimolino)

[1] Die grundsätzlichen Vor- und Nachteile von Helm-Masken-Kombinationen sollen an dieser Stelle nicht näher thematisiert werden (s. Kap. 3.1 sowie CIMOLINO et al., 1999–2011).

einem Typ-B-Helm, sodass eine einfachere Verständigung und Orientierung ermöglicht wird. Dies ist insbesondere bei eingeschränkten Sichtverhältnissen, beispielsweise im Innenangriff (s. Kap. 3.1), aber auch zur Durchführung (Nutzung von Funkhörern am Ohr) und Überwachung (Hörvermögen von abgesetzten Lautsprechern) des Funkverkehrs, von großem Vorteil (vgl. Fabrizio, 2010).

Feuerwehrhelme nach DIN EN 443 können sich optisch nicht nur in der Bauform und ggf. von den verwendeten Zubehörteilen (s. Kap. 2.1.1) unterscheiden, sondern auch durch unterschiedliche Farben und Kennzeichnungsweisen. In der Tradition des langjährig verwendeten Aluminiumhelms dürfte der hellbeige, nachleuchtende Farbton immer noch der am weitesten verbreitete sein. Zur Standort- und Funktionskennzeichnung (vgl. Cimolino/Weich-Arin, 2024) können neben abweichenden Grundfarben auch aufgeklebte Ziffern, Buchstaben, Punkte oder Streifen verwendet werden – je nach Bundesland sind hierfür unterschiedliche Vorgaben zu finden.

In immer mehr Ländern ist es wegen der verschiedenen Schutzwirkungen und Anforderungen und z.T. seit Jahren schon üblich, dass die Einsatzkräfte (mindestens die Atemschutzgeräteträger) standardmäßig nicht nur über zwei verschiedene Schutzkleidungstypen (für den „normalen" Feuerwehreinsatz im Freien und für den Innenangriff unter Atemschutz), sondern auch über zwei dafür angepasste Helmtypen verfügen. In der Regel handelt es sich dann um einen Helm für den Innenangriff und einen für die Vegetationsbrandbekämpfung bzw. andere Einsätze im Freien.

2.1.1 Zusätzliche Schutzfunktionen und Zubehör am Feuerwehrhelm

Die eigentliche Schutzfunktion des Feuerwehrhelmes kann mit zusätzlichen Schutzfunktionen vor weiteren Gefährdungen sowie Zubehör ergänzt und erweitert werden. Zu unterscheiden sind hier sogenannte „zusätzliche Schutzfunktionen" welche entweder integriert oder nicht-integriert die Schutzfunktion des Helmes erweitern und sogenanntes „Zubehör", welches zwar am Helm angebracht wird, aber keinen erweiterten Schutz bietet.

Sie sollten für zusätzliche Schutzfunktionen oder Zubehör grundsätzlich nur vom Helmhersteller angebotene Artikel verwenden, die zusammen mit dem Helm geprüft und zugelassen sind. Ungeprüfte Artikel, wie sie im Zubehörhandel reichlich angeboten werden, können im schlimmsten Fall die Schutzfunktion des Helmes oder anderer PSA beeinträchtigen (z.B. einfache Polycarbonatvisiere, die bei höheren Temperaturen schmelzen und sich auf die Atemschutzmaske legen können)!

2.1.1.1 Zusätzliche Schutzfunktionen

Feuerwehrhelme können um zusätzliche Schutzfunktionen wie z.B. Nacken-, Gehör-, Augen- und/oder Gesichtsschutz ergänzt werden. Diese Schutzfunktionen sind entweder als Bauteile in den Helm integriert, das heißt sie sind standardmäßig nicht durch den Benutzer abnehmbar (z.B. integrierter Augenschutz), oder nicht-integriert, d.h. sie werden durch den Benutzer am Helm angebracht und wieder entfernt (z.B. ein einsatzspezifisch anbringbares Gesichtsschutzvisier).

■ Nackenschutz

Der Schutz des Kopf- und Nackenbereichs vor herunterfallenden Teilen sowie heißen (ggf. abtropfenden) Flüssigkeiten/Kunststoffen wird neben dem Helm durch einen daran angebrachten Nackenschutz sichergestellt. Der Nackenschutz ist derzeit in verschiedenen Varianten geläufig:

- ▶ Nackenleder
  Das Nackenleder ist die klassische Form des Nackenschutzes und war auch bereits beim altbekannten Helm nach DIN 14940 üblich. Als Grundschutz für nicht im Innenangriff tätige Feuerwehrangehörige ist diese Form auch heute noch oft gängiger Standard.
- ▶ Nomex®-Nackentuch, aluminiumbedampftes Nackentuch, Hollandtuch/Aachener Tuch oder ähnliche Formen.
  Diese Varianten sind speziell für die Verwendung im Innenangriff vorgesehen und bieten unterschiedliche Vor- und Nachteile (s. Kap. 3.1).

■ Gesichtsschutz

Zum Schutz des Gesichts vor allgemeinen Gefahren werden Visiere in (integriert) oder an (i.d.R. nicht-integriert) den Feuerwehrhelmen befestigt. Die grundsätzlichen Anforderungen wie auch die Kompatibilität zum Helm nach DIN EN 443 sind in der DIN

Abb. 9: Geschmolzenes Polycarbonat-Visier. (Foto: Lange-Hegermann)

EN 14458 beschrieben. Grundanforderungen werden beispielsweise an Form- und Korrosionsbeständigkeiten unter verschiedenen Umgebungsbedingungen, an Sicht- und Streuungseigenschaften oder an die Größe des Schutzbereichs gestellt. Durch ein Gesichtsschutzvisier wird das Gesicht vor allem bei schleifenden und spanabhebenden Tätigkeiten vor umherfliegenden bzw. splitternden Teilen abgeschirmt. Neben der Ausstattung der Feuerwehrkräfte, insbesondere bei der Technischen Hilfeleistung bei Verkehrsunfällen, sollte grundsätzlich auch ein Gesichtsschutz für die Patienten sowie für das medizinische Einsatzpersonal vorgesehen werden. Der Gesichtsschutz dient dem Schutz des Gesichtes vor herumfliegenden Teilen, mechanischer Belastung (beispielsweise durch zurückschnellende Blechteile) oder auch Betriebsstoffen. Es ist zu beachten, dass der Gesichtsschutz nicht ausreicht, um den Schutz der Augen sicherzustellen (s. Unterkapitel „Augenschutz").

Die üblicherweise verwendeten Polycarbonat-Visiere eignen sich nicht für das Tragen am Helm während des Atemschutzeinsatzes, da diese nicht wärmebeständig sind. Darüber ist die Sinnhaftigkeit eines Visiers im Atemschutzeinsatz, insbesondere im Innenangriff, fraglich. Vgl. hierzu ausführlich: „Atemschutz", Cimolino et al., 1999–2011.

Weitere Informationen bezüglich der verschiedenen wärmebeständigen Ausführungen von am Helm angebrachten bzw. anzubringenden Visiere finden Sie im Kapitel 3.

Abb. 10: Eingetrübtes und völlig verzogenes Klappvisier am alten DIN-Helm. Im Extremfall legt sich so ein Visier dann vor die Atemschutzmaske und be- bzw. verhindert das normale Ablegen von Helm bzw. Maske. (Foto: Engels, Düsseldorf)

Nicht alle Visiere an allen Helmen sind für alle Gesichts-/Kopfformen[1] und ggf. alle Brillen[2] von Brillenträgern geeignet! (Allerdings tritt das Problem v.a. bei einigen Versionen von integrierten Visieren in Typ-B-Helmen auf.)

■ Augenschutz

Der Augenschutz ist nicht mit dem Gesichtsschutz zu verwechseln. Während der Gesichtsschutz einen großen Bereich des Gesichtes abdeckt, dient der Augenschutz speziell dem Schutz der (vergleichsweise) empfindlichen Augen, insbesondere vor Splittern, Funken, Staub, Spänen und Flüssigkeitsspritzern, aber auch vor Rauch[3]. Vor allem seitlich und „von unten" können ausschließlich die dicht anliegenden bzw. abschließenden Brillen einen zuverlässigen Schutz gewährleisten. Entsprechende Festlegungen zu Schutzbrillen, auch unter dem Namen Vollsichtbrillen geläufig, finden sich in der DIN EN 166. Diese Brillen dienen wie oben angeführt beispielsweise zum Schutz bei spanabhebenden oder schleifenden Maßnahmen. Manche Helme oder Helmsysteme sind mit kombinierbaren oder integrierten (insbesondere Typ-

---

1 Problematisch sind hier v.a. lange Nasen bzw. ggf. im Verhältnis (relativ) weit hinten liegender Hinterkopf.

2 Problematisch sind hier v.a. breite bzw. voluminöse Brillengestelle.

3 Z.B. bei der Vegetationsbrandbekämpfung, der Atemschutz darf aber nicht vernachlässigt werden!

Abb. 11: Feuerwehrmann mit Vollsichtbrille als Augenschutz über der normalen Korrektionsbrille und zusätzlichem Visier als Gesichtsschutz. (Foto: Pannier)

B-Helme) Schutzbrillen erhältlich. Hierbei ist es vor der Beschaffung sehr empfehlenswert, die integrierten Schutzbrillen durch jeden Träger ausprobieren zu lassen, da je nach Kopf- und Helmform nicht immer ein tatsächlich dichtes Abschließen/Passen der integrierten Helmschutzbrille gewährleistet ist, z.B. lassen sich die integrierten Schutzbrillen teilweise gar nicht vor die Augen bringen (vgl. Kap. 2.1.1.2). Gegebenenfalls sind nach der Helmbeschaffung, aber noch vor der ersten Verwendung, Anpassungen/ Einstellungen vorzunehmen.

Davon zu unterscheiden sind die Schweißerbrillen, die entsprechend der DIN EN 175 ausgeführt sein müssen. Diese dienen neben dem Schutz der Augen vor mechanischer Gefährdung auch dem Schutz vor UV-Strahlung und verfügen deshalb über eine Grüntönung der Sichtgläser.

Nicht alle Augenschutzvarianten (Schutzbrillen, integrierter Schutz) an allen Helmen sind für alle Gesichtsformen und ggf. alle Brillen von Brillenträgern geeignet! (Dieses Problem tritt v.a. bei einigen Versionen von integrierten Augenschutzvarianten in Typ-B-Helmen auf.)

Verschiedene Gefährdungen im Rahmen der Feuerwehrtätigkeit können auf die empfindlichen menschlichen Augen einwirken. Dementsprechend ist Augenschutz beispielsweise aufgrund folgender Gefährdungen anzuwenden:

- biologische Gefährdung (z.B. Tropfen und Spritzer)
- chemische Gefährdung (z.B. Tropfen und Spritzer)
- elektrische Gefährdung
- mechanische Gefährdung (z.B. Staub, Späne)

- optische Gefährdung (z.B. Laser-, UV- oder Infrarotstrahlung)
- thermische Gefährdung

Neben etwaigen Splittern und Spänen bei schleifenden oder anderen spanabhebenden Tätigkeiten sind derartige Gefährdungen unter anderem auch bei der Technischen Hilfeleistung nach Verkehrsunfällen oder bei der Verwendung von Schweißgeräten (ggf. Plasmaschneidern) im Einsatzdienst von Feuerwehren denkbar.

Darüber hinaus ist im Bereich des Rettungsdienstes auch Augenschutz erforderlich in Verbindung mit bestimmten Infektionsfahrten und/oder den daran anschließenden Desinfektionsmaßnahmen, um einerseits zu verhindern, dass über die Netzhaut eine Infektion stattfinden kann, andererseits um die Gefährdung durch (im Allgemeinen bei Schleimhautkontakt nicht gesundheitsfördernde) Desinfektionsmittel (-spritzer) zu vermeiden.

Zu diesen Zwecken werden üblicherweise Schutzbrillen oder Schutzschilde vorgehalten, die teilweise vor mehreren unterschiedlichen Gefährdungen Schutz bieten, da die o.g. Gefährdungen auch gemeinsam auftreten können.

Grundlegende Anforderungen an den Augenschutz finden sich in der DIN EN 166 „Persönlicher Augenschutz". Dort findet sich die Unterscheidung in die Formen Bügelbrillen (mit oder ohne Seitenschutz), Korbbrillen und Gesichtsschutzschilde. Unabhängig vom genauen Anwendungszweck gelten bestimmte Mindestvorgaben für alle Augenschutzgeräte gemäß DIN EN 166. So sind beispielsweise Minimalanforderungen an das Gesichtsfeld, an die Optik, an die Werkstoff- und Oberflächenbeschaffenheit oder an verschiedene allgemeine Beständigkeiten in der Norm enthalten.

Je nach (potenzieller) Gefährdung müssen die Augenschutzgeräte noch Anforderungen aus den folgenden Bereichen erfüllen:

- Schutz gegen optische Strahlung (s.u.)
- Schutz gegen Teilchen mit hoher Geschwindigkeit
- Schutz gegen Schmelzmetall und heiße Festkörper
- Schutz gegen Tropfen und Spritzer von Flüssigkeiten
- Schutz gegen Grobstaub
- Schutz gegen Feinstaub und Gase
- Schutz gegen Störlichtbogen
- Seitenschutz (seitliche Ergänzung des durch die Brille abgedeckten Augenbereichs)

Optionale Anforderungen sind für weitere Bereiche vorgesehen, beispielsweise zum Schutz gegen Teilchen hoher Geschwindigkeit, bei extremen Temperaturen oder zur Oberflächenbeständigkeit gegen Beschädigung durch kleine Teilchen.

In Abhängigkeit vom Einsatzzweck erfolgt darüber hinaus eine Klassifizierung der Augenschutzgeräte gegen optische Strahlung in die Kategorien Schweißerschutzfilter, Ultraviolettschutzfilter, Infrarotschutzfilter und Sonnenlichtschutzfilter. In jeder dieser „Filterarten" gibt es noch einmal verschiedene Schutzstufen, also verschieden stark ausgeprägte Filter.

Wie im Kapitel 3.1.2.7 noch ausgeführt wird, ist grundsätzlich zu beachten, dass weder eine Schutzbrille noch ein Visier für sich allein für bestimmte Tätigkeiten in der Feuerwehr ausreichend ist. Insbesondere im Bereich der Technischen Hilfeleistung gibt es verschiedene Konstellationen, die beides erforderlich machen.

Aufgrund der unterschiedlichen Gefährdungs- und Filterarten sollte vor einer Beschaffung anhand einer Gefährdungsbeurteilung konkret überprüft werden, welche Art von Augenschutz erforderlich ist. Nicht unerwähnt soll an dieser Stelle bleiben, dass mechanische Gefährdungen der Augen auch durch eine Wasserstrahlbeaufschlagung hervorgerufen werden können.

■ Gehörschutz

Kaum erhältlich sind adaptierbare Gehörschützer für Feuerwehrhelme wie man sie beispielsweise von Forstarbeiterhelmen kennt.

2.1.1.2 Zubehör

Neben den oben genannten zusätzlichen Schutzfunktionen kann weiteres Zubehör, wie beispielsweise Kommunikationstechnik oder Helmlampen am Helm, angebracht werden.

■ Kommunikationstechnik

Ausführliche Hinweise zur Kommunikation im Einsatz finden sich im gleichnamigen Werk in der Buchreihe Einsatzpraxis (vgl. Cimolino et al., 2008). Ergänzend dazu sei jedoch darauf hingewiesen, dass eine vernünftige Unterbringung und Verwendung der erforderlichen Kommunikationstechnik bei angelegter PSA ermöglicht werden muss.

Abb. 12: Feuerwehrhelm mit Helmsprechgarnitur. (Foto: Pannier)

Neben entsprechenden Taschen für das Funkgerät und z.B. auch Befestigungsschlaufen für das Handmonophon umfasst dies beispielsweise auch die mögliche Verwendung von Helmsprechgarnituren im Atemschutz- und Gefahrguteinsatz (s. Kap. 3; vgl. auch Cimolino et al., 1999–2011).

Natürlich sollte es auch mit Helm möglich sein, mit handelsüblichen (Funk-)Hörern oder einem Mobiltelefon zu kommunizieren.

■ Helmlampen

Für verschiedene Helme nach DIN EN 443 sind Helmlampen erhältlich. Teilweise sind diese Helmlampen baulich in die Helme integriert (insbesondere bei Typ-B-Helmen), teilweise sind diese als Zubehörteil beispielsweise mit einer Steck- oder Klemmhalterung am Helm befestigt. Je nach Ausführung finden sich die Helmlampen mittig am Helm oder an der Visierhalterung, andere Versionen sind seitlich links oder rechts anbringbar.

Auch in diesem Fall gilt: Für Helm und Helmlampe ist die etwaige Zertifizierung beider Produkte miteinander zu beachten. Falls keine gemeinsame Zertifizierung vorliegt, ist für diesen spezifischen Anwendungszweck eine Gefährdungsbeurteilung durchzuführen.

2.1.2 Pflege

Seit Einführung der ersten Fassung der DIN EN 443 werden mit ganz wenigen Ausnahmen die am Markt erhältlichen Feuerwehrhelme aus Kunststoffen, beispielsweise Duroplasten hergestellt. Diese weisen aufgrund ihrer Materialstruktur teilweise einen konkret begrenzten Nutzungszeitraum auf, nach dem diese spätestens ausgesondert werden müssen. Andere Helme müssen in bestimmten Zyklen mit einem Spray bearbeitet werden, um die elektrostatische Aufladung zu unterbinden. Darüber hinaus sind regelmäßige Sichtprüfungen erforderlich. Die Bestimmungen hierzu sind jeweils den Produktbeschreibungen bzw. Bedienungsanleitungen der Helme zu entnehmen.

Eine sehr lange oder zeitlich nicht eingeschränkte herstellerseitig angegebene Nutzungsdauer macht einen Helm jedoch nicht zwingend zu einem besseren Kauf, da im Allgemeinen davon ausgegangen werden muss, dass PSA in Abhängigkeit von der Nutzungsintensität bzw. dem jeweiligen Lagerungsplatz[1] sowieso alle paar Jahre auszutauschen ist – auch, um die Einsatzkraft jeweils nach dem aktuellen Stand der Technik ausstatten zu können.

2.2 Feuerwehrschutzanzug[2]

Wie bereits in Kap. 1 beschrieben, gehört Feuerwehrschutzkleidung zur Standardausrüstung jeder Einsatzkraft im Feuerwehrdienst. Während in den ca. ersten einhundert Jahren ihres Bestehens bei den meisten Feuerwehren im deutschsprachigen Raum die Uniform oder eine uniformähnliche, eher repräsentative Kleidung auch als Einsatzkleidung verwendet wurde („mit Krawatte in den Einsatz“), wandelte sich dieses Vorgehen langsam in der zweiten Hälfte des 20. Jahrhunderts. Zunächst wurde die Baumwoll-/Schurwoll-Einsatzkleidung durch Überjacken aus Leder abgelöst bzw. ergänzt.

1 Z.B. Kunststoffhelme im Bereich von Sonneneinstrahlung.
2 Nähere Informationen zum Feuerwehrschutzanzug für die Brandbekämpfung im Innenangriff finden Sie im Kapitel 3.1.

Zunächst wurde die Baumwoll-/Schurwoll-Einsatzkleidung durch Überjacken aus Leder abgelöst. Neben dem hohen Gewicht hat sich jedoch vor allem die Schrumpfanfälligkeit von Rindsleder bei höherer Temperaturbeaufschlagung als äußerst problematisch erwiesen, sodass dieser Werkstoff mittlerweile kaum noch in Feuerschutzbekleidung verwendet wird (s. Kap. 2.3). Vorrangig durch Entwicklungen in den Vereinigten Staaten entstanden ab ca. Anfang der 1980er-Jahre Schutzjacken für die Feuerwehr (die Hosen kamen etwas später – s. Kap. 3.1) aus speziellen Kunstfasern (Aramide), die im Vergleich zu den bisher verwendeten Naturprodukten eine deutlich erhöhte Hitze- und Flammbeständigkeit (auch Formbeständigkeit unter Temperatureinwirkung) aufwiesen.

Abb. 13: In einigen Bundesländern wurde bis in die 1990er-Jahre hinein die Feuerwehruniform auch als Einsatzbekleidung verwendet. (Foto: Pannier)

Wegweisend war hier insbesondere das durch die NASA im Auftrag der IAFF (International Association of Fire Fighters) und mit Unterstützung der USFA (United States Fire Administration) ab 1976 durchgeführte Projekt FIRES (Firefighters Integrated Response Equipment System), welches ab Anfang/Mitte der 1980er-Jahre erstmals eine moderne Feuerwehrschutzkleidung, wie wir sie im Prinzip noch heute kennen und verwenden, beschrieb.

Erst mit erheblicher zeitlicher Verzögerung (im Vergleich zur rasch flächendeckenden Verbreitung in den USA) setzte sich auch in Deutschland die Erkenntnis durch, dass zur Brandbekämpfung, insbesondere im Innenangriff, Schutzkleidung jenseits der bisherigen Baumwoll-/Woll-Leder-Kombination erforderlich ist.

Hierzu bedurfte es leider auch erst einiger schwerer Unfälle (vgl. atemschutzunfaelle.eu). Erst 1995 erfolgte mit der Verabschiedung der ersten Norm (EN 469:1995-08) für Feuerschutzkleidung eine europäische Standardisierung von Anforderungen an die Schutzkleidung für die Brandbekämpfung. Bei der EN 469 handelt es sich um eine Anforderungsnorm (s. Kap. 2.1). Die darin definierten Anforderungen konnten (und können) also grundsätzlich auf verschiedenen Wegen umgesetzt bzw. erreicht werden. Die meisten Bundesländer verabschiedeten im Anschluss an die Veröffentlichung der ersten Ausgabe der EN 469 einen Erlass zur Einführung von Schutzkleidung nach der Herstellungs- und Prüfungsbeschreibung für eine universelle Feuerwehr-Schutzbekleidung (HuPF). Die HuPF ist eine Ausführungsnorm, die – basierend auf der EN 469 – in bestimmten Bereichen verbindliche Umsetzungen definiert. So waren (und sind) beispielsweise Schutzkleidungen nach HuPF herstellerübergreifend weitgehend einheitlich geschnitten, reflexbestreift und gefärbt.

Wie auch in anderen Bereichen der Normung wird aufgrund aktueller Erfordernisse und Entwicklungen die Norm zur Feuerwehrschutzkleidung zeitweilig überarbeitet.

Die vorletzte europäische Neuausgabe der Norm erfolgte im Jahre 2005. Basierend hierauf wurde erneut die HuPF angepasst. Die letzte Überarbeitung der EN 469 erfolgte im Jahr 2020, die HuPF wurde seither nicht mehr angepasst und wird auch nicht mehr flächendeckend weiterverfolgt.

Die EN 469 definiert verschiedene Anforderungen an die Schutzkleidung. Hierzu ist Kleidung nach EN 469 in zwei Leistungsstufen unterteilt, die Leistungsstufe 1 (niedrigerer Schutz) und die Leistungsstufe 2 (höherer Schutz, s. Kap. 3.1).

Abb. 14 und 15: Lederjacke vor und nach Stichflammenbeaufschlagung. Die Jacken hatten vorher gleiche Größe, Schnitt und Pflegezustand (rechts).

Für die Brandbekämpfung im Innenangriff ist grundsätzlich die Verwendung von EN-469-Kleidung der Leistungsstufe 2 zu empfehlen!

Bei der Schutzkleidung nach HuPF entspricht diese der HuPF Teil 1 (Überjacke) in Kombination mit Teil 4 (Überhose). Die Ausführungen zur Schutzkleidung für die Brandbekämpfung finden sich in Kapitel 3.1.

Nachfolgend soll nun genauer auf die einzelnen Merkmale der Norm sowie der HuPF eingegangen werden. Entsprechend Kapitel 4 der DIN EN 469:2020 werden verschiedene Grundlagen zur Ausführung der Feuerwehrkleidung gefordert. So muss bei-

Abb. 16 und 17: Feuerwehrschutzanzug nach HuPF 2/3 in der Ausführung ohne[1] und mit Reflexbestreifung (Fotos: Gemeinschaft Feuerwehrfachhandel Deutschland – gfd)

spielsweise ein kompletter Schutz des Trägers von „Rumpf, Hals, Armen (bis zu den Handgelenken) und Beinen (bis zu den Knöcheln)“ sichergestellt sein, der unabhängig von der Ausführung (ein- oder mehrteilig) auch bei den üblichen Bewegungen im Feuerwehreinsatz erhalten bleibt (vgl. DIN EN 469:2020). Weiterhin darf durch die Integration zusätzlicher PSA in Kleidung nach EN 469:2020:2020 nicht von den Normanforderungen abgewichen werden. Beispielsweise müssen bei eingearbeiteten Selbstrettungsgurten trotzdem alle Anforderungen der EN 469:2020 eingehalten werden.

1 PSA in dieser Form wird gern z.B. für Theatersicherheitswachen o.Ä. eingesetzt, weil es sich im Gegensatz zur reinen Uniform um einen vollwertigen Feuerwehr-Schutzanzug handelt und aufgrund der fehlenden Reflexstreifen keine störenden Lichtreflexe auf Bühnen oder in Showräumen entstehen (vgl. dazu auch Kap. 3.11).

In der DIN EN 469:2020 sind 15 Einzelanforderungen Bestandteil der technischen Prüfungen. Diese werden zu bestimmten Umgebungsbedingungen jeweils an der obersten Kleidungslage durchgeführt, bei der Prüfung auf „Begrenzte Flammenausbreitung" zusätzlich auch am Innenfutter:

Begrenzte Flammenausbreitung

Bei dieser Anforderung wird ein Stoffmuster (ggf. inkl. Nähten) mittels eines Brenners entsprechend der EN ISO 15025 einem Beflammungstest nach Verfahren A (Beflammung auf der Oberfläche) unterzogen. Hierbei muss die Schutzkleidung bestimmte Mindestanforderungen bezüglich (geringer) Nachbrenndauer und (keiner) Lochbildung erreichen (vgl. DIN EN 469:2020, 6.2.1.1).

Kontaktwärme

Mit der Einführung von EN 469:2020 wird nun – endlich – auch die Kontaktwärme mit dem Prüfverfahren nach DIN EN ISO 12127-1 geprüft. Das Fehlen dieser Prüfung war ein Schwachpunkt der Vorgängernormen, weil z.B. die Gefahr einer Verletzung durch das Knieen auf einem heißen Boden in einer Brandwohnung bislang nicht berücksichtigt wurde. Kapitel 6.2.1.2 sieht vor, dass bei einer Kontakttemperatur von 250 °C die Zeit für einen Temperaturanstieg von 10 °C im Inneren der Bekleidung mindestens 10 Sekunden betragen muss.

Die Prüfung der Kontaktwärme ist nur für Bekleidung der Leistungsstufe X2 notwendig und kann bei Bekleidung der Leistungsstufe X1 optional getestet werden.

Wärmeübergang – Flamme und Wärmeübergang – Strahlung

Mit der Prüfung des Wärmeübergangs wird an der Kleidung getestet, wie lange es dauert, bis eine Flammenbeaufschlagung nach EN ISO 9151 von 24 K (HTI24) bzw. eine Wärmestrombeaufschlagung nach EN ISO 6942 von 24 K (RHTI24) an der hitzeabgewandten Seite der Kleidung durchschlägt. Für die Leistungsstufen 1 und 2 bestehen unterschiedliche Mindestdauern (vgl. DIN EN 469:2020 6.2.1.3 bzw. 6.2.1.4).

Darüber hinaus ist jeweils für den Differenzzeitraum HTI24 – HTI12 (Flamme) bzw. RHTI24 – RHTI12 (Wärmestrom) eine Mindestzeit vorgegeben. Hierzu führen u.a. CIMOLINO, HORN, PANNIER, SÜDMERSEN, ERNST, FRECH, 2005, aus:

„Ein Anstieg von 12 K entspricht der wahrnehmbaren Schmerzschwelle auf der menschlichen Haut, die im Forschungsbericht des IdF Sachsen-Anhalt Nr. 99 „Anforderungsprofil für Schutzkleidung der Feuerwehr für die Brandbekämpfung“ mit 0,3–0,5 W/cm² angegeben wird. Der HTI24-Wert entspricht der Zeitdauer, in der die thermische Belastung nach EN 367 auf der flammenabgewandten Seite zu einer Temperaturerhöhung um 24 K führt. Ein derartiger Temperaturanstieg kann im Kontaktfall mit der ungeschützten Haut Verbrennungen zweiten Grades verursachen.

Die Differenz aus HTI24 und HTI12, also der Delta-HTI, ist die Zeit, die einem Feuerwehrmann ab Erreichen der wahrnehmbaren Schmerzgrenze verbleibt, um sich in Sicherheit bringen zu können. Bei Überschreitung dieser Zeit muss bei Bedingungen nach EN 367 mit irreversiblen Hautveränderungen/-schädigungen bzw. Verbrennungen gerechnet werden.“

Verbleibende Materialfestigkeit nach Wärmestrahlung

Im Anschluss an eine definierte Wärmestrombeaufschlagung wird die Kleidung einem Materialtest unterzogen, bei dem die Zugfestigkeit der wärmeexponierten Kleidung überprüft wird. Somit soll sichergestellt werden, dass die Kleidung auch während/nach einer Wärmebeaufschlagung nicht „auseinanderfällt“ bzw. durch einfaches Hängenbleiben auseinanderreißt (vgl. DIN EN 469:2020 6.2.1.5).

Wärmewiderstand

Bei der Prüfung des Wärmewiderstands werden die einzelnen Materialien bzw. Kleidungsbestandteile einer fünfminütigen Temperaturbeaufschlagung von 180 °C nach ISO 17493 unterzogen. Die einzelnen Materialien dürfen sich dabei weder entzünden noch schmelzen noch erheblich schrumpfen noch dürfen etwaige Beschlagsteile ihre Funktion verlieren. Hiermit soll die Temperaturbeaufschlagung auf die Kleidung bei einem Innenangriff normativ dargestellt werden (vgl. DIN EN 469:2020 5 6.2.1.6).

Zugfestigkeit

Neben der Materialfestigkeit nach der Wärmebeaufschlagung wird auch die Mindestzugfestigkeit des Außenmaterials sowie der Außennähte ohne Wärmebeaufschlagung auf Zugfestigkeit geprüft. Die normseitige Anforderung von mindestens 450 N wird mittlerweile von den gängigen Oberstoffen um das Zwei- bis Zehnfache übertroffen. Für die Hauptnähte ist entsprechend DIN EN 469:2020 6.2.3.1 jedoch eine Zugfestigkeit von mindestens 300 N ausreichend.

Weiterreißfestigkeit

Für das Außenmaterial bestehen darüber hinaus Anforderungen zur Weiterreißfestigkeit. Es wird hierbei die Kraft gemessen, die erforderlich ist, um ein eingeschnittenes Stück des Außenmaterials weiter auseinanderzureißen. Die Mindestanforderung beträgt 30 N. (Beachten Sie auch die Anmerkungen zur Weiterreißfestigkeit von Feuerwehrhandschuhen in Kapitel 2.3.)

Maßänderung

Im Rahmen dieser Normanforderung wird die gewaschene Feuerwehrschutzkleidung nach ISO 5077 auf ihre Maßhaltigkeit nach dem Waschen geprüft. Hiermit soll sichergestellt werden, dass die Kleidung beim Waschen nicht allzu sehr „einläuft" (vgl. DIN EN 469:2020, 6.2.5).

Widerstand gegen das Durchdringen flüssiger Chemikalien

Kleidung nach EN 469:2020 wird anhand verschiedener Testchemikalien auf die Durchdringungseigenschaften bei zehnsekündiger Exposition geprüft. Die flüssigen Chemikalien dürfen hierbei nicht die innerste Kleidungsschicht durchdringen (vgl. DIN EN 469:2020, 6.2.2).

Wasserdichtigkeit

Die jeweilige wassersperrende Schicht der Kleidung wird entsprechend EN 20811 auf ihre Wasserdichtigkeit geprüft. Kleidung nach Leistungsstufe 1 (ohne Feuchtigkeitssperre) muss einem Wasserdruck von < 20 kPa standhalten, Kleidung nach Leistungsstufe 2 (mit Feuchtigkeitssperre) mindestens 20 kPa (vgl. DIN EN 469:2020, 6.2.4).

Wasserdampfdurchgangswiderstand

Auch für den Wasserdampfdurchgangswiderstand gibt es Unterschiede bei den beiden Leistungsstufen. Kleidung nach Leistungsstufe 1 muss einen Wasserdampfdurchgangswiderstand nach Prüfung entsprechend EN 31092 von 30 m^2 Pa/W bis 45 m^2 Pa/W aufweisen, Neu in EN 469:2020 ist hier die (wieder) eingeführte Obergrenze von 45 m^2 Pa /W. Kleidung nach Leistungsstufe 2 muss dagegen nur einen von höchstens 30 m^2 Pa/W (vgl. DIN EN 469:2020, 6.3.1) aufweisen.

Wahrnehmbarkeit

Bei den Anforderungen an die Wahrnehmbarkeit handelt es sich um eine Wenn-Dann-Bestimmung. Falls die Schutzkleidung mit retroreflektierenden und fluoreszierenden Materialien ausgestattet sein soll, dann müssen diese entsprechend dem Kapitel 6.2.6 der EN 469:2020 sowie bezüglich der Farbwahl entsprechend der DIN EN ISO 20471 ausgeführt sein.

Beachten Sie: Auch wenn retroreflektierende und fluoreszierende Materialien auf Feuerwehrschutzkleidung nach EN 469:2020 einige (technische) Anforderungen nach EN ISO 20471 erfüllen müssen, so ist Feuerwehr-Schutzkleidung nach EN 469:2020 (von wenigen Ausnahmen abgesehen) KEINE Warnkleidung nach EN ISO 20471!

Optionale Prüfung – Prüfung der vollständigen Kleidung

Als optionaler Test ist eine Wärmebeaufschlagung der kompletten Kleidung (und nicht nur der teilweise einzeln geprüften Einzelbestandteile) auf einer Prüfpuppe vorgesehen. Hierbei wird die Kleidung mit einem Wärmestrom von 84 kW/m^2 acht Sekunden lang beaufschlagt, was beispielsweise einer Stichflammeneinwirkung während des Brandeinsatzes entsprechen soll (vgl. EN 469:2020, Abschnitt 7 und Anhang D). Mit dieser Prüfung können so Aussagen über die Schwere und das Ausmaß von möglichen Brandverletzungen bei der Wärmestrom- bzw. Flammenbeaufschlagung unter Verwendung der jeweiligen Kleidung getroffen werden.

Die Schutzkleidung nach EN ISO 11612 bzw. nach HuPF 2/3 bietet einen Grundschutz vor verschiedenen Gefahren im Feuerwehreinsatz. Es ist hierbei jedoch zu beachten, dass nicht alle Anforderungen, die Kleidung nach HuPF 2/3 erfüllt, auch von Kleidung nach DIN EN 469:2020, Leistungsstufe 1, erreicht werden und umgekehrt.

Als „Grundschutz“ kann die Kleidung nach DIN EN 469:2020 Leistungsstufe 1 oder HuPF Teil 2 (und 3) jedoch unter folgenden Gesichtspunkten herangezogen werden:

- Die damit ausgestattete Einsatzkraft wird nicht im unmittelbaren Gefahrenbereich eines Brandeinsatzes eingesetzt (beispielsweise Führungskräfte, Maschinisten).
- Dies ist insbesondere relevant für hauptamtlich besetzte Feuerwehren, wo im Tagesdienst permanent „Standard-Einsatzkleidung“ (beispielsweise HuPF 2/3) getragen wird und im Einsatzfall dann die „schwere“ Einsatzkleidung (Leistungsstufe 2 bzw. HuPF Teil 1/4) darüber gezogen wird.
- Die Standard-Einsatzkleidung wird mit einer – optionalen (!) – Nässesperre beschafft und stellt somit einen Schutz gegen eindringende Flüssigkeiten dar. Insbesondere ermöglicht sie die Einsatzfähigkeit bei Niederschlag.
- Die Standard-Einsatzkleidung verfügt über eine Warnbestreifung, die den Anforderungen des Kapitels 6.2.6 der DIN EN 469:2020 entspricht. Es ist hierbei zu beachten, dass die Feuerwehr-Unfallkassen nicht jeder Kleidung mit „irgendeiner“ Warnbestreifung pauschal eine Etwa-Wirkung bezüglich der Sichtbarkeit entsprechend der DIN EN ISO 20471 (Warnkleidung) zugestehen. Gemäß Rundschreiben der DGUV sind bestimmte (Mindest-)Bestreifungsanforderungen zu beachten (s. Kap. 3.7).

2.3 Handschuhe

Im Feuerwehreinsatz sind für verschiedene Übungs- und Einsatzsituationen Handschuhe erforderlich. Neben Feuerwehrschutzhandschuhen nach DIN EN 659, die vorrangig für die Brandbekämpfung vorgesehen sind (s. Kap. 3.1.6), können auch Handschuhe insbesondere für die technische Hilfeleistung sowie für die „allgemeine“ Verwendung nach DIN EN 388 vorgehalten. Bei der DIN EN 388 handelt es sich ebenfalls um eine Anforderungsnorm. Hauptzweck von Handschuhen nach DIN EN 388 ist der Schutz vor mechanischer Gefährdung. Hierzu sieht die DIN EN 388 die vier Kategorien

- Abriebfestigkeit,
- Schnittfestigkeit,
- Weiterreißfestigkeit und
- Durchstichfestigkeit vor.

Für jede der vier Kategorien sind jeweils vier bzw. fünf Leistungsstufen definiert, deren Anforderungen mit zunehmendem Zahlenwert steigen (Leistungsstufe 1: geringe Anforderung, Leistungsstufe 4/5: hohe Anforderung).

Handschuhe nach DIN EN 388 bieten grundsätzlich mechanischen Schutz. Thermischer Schutz ist bei Handschuhen nach DIN EN 388 nicht vorgesehen. Dementsprechend sind diese Handschuhe nicht für die Brandbekämpfung und erst recht nicht für den Innenangriff zu verwenden.

Relevante Kriterien für die Auswahl von zur technischen Hilfeleistung geeigneten Handschuhen sind u.a. die nachfolgenden:

- Schutz vor mechanischer Gefährdung
- Tastfähigkeit und Griffigkeit auch bei niedrigen Temperaturen und bei Nässe
- Gewisse thermische Stabilität, damit bei Arbeiten im Hochsommer an aufgeheizten Metallen oder an Unfallfahrzeugen mit ggf. heißen Motorenteilen keine Auflösungserscheinungen oder gar zusätzliche Gefahren durch „brennende" oder „schmelzend abtropfende" Handschuhe entstehen. **Diese thermische Stabilität ist nicht gleichzusetzen mit der Eignung für den Innenangriff!**
- Kälteschutz
- praktikable Wasch- und Desinfektionseigenschaften
- gute Passform (mehrere verschiedene Größen) und bequemer Sitz
- Schlaufen, Karabiner oder dergleichen für gemeinsame Handschuhbefestigung beispielsweise an der Jacke
- gewisser Nässeschutz sowie rasche Trocknung ohne Formbeeinträchtigung

Der Markt bietet hier eine riesige Auswahl an unterschiedlichen Modellen aus verschiedensten Materialien, angefangen von „einfachen" Handschuhen aus dem industriellen Anwendungsbereich bis hin zu High-End Modellen im Feuerwehr-Look (von denen

Abb. 18: Übersicht verschiedener THL-Handschuhe, wie sie seit etlichen Jahren auf dem Markt sind. (Foto: Dr. Cimolino)

manche zwar schick aussehen und tolle Modellnamen haben, technisch aber leider alles andere als High-End sind).

Die EN 388 sieht vier (bzw. bei der Schnittfestigkeit fünf) Leistungsstufen für die Abriebfestigkeit, die Schnittfestigkeit, die Weiterreißkraft und die Durchstichkraft vor. Welche der jeweiligen Leistungsstufen erforderlich ist, sollte ausschließlich das Ergebnis einer Gefährdungsbeurteilung bestimmen. Leider wenig hilfreich sind diverse Informationsblätter einiger Unfallkassen, die für Schutzhandschuhe für die Technische Hilfeleistung die Leistungsstufen 3 2 3 3 fordern (vgl. DGUV Spitzenverband, 2011 und HFUK NORD, 2015). Diese Forderung wird oftmals mit den Anforderungen der EN 659 „Feuerwehrschutzhandschuhe" begründet, welche in den Normkapiteln 3.3–3.6 eben diese Leistungsstufen für Feuerwehrschutzhandschuhe (aber gerade nicht für Handschuhe für die Technische Hilfeleistung!) vorsieht. Bei genauerer Betrachtung der Leistungsstufen für Abriebfestigkeit, Schnittfestigkeit, Weiterreißkraft und Durchstichkraft muss eine Forderung nach den Leistungsstufen 3 2 3 3 für Schutzhandschuhe für die Technische Hilfeleistung jedoch kritisch hinterfragt werden.

Abriebfestigkeit

Hinsichtlich der Abriebfestigkeit beschreibt EN 388 vier Leistungsstufen, die Leistungsstufe 3 ist demnach die zweithöchste. Der Sinn einer Forderung nach einer Abriebfestigkeit der Leistungsstufe 3 für einen TH-Handschuh der Feuerwehr erschließt sich nicht ganz, weil die Abriebfestigkeit insbesondere eine Frage der Lebensdauer des Handschuhs ist. Das wird auch deutlich bei einer Betrachtung der Prüfung der Abriebfestigkeit nach EN 388: Ein Glaspapier definierter Körnung wird so lange mit einem Druck von 9 kPa gegen die Probe gescheuert, bis diese ein Loch aufweist. Die Einteilung in eine der vier Leistungsstufen gibt lediglich die Anzahl der Scheuerzyklen bis zum Auftreten eines Lochs an. Das heißt, eine hohe Leistungsstufe bedeutet nicht, dass die Prüfanforderungen härter sind (gröbere Körnung oder höherer Prüfdruck), sondern lediglich, dass bei identischen Prüfbedingungen eine Lochbildung erst später auftritt. Die Einsatzdauer von EN 388-Handschuhen beträgt im industriellen Bereich nicht selten 35–40 h/Woche (z.B. Handling von Glas, scharfkantigen Blechen etc.), d.h. hier kann durch Verwendung von Handschuhen mit Abriebfestigkeiten der Leistungsstufe 3 durchaus ein (wirtschaftlicher) Vorteil gegenüber solchen der Leistungsstufen 1 oder 2 erzielt werden. Im Feuerwehrbereich, wo TH-Handschuhe im Regelfall nur wenige Stunden pro Jahr getragen werden, hat hingegen eine hohe Abriebbeständigkeit aufgrund der (extrem) geringen Tragedauer eine erheblich geringere Bedeutung.

Schnittschutz

Beim Schnittschutz definierte die EN 388 bislang fünf Leistungsstufen, die oftmals „geforderte" Leistungsstufe 2 ist die zweitniedrigste. Demnach wäre also die Gefahr von Schnittverletzungen im Feuerwehreinsatz kaum vorhanden bzw. recht unbedeutend. Aus fachlicher Sicht und unter Berücksichtigung realer Einsatzerfahrungen erscheint hingegen eine Schnittfestigkeit der Leistungsstufe 4 oder 5 eher angebracht.

Mit der Überarbeitung der EN 388 ab 2016 wurde für den Schnittschutz ein zweites Verfahren, die sog. TDM-Schnittfestigkeitsprüfung für die Prüfung des Schnittschutzes, in die Norm aufgenommen. Diese ist aufgrund ihrer Methodik (es wird eine scharfe Klinge über den zu prüfenden Handschuh gezogen und gemessen, welche Kraft erforderlich ist, um einen 20 mm langen Schnitt zu erzeugen) in vielen Fällen deutlich praxisgerechter als die bisherige Prüfung mit einem rotierenden Schneidmesser. Bei der Prüfung des Schnittschutzes nach dem TDM-Verfahren gibt es sechs unterschiedliche Leistungsstufen. Diese werden jedoch nicht mit Zahlen, sondern mit Buchstaben (A–F) gekennzeichnet wobei A die geringste Schnittfestigkeit (gleichbedeutend mit der geringsten Kraft, die notwendig ist, damit die Klinge den Handschuh schneidet) und F die höchste Schnittfestigkeit (also die höchste Kraft, die zum Schnitt erforderlich ist) hat.

Beachte: Die seit EN 388:2016 (und neueren Ausgaben, aktuell EN 388:2019) in der Norm genannten Verfahren zur Schnittfestigkeit sind aufgrund unterschiedlicher Prüfsystematik nicht miteinander vergleichbar. Ein gutes Ergebnis in der einen Prüfung bedeutet nicht automatisch ein gutes Prüfergebnis im anderen Prüfverfahren und umgekehrt. Hersteller von Schutzhandschuhen können entweder das eine oder das andere oder beide Prüfverfahren anwenden.

Abb. 19: Gerade beim Einsatzspektrum der Feuerwehren können hohe Anforderungen an den Schnittschutz von Handschuhen (zur Technischen Hilfeleistung) erforderlich sein. (Foto: Pannier)

Weiterreißkraft

Was die Weiterreißkraft angeht, so wird – aus unbekannten Gründen – eine Leistungsstufe 3 (von vier möglichen) als „notwendig" angesehen. Nach EN 388 ist zum Erreichen der Leistungsstufe 3 der Weiterreißfestigkeit eine Kraft von mindestens 50 N erforderlich. Das ist vor allem deshalb interessant, da EN 469 für Feuerwehr-Überbekleidung hinsichtlich der Weiterreißkraft lediglich eine Anforderung von mindestens 25 N – und somit gerade einmal die Hälfte von dem, was angeblich für einen Feuerwehrhandschuh erforderlich ist – fordert. Die aktuelle Ausgabe der HuPF, Teile 2 und 3, sieht sogar eine Weiterreißkraft von lediglich 20 N vor, die EN ISO 11612 gar nur 15 N. Es erscheint nicht besonders logisch, warum hinsichtlich der Weiterreißkraft an einen Handschuh zur Technischen Hilfeleistung die doppelte oder gar dreifache Anforderung gestellt wird wie an den direkt angrenzenden Ärmel der Jacke.

Durchstichkraft

Bezüglich der Durchstichkraft mag eine „Forderung" der Leistungsstufe 3 (entsprechend einer Kraft von 100 N) sinnvoll sein. Es ist hierbei jedoch unbedingt zu beachten, dass die Durchstichprüfung nach EN 388 mit einem Metallstift von 4,5 mm Durchmesser und einer Spitze von 1 mm Durchmesser erfolgt. Schutzhandschuhe nach EN 388, ganz gleich welche Leistungsstufe sie hinsichtlich der Durchstichkraft aufweisen, schützen im Regelfall nicht sicher vor Stichverletzungen durch Nadeln oder Kanülen!

Wir halten daher für den Bereich der Technischen Hilfeleistung Schutzhandschuhe nach EN 388 mit den Leistungsstufen 1 4 2 3 E oder besser für ausreichend bzw. erforderlich. Jede verantwortliche Führungskraft kann mit Hilfe der oben erwähnten Argumente einfach selbst eine dafür passende Gefährdungsbeurteilung erstellen – und sollte das auch, wenn man entsprechend von der Empfehlung abweichende TH-Handschuhe beschaffen und einsetzen will.

Darüber hinaus gibt es Handschuhe für den Feuerwehreinsatz nach DIN EN 659, die neben mechanischem Schutz auch thermischen Schutz bieten (s. Kap. 3.1.6). Dementsprechend können entweder zwei verschiedene Handschuhtypen (einer für die Brandbekämpfung, einer für die technische Hilfeleistung) oder ein kombinierter Handschuh für Einsatzkräfte beschafft werden, die in beiden Einsatzbereichen tätig sind. Bei kombinierten Handschuhen ist zu beachten, dass diese üblicherweise eine Kompromisslösung darstellen und daher nicht in allen Einzelkriterien von zwei getrennten Handschuhtypen das jeweilige Optimum in sich vereinen.

Jeweils zu beachten ist auch die Kompatibilität des Handschuhs bzw. der unterschiedlichen Handschuhtypen mit der oder den jeweiligen Jacken, die getragen werden. Freie und somit ungeschützte Hautstellen im Bereich des Handgelenks bzw. an den Arminnenseiten sind in jedem Fall zu vermeiden.

Darüber hinaus sind für Einsätze im Rahmen der Unfallrettung sowie für etwaige Ersthelfermaßnahmen stets Infektionsschutzhandschuhe nach DIN EN 455 vorzuhalten. Diese müssen all jenen Einsatzkräften zur Verfügung stehen, die am oder in unmittelbarer Nähe des/der Patienten arbeiten, also insbesondere für den Inneren Retter und Angriffstrupp, aber auch für etwaige Tausch- bzw. Reservekräfte, die (ggf. zeitverzögert) ebenfalls mit Körperflüssigkeiten in Berührung kommen könnten. Aufgrund der überschaubaren Kosten bietet es sich an, derartige Handschuhe

Abb. 20: Unterschiedliche Einsätze können unterschiedliche Handschuhtypen erforderlich machen. (Foto: Pannier)

in allen Einsatzfahrzeugen mitzuführen, je nach Platzangebot und „Varianz" der Einsatzkräfte auch in verschiedenen Größen. Es bietet sich hierbei an, dass die Infektionsschutzhandschuhe bereits während der Anfahrt angezogen und unter den Schutzhandschuhen für die technische Hilfeleistung getragen werden. Aufgrund nicht allzu seltener Latexunverträglichkeiten können statt Handschuhen aus diesem Werkstoff auch solche aus Nitril verwendet werden.

Zusätzlich werden in einigen Fahrzeugnormen, z.B. HLF 20 nach DIN 14530-27, noch „Fünffingerhandschuhe mit langen Stulpen, etwa 350 mm lang, gefüttert, abriebfest und weitgehend öl- und chemikalienbeständig" nach DIN EN 374 bzw. DIN EN 420 gefordert. Diese Handschuhe werden für bestimmte Technische Hilfeleistungen benötigt bzw. sind dafür sinnvoller als normale Feuerwehrhandschuhe, z.B. zur Ölschadensbekämpfung, „leichte" Gefahrguteinsätze, Pumpeinsätze mit möglichen Fäkalienbelastungen usw.

2.4 Stiefel und Schuhe

Schuhe bzw. Stiefel für den Einsatzdienst bei Feuerwehren waren bis vor etlichen Jahren in DIN EN 345 „Sicherheitsschuhe für den gewerblichen Gebrauch" genormt. Bei der DIN EN 345-2 handelte es sich um eine europäische Norm für Sicherheitsschuhe, die zwischenzeitlich durch EN ISO 20345 für den gewerblichen Bereich und DIN EN 15090 für den Anwendungsbereich der Feuerwehr abgelöst wurde. In der DIN EN 15090 sind verschiedene Anforderungen an Feuerwehrstiefel definiert. Grundsätzlich nimmt die DIN EN 15090 eine Unterteilung von Feuerwehrstiefeln in unterschiedliche Kategorien vor. Zunächst werden die Stiefel unterteilt in die Klassifizierungen I („Schuhe aus Leder und/oder anderen Materialien, mit Ausnahme von Vollgummi- oder Gesamtpolymerschuhen") oder II („Vollgummischuhe", d.h. im Ganzen vulkanisierte Schuhe und Gesamtpolymerschuhe, d.h. im Ganzen geformte Schuhe) (vgl. DIN EN 15090:2012-04, Kapitel 4). Bei herkömmlichen Feuerwehrstiefeln handelt es sich daher üblicherweise um die Klassifizierung I, während für bestimmte Anwendungszwecke Stiefel der Klassifizierung II herangezogen werden. Als weiteres Differenzierungsmerkmal erfolgt die Einteilung von Schuhen nach DIN EN 15090 in drei Typen. Folgende Typen werden verwendet:

Abb. 21 und 22: Feuerwehrstiefel mit Schnürung bzw. Reißverschluss (links). Schaftstiefel (rechts). (Fotos: Dr. Cimolino)

- **Typ 1:** Schuhe zur Technischen Hilfeleistung und zur Brandbekämpfung im Freien, beispielsweise Vegetationsbrandbekämpfung
- **Typ 2:** Schuhe zur Technischen Hilfeleistung und zur Brandbekämpfung auch im Innenangriff
- **Typ 3:** Schuhe zur Verwendung bei Gefahrgut- und Umweltschutzeinsätzen

Darüber hinaus finden sich zwei Formen von Feuerwehrschutzstiefeln:

- Schnürstiefel
- Schaftstiefel

Schnürstiefel lassen sich einfacher an den jeweiligen Fuß anpassen und sitzen passgenauer, Schaftstiefel lassen sich einfacher pflegen und schneller und einfacher mit einem Stiefel-Hosenpaket anziehen.

Dementsprechend sind bei den Feuerwehrschutzstiefeln verschiedene Ausführungen am Markt erhältlich. Für die Standardanwendungen Brandbekämpfung und Technische Hilfeleistung bieten sich dementsprechend die Schuhe des Typs 1 und 2 in der Ausführung als Schnür- oder Schaftstiefel an, die Klassifizierung ist hierbei üblicherweise I. Da es aus logistischen und finanziellen Gesichtspunkten oft nicht möglich ist, für die Technische Hilfeleistung und den Außeneinsatz bei der Brandbekämpfung einerseits sowie für den Innenangriff bei der Brandbekämpfung andererseits zwei separate Schuhtypen für jede Einsatzkraft zu beschaffen (ggf. ergänzt um eine zusätzliche Reservevorhaltung), bietet es sich generell an, hier einen[1] Vielzweckschuh zu verwenden. Schützen soll dieser vor folgenden Gefährdungen:

- Verletzungen von Fuß und Unterschenkel durch herabfallende Gegenstände oder Stoßeinwirkungen
- Verletzungen der Fußsohle und des Fersenbereichs durch Hineintreten in scharfkantige oder spitze Gegenstände
- Verletzungen durch Wegrutschen/Umknicken
- Hitzebeaufschlagung und Wärmedurchschlag
- übermäßige Kälte- oder Nässeeinwirkungen
- elektrostatische und elektrische Einwirkungen
- Basisschutz vor chemischen Gefährdungen (beispielsweise durch Mineralölprodukte)

Es sind daher vor allem Typ-2-Stiefel als Schaft- oder Schnürstiefel für den allgemeinen Feuerwehrdienst gängig sowie Typ-3-Stiefel als spezielle Gummistiefel für den Gefahrguteinsatz. Falls mehrere Typen verwendet werden sollen, sind für alle Atemschutzgeräteträger grundsätzlich Typ-2-Stiefel zu beschaffen, da nur diese für die erhöhte thermische Belastung während der Brandbekämpfung im Innenangriff ausgelegt sind!

Für weitere Funktionen (beispielsweise Maschinisten und Führungskräfte) sind je nach Vorgehen auch Typ-1-Stiefel ausreichend, sofern überhaupt wirtschaftlich sinnvoll und verfügbar. Je nach Multifunktionalität der Einsatzkräfte im hauptamtlichen,

[1] Das heißt nicht, dass jede Einsatzkraft nur ein Paar davon haben sollte. Einheiten mit häufigen Einsätzen benötigen mindestens zwei Paar Schuhe pro Person! (Poolbildung macht bei Schuhen keinen Sinn!)

wie im freiwilligen Feuerwehrdienst ist jedoch vorab sicherzustellen, dass diese Personengruppen unter keinen Umständen in Bereiche mit erhöhter thermischer Beaufschlagung vorgehen, beispielsweise weder im Rahmen von Stoßtruppkonzepten noch während der Aus- und Fortbildung (z.B. Realbrandausbildung) als Teilnehmer oder Ausbilder. Andernfalls sind auch für diese Einsatzkräfte Stiefel entsprechend Typ 2 mit höherem thermischen Schutz (und somit der Eignung für den Innenangriff) zu verwenden!

Eine weitere Auswahlthematik kann hier ggf. das Vorliegen von Lederallergien bei Einsatzkräften sein.

Leider bringen die technische Weiterentwicklung, der Drang nach Innovationen und der Wunsch der Hersteller, sich vom Wettbewerb abzusetzen (oder zumindest der Erste zu sein) so manch „sinnvolle“ Features mit sich, deren Sinn man durchaus hinterfragen sollte. Beispielhaft wären hier Reflexstreifen von der Größe eines Zeigefingers zu nennen, die bei korrekter Trageweise der Einsatzhose ohnehin von dieser verdeckt werden. Obwohl damit vollkommen unnötig und sinnlos, gibt es mittlerweile fast keinen Hersteller mehr, der seine Stiefel nicht mit diesem – letztendlich einzig preistreibenden – Gimmick ausstattet. Es ist bezeichnend, dass mehrere Hersteller bei Gesprächen im kleinen Kreis verlauten lassen, man selbst betrachte den Reflexstreifen als vollkommen nutzlos, müsse ihn aber anbieten, weil die Kunden es wünschen und sonst beim Wettbewerb kaufen würden.

Ein ähnlich „sinnvolles“ Feature sind Feuerwehrstiefel mit Schnittschutzeinlage für den Motorkettensägeneinsatz. Vor einigen Jahren als Innovation eingeführt, gibt es kaum mehr einen Hersteller, der nicht mindestens ein Modell eines Feuerwehrstiefels mit Schnittschutz anbietet. Dabei muss auch hier die Sinnhaftigkeit einer solchen Ausstattung hinterfragt werden: Beim korrekten Tragen einer Schnittschutzhose verbleibt zwischen der Schnittschutzhose und der Stahlkappe des Feuerwehrstiefels eine kaum handbreite Stelle, an welcher eine Verletzungsgefahr drohen könnte. Hierfür müsste dann allerdings die Kettensäge schon im 90°-Winkel zum Stiefel auftreffen, was bei normaler Arbeitshaltung (Motorkettensäge parallel zum Fuß) so gut wie unmöglich ist. Bedenkt man nun noch, dass der Motorkettensägeneinsatz bei Feuerwehren – im Gegensatz zur Wald- und Forstwirtschaft – (extrem) selten ist, so sinkt das Risiko einer Verletzung des Fußes durch einen Schnitt mit der Motorkettensäge stark gegen Null.

Vermutlich deshalb ist nach Kenntnis der Verfasser bei den Unfallkassen auch kein Unfall mit einer Verletzung des Fußes durch eine Motorkettensäge bekannt, weshalb diese eine schnittfeste Ausrüstung von Feuerwehrstiefeln für kurzzeitige Einsätze oder Einsätze auf Brand- und anderen Unglücksstellen als nicht notwendig erachten (vgl. PIEHL, 2003). Sicher kann man argumentieren, dass zu viel Schutz in diesem speziellen Fall doch nicht verkehrt ist, im Endeffekt gibt man allerdings viel Geld aus und akzeptiert einen schwereren Stiefel, ohne dass das Risiko dies erforderlich macht.

Für bestimmte exponierte Einsatzlagen, z.B. die Vegetationsbrandbekämpfung in steilem bzw. felsigem Gelände, kann es sinnvoller sein, festes Schuhwerk für stundenlange Einsätze mit oft kilometerlangen Fußmärschen zu verwenden. Also hier dann wie die Bergwacht auf passgenaue Bergschuhe zu setzen, um mehr Halt am Berg bzw. im Felsen bzw. blasenfreies Gehen und Arbeiten zu ermöglichen, vgl. CIMOLINO, 2020. Auch hierfür sollte für die entsprechenden Einheiten dann eine entsprechende Gefährdungsbeurteilung erstellt werden.

2.5 Wetterschutzkleidung und -jacken

Für die Verwendung bei Feuerwehren sind unterschiedliche Wetterschutzkleidungen bzw. -jacken denkbar. Einerseits kann sich ein Bedarf für die Verwendung von Wetterschutzjacken ergeben, die als Überbekleidung für Repräsentationszwecke oder für den täglichen Dienstbetrieb[1] im Tagdienst hauptamtlicher bzw. Berufsfeuerwehren eingesetzt wird. Bei bestimmten Gelegenheiten kann es hier vorteilhaft sein, über eine etwas unauffälligere Überbekleidung zum Schutz vor Witterungseinflüssen zu verfügen als beispielsweise HuPF-Überjacken zu tragen. Neben wirtschaftlichen Gründen spricht auch die Einsatzstellenhygiene dafür, hier gesonderte Jacken vorzuhalten, da die gesamte Schutzwirkung von Brandschutzüberbekleidung für diesen Anwendungszweck nicht benötigt wird, sondern lediglich eine Wetterschutzfunktion.

[1] Mit Dienstbetrieb ist hier nicht der Einsatzdienst gemeint, sondern in eher repräsentativer Kleidung wahrgenommene Außentermine, beispielsweise in den Bereichen Vorbeugender Brand-/Gefahrenschutz, bei spezifischen Objektbegehungen/Vor-Ort-Terminen, bei Gremienarbeit oder dergleichen.

Es bietet sich hier beispielsweise an, zu den gemeinsam damit getragenen Kleidungen/Uniformen farblich passende Parkas oder vergleichbare Jacken zu beschaffen, die einerseits eine gewisse Regenschutzfunktion bieten (z.B. durch mehrlagigen Aufbau mit eingearbeiteter Membran, vergleichbar zu spezieller Outdoorbekleidung), andererseits auch einen gewissen Wärmeschutz beinhalten, da beispielsweise Bauabnahmen mit Begleitung durch Brandschutzdienststellen durchaus auch zu ungemütlichen Witterungsbedingungen stattfinden können (vgl. Abb. 23).

Abb. 23: „Parka" der Feuerwehr Essen als schon vor vielen Jahren eingeführter Wetterschutz zur Uniform. (Foto: Kalthöner, Essen)

Als Schutzkleidung für den Einsatzdienst kann es je nach Verwendung der jeweiligen Einsatzkraft auch sinnvoll und ausreichend sein, Wetterschutzkleidung zur Verfügung zu stellen. Dies ist insbesondere bei Einsatzkräften zu überlegen, die sich nicht im unmittelbaren Gefahrenbereich im Brandeinsatz bewegen, oder als zweite Einsatzkleidung neben einer Brandschutz(-über)-Bekleidung für die Technische Hilfeleistung. Sinnvoll ist es in diesem Falle, die Wetterschutzfunktion mit Kälte- und Regenschutz auch mit einer Warnbekleidung zu kombinieren, damit mit dieser Kleidung beispielsweise auch im Verkehrsraum gearbeitet werden kann. Die Vorgaben hierzu finden sich u.a. in der DIN EN ISO 20471 (s. Kap. 3.7). Entsprechende Kleidung verwenden zum Beispiel als leuchtgelbe Jacken die Polizeien, insbesondere im Verkehrsunfalldienst und bei der Autobahnpolizei, aber auch bei Abschleppdienstleistern, Tiefbauunternehmen oder Straßen- und Autobahnmeistereien finden sich derartige Jacken, einteilige Kombis oder zweiteilige Jacke-Hose-Garnituren, vorwiegend in leuchtorange oder leuchtgelb.

Je nach Ergebnis der Gefährdungsbeurteilung kann es sinnvoll sein, dass die kombinierte Wetter- und Warnschutzkleidung zusätzlich gewisse Grundanforderungen bezüglich der thermischen Belastbarkeit bietet. Einsatzkräfte mit dieser Schutzkleidung sind zwar keinesfalls im Innenangriff einzusetzen, aber auch im Rahmen der technischen Hilfeleistung können gewisse thermische Belastungen auftreten, beispielsweise durch heiße Motorteile oder funkenreißendes Werkzeug (vgl. Kap. 2.3). Gewisse Anhaltspunkte in diese Richtung finden sich beispielsweise bei Bekleidung nach EN ISO 11612 aus dem gewerblichen Bereich, wo sie oft auch mit den Anforderungen nach DIN EN ISO 20471 kombiniert angeboten wird (s. Abb. 24 und 25).

Abb. 24 und 25: Wetterschutzbekleidung, hier in hochsichtbarer Ausführung, kann in einigen Einsatzszenarien eine zweckmäßige und kostengünstige Alternative zur leichten Einsatzbekleidung nach EN ISO 11612 oder HuPF 2/3 sein. Achten Sie allerdings darauf, dass bei Gefahr von Funken oder plötzlichen Stichflammen die Wetterschutzkleidung unbedingt flammfest sein muss. (Fotos: Pannier)

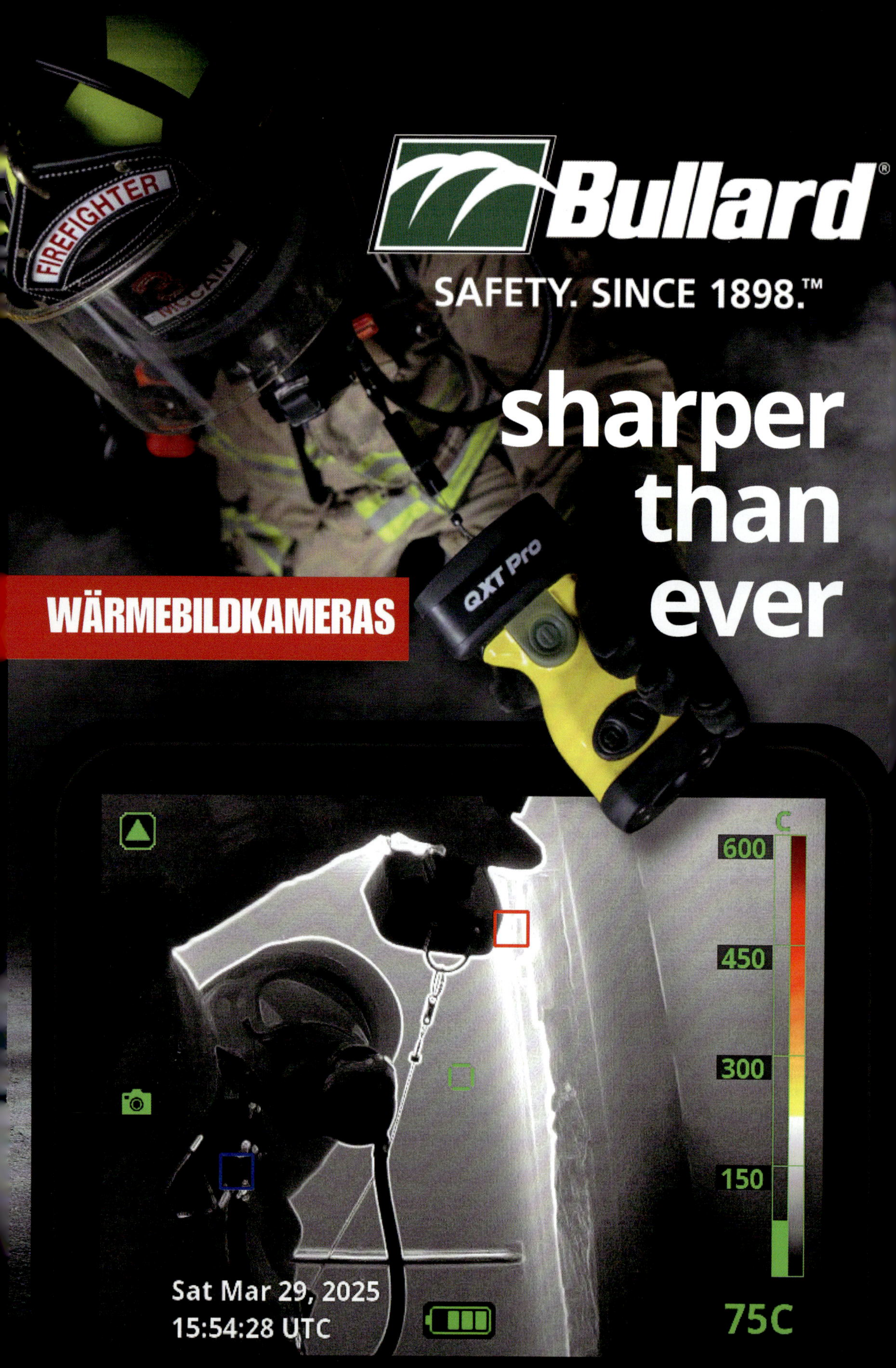
Bullard®
SAFETY. SINCE 1898.™
sharper
than
ever
WÄRMEBILDKAMERAS
QXT Pro
FIREFIGHTER
600
450
300
150
Sat Mar 29, 2025
15:54:28 UTC
75C

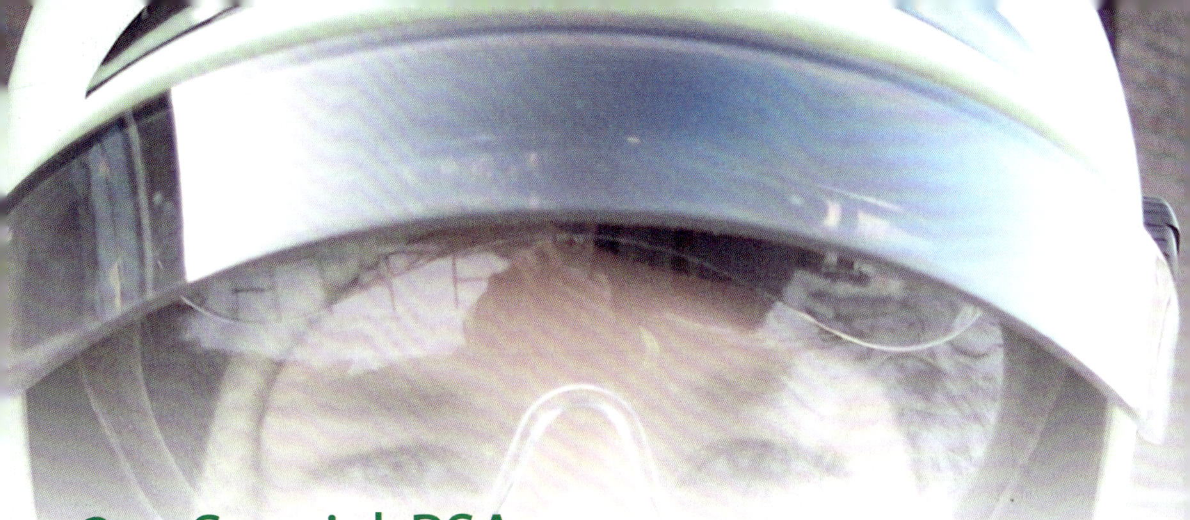

3 Spezial-PSA

von U. Cimolino, M. Fabrizio und Ch. Pannier

Ergänzend zur Vorstellung der Standard-PSA für den „normalen“ Feuerwehreinsatz in Kapitel 2, finden Sie in diesem Kapitel Informationen zu verschiedener PSA, die für spezifische Einsatzzwecke vorgesehen ist bzw. die vor ganz bestimmten Gefahren schützt.

3.1 Brandbekämpfung im Innenangriff

3.1.1 Rechtliche Vorgaben vs. Legenden zur Schutzkleidung für den Innenangriff

Seit fast 30 Jahren gibt es Diskussionen und Legenden um „die neue gefährliche/amerikanische Schutzkleidung“, „Wärmefenster“, „Heat Stress“ und unnötige Belastung der Einsatzkräfte. Sinn der neuen Schutzkleidung ist es in erster Linie, vor Gefahren besser geschützt zu sein. Sie wurde nicht dafür konzipiert, im Innenangriff weiter in den Gefahrenbereich vordringen zu können, sondern vielmehr um einen ausreichenden Verletzungs- und Überlebensschutz (= etwas Zeit für die Flucht) bei plötzlich auftretenden Gefahren zu schaffen.

Es ist wichtig zu verstehen, dass die Schutzkleidung der Feuerwehren Persönliche Schutzausrüstung der Kategorie III i.S. der europäischen PSA-Richtlinie 89/868/EWG ist. PSA der Kategorie III ist definiert als „komplexe PSA (...), die gegen tödliche Gefahren oder ernste und irreversible Gesundheitsschäden schützen sollen, bei denen der Konstrukteur davon ausgeht, dass der Benutzer die unmittelbare Wirkung nicht rechtzeitig erkennen kann". Der EuGH hat mit seinem Urteil vom 22.05.2003 (C-103/01) zur Persönlichen Schutzausrüstung deutscher Feuerwehren noch einmal bekräftigt, dass diese Regelung auch für Deutschland gilt.

Die DGUV Vorschrift 49 verlangt in § 14 (2) eindeutig:

„(2) Bei besonderen Gefahren müssen spezielle Persönliche Schutzausrüstungen vorhanden sein, die in Art und Anzahl auf diese Gefahren abgestimmt sind."

Zu § 14 Abs. 2 führt ergänzend die DGUV Regel 105-049[1] in Kap. 3.3 aus:

„Spezielle Persönliche Schutzausrüstungen sind insbesondere:

- **Feuerwehrschutzkleidung gegen erhöhte thermische Einwirkungen,**
- **...**
- **Feuerschutzhaube entsprechend DIN EN 13911 Schutzkleidung für die Feuerwehr – Anforderungen und Prüfverfahren für Feuerschutzhauben für die Feuerwehr"**

Es dürfte unstrittig sein, dass der Innenangriff unter Atemschutz in brennenden Gebäuden eine Gefährdung durch Hitze und Flammen beinhaltet. Daher ist festzuhalten, dass Feuerwehrangehörige, die diesen Gefahren ausgesetzt sind, grundsätzlich mit Einsatzüberhose und -überjacke nach DIN EN 469, nach DIN EN 13911 und Feuerwehrschutzhandschuhen nach DIN EN 659 auszustatten sind. Dies sollte mittlerweile allen Führungskräften bekannt sein und wurde auch mehrfach in der Buchreihe Einsatzpraxis (vgl. u.a. Atemschutz seit 1999) sowie in der Fachpresse vertieft (vgl. u.a. Gressmann, von Hoegen, Südmersen, 2005 sowie umfangreiche Unterlagen auf www.atemschutzunfaelle.eu).

Leider werden immer noch folgende Schlagworte der Legendenbildung – teils völlig ohne Hintergrundkenntnisse – immer wieder als „Gegenargumente" verwendet.

[1] https://www.ukrlp.de/fileadmin/ukrlp/daten/pdf/startseite_internetseite/service/publikationen/dguv_regelwerk/DGUV_Regel_105-049_Feuerwehren_UKRLP.pdf

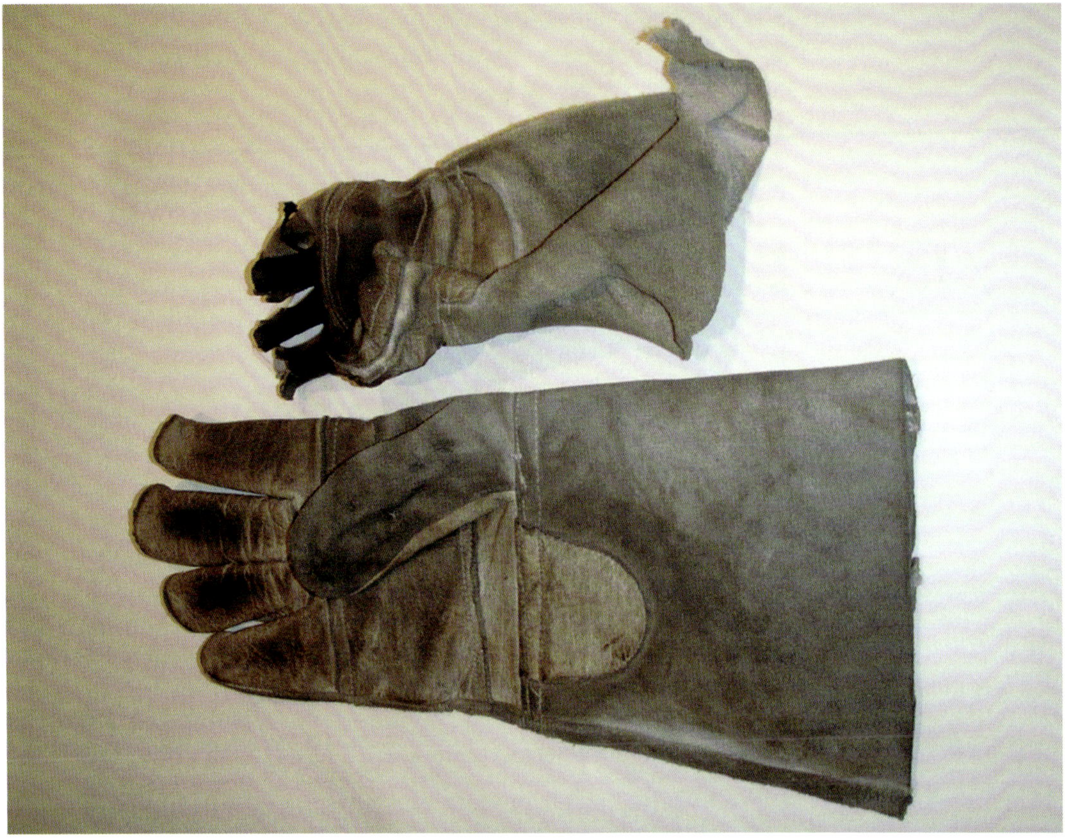

Abb. 26: Standard-Feuerwehrhandschuhe sind i.d.R. aus einfachem Rindernarben- und -spaltleder. Diese Handschuhe schrumpfen sehr stark unter Wärmebeaufschlagung und sind daher als Feuerwehrhandschuhe für den Innenangriff völlig ungeeignet. Auch als THL-Handschuhe sind sie suboptimal, weil sie wenig Griffsicherheit bieten und dazu noch kaum gegen Kälte und Nässe schützen. (Foto: Lüssenheide, Bramsche)

3.1.1.1 Wärmefenster

Es wurde, und wird leider teilweise immer noch, die Theorie diskutiert, dass eine einlagige Einsatzhose den Feuerwehrangehörigen in die Lage versetzt, Gefahrensituationen früher wahrzunehmen. Während dies bei der Annäherung an eine konstante Wärmequelle zutreffend ist, trifft dies bei plötzlicher Wärmebelastung durch z.B. Rauchschichtexplosion und Rauchexplosion – oder auch nur durch eine falsch geöffnete Türe oder eine geplatzte Scheibe (z.B. Sauna!) eben nicht mehr zu. Dies wird belegt durch zahlreiche Unfälle, die, würde die Wärmefenstertheorie zutreffen, nicht stattgefunden hätten. Es seien hier nur exemplarisch genannt:

- Langen, 1989, vier schwerverletzte FA, keine Überbekleidung
- Marburg, 1995, vier zum Teil schwer verletzte FA, keine Überbekleidung
- Berlin, 1996, vier zum Teil schwer verletzte FA, keine Überhosen
- Langenhagen-Godshorn, 2000, drei zum Teil schwer verletzte FA, keine Überhosen
- Iserlohn, 2002, ein verletzter FA, keine Überhose
- Untergrombach, 2002, ein schwer verletzter FA, keine Überhose
- Winterfeld, 2004, zwei schwer verletzte FA, keine Überbekleidung
- Wolfenbüttel, 2006, sechs verletzte FA, keine Überhosen (Dazu der Kommentar des Stadtbrandmeisters: „*Mein anfängliches Verständnis für die Vorbehalte der Notwendigkeit von Einsatzüberhosen in Verbindung mit der Überjacke (Kostendruck!) revidiere ich. Gute Überhosen sollten ähnlich wie die Überjacke ein Standard für PA-Geräteträger werden.*“ (Quelle: www.atemschutzunfaelle.eu))
- Walldorf, 2007, mehrere Verletzte, die keine Feuerschutzhauben oder Überhosen getragen hatten
- Wedemark, 2008, ein Schwerverletzter, drei Leichtverletzte, der schwerer Verletzte hatte keine Überhose

Diese Unfälle beweisen vielmehr, dass die Gefährdung durch die Rauchdurchzündung nicht in der größeren Eindringtiefe des Innenangriffes zu suchen ist, sondern vielmehr in der Veränderung der äußeren Umstände, wie zum Beispiel der vermehrten Verwendung von Kunststoffen in der Wohnungsausstattung, der dadurch viel größeren Brandlast und -dynamik (vgl. Brandbekämpfung im Innenangriff, Ridder et al., 2013) und in der Unterschätzung oder gar Nicht-Erkennung der eigenen Gefährdung durch die Feuerwehrangehörigen. Außerdem kann es durch Bauteilversagen (vgl. Unfall Untergrombach, geplatzte Scheibe), Zündung einer explosionsfähigen Atmosphäre oder schon im einfachen Innenangriff durch Rauchgasdurchzündung oder gar -explosion zu Gefährdungen kommen, die der vorhergehende Trupp auch mit einem „Ganzkörperwärmefenster“[1] nicht rechtzeitig erkennen könnte. Steht der betroffene FA im Korb eines Hubrettungsgerätes vor einer Scheibe, die platzt, und schlagen daraus dann Flammen in den Korb der DLK, ist die Flucht nur so schnell möglich, wie

[1] Z.B. „Badehose“ ...

Abb. 27 bis 29: Die Durchzündung eines zündfähigen Gas-/Luftgemisches kann vom Angriffstrupp natürlich nicht immer vorhergesehen werden! (In der Realbrandausbildung kann zwar das Erkennen in klassischen Innenangriffssituationen trainiert werden, aber das sind noch längst nicht alle denkbaren Fälle einer Durchzündung!) Hier kommt es während des Einsatzes zur Durchzündung. Über die Leiter kann der Trupp gerade noch flüchten. (Fotos: Bludau, Dorsten)

der Bediener reagiert, das Hubrettungsgerät sich danach in Bewegung setzt und aus dem Gefahrenbereich geschwenkt werden kann. Muss ein FA neben einem verunfallten Kollegen ausharren oder zu dessen Rettung vordringen, kann ein „Wärmefenster" diesen Auftrag unmöglich machen, weil es schlicht unerträglich heiß wird (vgl. Temperaturen bei den Rettungsversuchen von BM Stampe, Köln; Maurer et al., 1996).

Als weiterer Punkt ist es sehr fraglich, warum ein „Wärmefenster" ausgerechnet an der tiefsten Stelle im Brandraum geschaffen werden muss, wo es dort doch bekanntermaßen am kühlsten ist. Wenn man unbedingt glaubt, ein Wärmefenster brauchen zu müssen, so wäre die Schaffung von kleinen Temperatursensoren an Handrücken oder im Kopfbereich, die bewusst geöffnet und wieder geschlossen (!) werden können, bedeutend erfolgversprechender (größere Empfindlichkeit der Körperteile und höherer Standpunkt) und man würde nicht gleich ca. 20 % der Körperoberfläche einer akuten Gefährdung aussetzen.

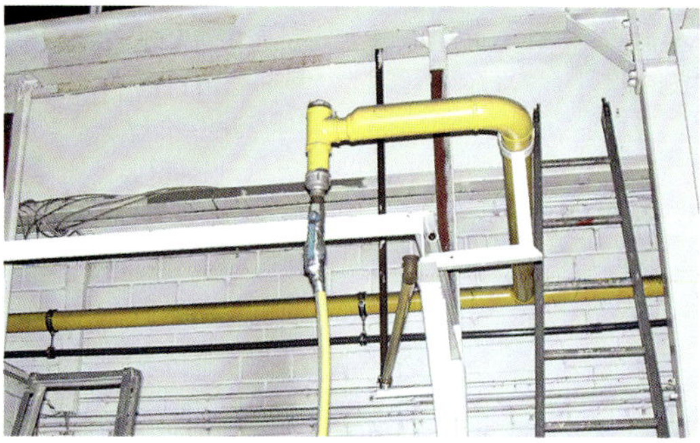

Abb. 30: Durch Defekte – oder wie hier Manipulationen! – an Gasleitungen können in Gebäuden zündfähige Gemische entstehen. (Foto: Feuerwehr Düsseldorf)

Abb. 31: Eine Rauchdurchzündung in Richtung Korb eines Hubrettungsgerätes führt zur Gefährdung des Personals im Korb. Daher muss dieses beim Einsatz zur Brandbekämpfung vollwertige Überkleidung zur Brandbekämpfung und einen PA tragen. (Foto: Feuerwehr Düsseldorf)

Eine neue Gefahr kommt seit einigen Jahren hinzu und wird künftig häufiger werden. Unerwartete Durchzündungen (Thermal Runaway) von Hochleistungs-Akkus im Brandfall bzw. im Laufe eines Brandes des entsprechenden Gerätes oder Fahrzeugs. Hier kann es zu schlagartigen und meterlangen Stichflammen auch zu den Seiten kommen. Außerdem kann es dabei auch zu Metallbränden mit erheblicher Funkenbildung kommen. Eine umfangreiche Darstellung der Risiken und Hinweise zu den richtigen Einsatzmaßnahmen finden Sie in HELLMANN/CIMOLINO, 2022 bzw. BESCH/CIMOLINO/LORENZEN/WOLF, 2024.

Wärmefenster können ebenso wenig wie Temperaturanzeigen an Bewegungsmeldern oder in digitalen Manometern die realistische Ausbildung ersetzen!

Abb. 32: Umgebauter E-Smart im Brand. (Foto: Feuerwehr Dortmund)

Eine sehr drastische Schilderung, was mit „Wärmefenstern" oder Haut als Temperatursensor in der Praxis dann geschehen kann, ist hier von Spalding im Original wiedergegeben:

„At that time, in '92, I was one of the many firefighters on the job that didn't wear hoods, because we felt like we could judge heat by the temperature of our ears. Well, my ears were telling me it was hot. I heard my ears sizzle like bacon on a skillet".[1]

1 Sinngemäß: Zu der Zeit, 1992, war ich einer der vielen Feuerwehrangehörigen im Einsatzdienst, die keine Feuerschutzhauben getragen haben, weil wir uns einbildeten, die Hitze mit dem Temperaturempfinden unserer Ohren beurteilen zu können. Nun, meine Ohren sagten mir, dass es heiß war. Ich hörte meine Ohren wie ein Stück Speck in der Pfanne brutzeln.

Wie bereits er wähnt, sind Feuerwehr-Einsatzkleidungen *„komplexe PSA, die gegen tödliche Gefahren oder irreversiblen Gesundheitsschäden schützen sollen, bei denen der Konstrukteur davon ausgeht, dass der Benutzer die unmittelbare Wirkung nicht erkennen kann“*. (Artikel 8 Abs. 4 der EU-Richtlinie 89/686/EWG nennt ausdrücklich *„Ausrüstungen für den Einsatz in warmer Umgebung, die vergleichbare Auswirkungen hat, wie eine Umgebung mit einer Lufttemperatur von 100 °C oder mehr, mit oder ohne Infrarotstrahlung, Flammen oder großen Spritzern von Schmelzmaterial“*.)

Wenn aber der Sinn des Wärmefensters[1] darin besteht, dass *„der Feuerwehrangehörige seine Gefährdung noch einigermaßen abschätzen kann“*, so müsste es sich um eine PSA nach Art. 8 Abs. 3 der EU-Richtlinie 89/686/EWG handeln, also eine PSA *„bei denen der Konstrukteur davon ausgeht, dass der Benutzer selbst die Wirksamkeit gegenüber geringfügigen Risiken beurteilen kann, deren Wirkung, wenn sie allmählich eintritt, vom Benutzer rechtzeitig und ohne Gefahr wahrgenommen werden kann“*. Die (abschließende!) Aufzählung in Artikel 8 Abs. 3 nennt dafür als Beispiele u.a. Sonnenbrillen und Fingerhüte.

Folglich ist ein Wärmefenster in einer Feuerwehr-Einsatzhose nicht nur physikalisch sinnlos und sicherheitstechnisch gefährlich, sondern schlichtweg eine Konterkarierung gültigen europäischen Rechts.

Vgl. dazu auch Domke, 2003.

3.1.1.2 Plötzlicher Wärmedurchschlag

Es wurde vor allem bei deren Einführung – aber auch heute noch – kritisiert, dass in der Schutzkleidung die Wärme „plötzlich“ durchschlägt und so den Träger gefährdet. Hierzu muss man wissen, dass die EN 469 bezüglich des Wärmeübergangs von Flamme bzw. Wärmestrahlung Wärmeübergangsindizes definiert. Diese Werte entsprechen der Zeitdauer, nach der es auf der abgewandten Seite (Innenseite der Bekleidung) bei einer definierten Flammen- bzw. Wärmestrahlungseinwirkung zu einem definierten Temperaturanstieg kommt. HTI_{24}- bzw. $RHTI_{24}$-Werte entsprechen z.B. der Zeitdauer, in der die thermische Belastung auf der abgewandten Seite zu einer Temperaturerhöhung um 24 K

1 Sven Tönnemann, Monheim, bezeichnete den eher verniedlichenden Begriff „Wärmefenster“ am 29.07.03 in www.feuerwehr.de mit dem viel treffenderen Ausdruck „Hitzeschutzlücke“.

Abb. 33: Ein häufiges Problem für plötzlichen Wärme-/Hitzedurchschlag ist nasse Einsatzkleidung. Durchnässte FA dürfen nicht erneut im Gefahrenbereich einer Durchzündung oder größeren Wärmebeaufschlagung eingesetzt werden, sondern müssen ggf. zurückgezogen werden, vgl. auch UK NRW, 2025.
(Foto: Schmitt, Kirn; www.bachus-kirn.de)

führt. Ein derartiger Temperaturanstieg kann im Kontaktfall mit der ungeschützten Haut Verbrennungen zweiten Grades verursachen. Die Differenz der jeweiligen HTI- bzw. RHTI-Werte, also der ΔHTI- bzw. ΔRHTI, ist die Zeit, die einem FA ab Erreichen der wahrnehmbaren Schmerzgrenze verbleibt, um sich in Sicherheit bringen zu können. Von einem „plötzlichen" Temperaturanstieg und unmittelbarem Einwirken kann also nur bedingt die Rede sein. Die Schutzkleidung ist im Gegenteil geradezu dafür ausgelegt, den Träger vor einer zu hohen Temperatur zu warnen und ihm eine Reaktionszeit zu lassen. Es ist jedoch hierfür unerlässlich, die Feuerwehrangehörigen im Umgang mit ihrer Schutzkleidung auszubilden.

Die Realbrandausbildung stellt unserer Ansicht nach hierfür die beste Möglichkeit dar, da der Feuerwehrangehörige dort auch die Einsatzgrenzen seiner Schutzkleidung kennenlernt (s. unten). Somit ist ein Infragestellen der Realbrandausbildung kontraproduktiv (vgl. RIDDER et al., 2013).

3.1.1.3 Wahrnehmung der Umgebung

Die Unfallberichte der Unfälle in Berlin vom 2. April 2004 und Tübingen vom 17. Dezember 2005 führen auf, dass die Beteiligten sich ihres Umfeldes nicht in ausreichendem Maße bewusst waren. Die Tübinger Unfallkommission schreibt dazu (vgl. Innenministerium Baden-Württemberg, 2006):

„Die verbesserte Ausbildung und die optimierte Persönliche Schutzausrüstung führen die Angriffstrupps in Bereiche der Einsatzstelle, in denen jeder Fehler tödlich enden kann."

Diese Aussage wird von den Autoren vorbehaltlos unterstützt. Es stellt sich aber die Frage nach dem Schluss daraus:

Abb. 34: Ein Innenangriff in Gebäudeteile im Vollbrand ist lebensgefährlich und sinnlos. (Foto: Lahmann, Hamburg)

1. **Einsatzkräfte sollten solche Bereiche nicht mehr betreten.**

Dies bedingt, dass solche Bereiche erst einmal erkannt werden. Im Nachhinein ist dies einfach zu sagen. Die Gefährdung während eines laufenden Einsatzes zu erkennen und richtig zu bewerten, ist äußerst schwierig: Es fehlen oft schlichtweg die Parameter, um die Einsatzstelle in gefährliche und zu gefährliche Bereiche zu trennen.

2. **Einsatzkräfte müssen dahingehend ausgebildet werden, Gefahren zu erkennen und möglichst fehlerfrei zu arbeiten.**

Brandbekämpfung in Hochtemperaturbereichen stellt besondere Ansprüche an die Einsatzkräfte und die Einsatzleitung. Wenn man Feuerwehrangehörige für diese Aufgabe ausstattet, muss man sie dafür auch ausbilden. Die entsprechende Ausbildung „nur“ nach Feuerwehrdienstvorschrift ist dafür nicht ausreichend. Wenn z.B. ein Feuerwehrangehöriger durch die Wärmeschichtung in einem Raum auf den Boden gezwungen wird, muss ihm klar sein, dass ein Aufstehen und damit ein Begeben in Bereiche mit wesentlich höheren Temperaturen lebensbedrohende Konsequenzen haben wird. Jede im Innenangriff eingesetzte Einsatzkraft muss nicht nur wissen, dass beim Wahrnehmen von Hitze auf der Haut ein Wärmedurchschlag unmittelbar bevorsteht und daher sofort der Rückzug angetreten werden muss, sondern sollte dies im Rahmen der Ausbildung selbst erlebt haben.

3.1.1.4 Heat Stress

Die Erhöhung der Körper(kern)temperatur ist ein im Feuerwehreinsatz seit vielen Jahren bekanntes Problem. Im Zuge der Schutzkleidungsdiskussion wird der Begriff häufig verwendet, weil die „neue schwere Kleidung“ die Abgabe von Körperwärme behindere und den Körper sogar noch zusätzlich aufheizen würde.

Hinterfragt man die Theorie **„Überbekleidung = Heat Stress!“**, so stellt man leider schnell fest, dass man so gut wie nichts an Fakten präsentiert bekommt, bestenfalls wird noch mit der STATT-Studie[1] argumentiert. Schon allein das ist interessant, weil für die Versuche im Rahmen der STATT-Studie gar keine Überhosen getragen wurden, sondern die einlagige „Hose 90“ aus Baden-Württemberg. Überhaupt sagt die STATT-Studie rein gar nichts

[1] Vgl. FINTEIS et al. 2002 und 2003.

zum Thema Überbekleidung und Heat Stress, sondern erwähnt lediglich Publikationen aus Skandinavien und den USA. In den Schlussfolgerungen der STATT-Studie erwähnen die Autoren weder Überbekleidung, noch geben sie irgendwo den Rat, Heat Stress ließe sich durch einlagige Einsatzbekleidung bekämpfen.

Schaut man hingegen in die USA, so fällt auf, dass dort

1. die Heat-Stress-Problematik schon wesentlich länger bekannt ist,
2. (im Bereich der Feuerwehren) besser erforscht und
3. wesentlich konsequenter beachtet und umgesetzt wird.

So hat beispielsweise das Boston Fire Department (BFD) im Juni 1995 neue, mehrlagige Einsatzbekleidung (sogenannte „Bunker Gear") eingeführt und in einer Vereinbarung explizit festgeschrieben, was wann wie genau zu tragen ist (Bunker Gear Policy). In der Folge beklagten sich immer mehr Feuerwehrangehörige des BFD über Heat Stress, sodass man sich im Jahr 2000 der Problematik genauer annahm. Dabei stellte man fest, dass zwischen 1995 und 2000 9,4 % aller Verletzungen auf Heat Stress zurückzuführen waren. (Hinweis: Das BFD ist bekannt für seine recht aggressive Vorgehensweise, speziell was den Innenangriff angeht.) Daraufhin wurde im August 2000 die Bunker Gear Policy geändert und die Feuerwehrangehörigen durften jetzt auch leichtere Einsatzhosen und -stiefel tragen. 2002 wurde dieser Sachverhalt erneut betrachtet. Dabei wurde festgestellt, dass mittlerweile 12 % aller Verletzungen auf Heat Stress zurückzuführen waren (vgl. MAGER, 2002). Das heißt, obwohl nach der modifizierten Bunker Gear Policy leichtere Schutzkleidung getragen wurde, hatte sich die Zahl der Heat-Stress-Vorfälle weiter erhöht. Der Grund ist ein einfacher: Die Schutzkleidung (allein) ist nicht schuld an Heat Stress.

In den USA ist man aufgrund diverser Untersuchungen daher mittlerweile mehrheitlich folgender Ansicht:

- Grundsätzlich kann schwere Schutzkleidung (Bunker Gear) Heat Stress verursachen.
- Schwere Schutzkleidung (Bunker Gear) ist aber keineswegs die einzige Ursache für Heat Stress, sondern lediglich einer von vielen Faktoren.

TEELE (der u.a. bei der NFPA für die NFPA 1971-Normung zuständig ist) stellt fest:

„Heat stress can not be addressed only by the garment but must be approached from several factors that equally affect it. The total factors affecting stress and heat stress must be evaluated including firefighters' age, physical condition, individual metabolism; as well as how firefighters are managed during incident operations.“

(Sinngemäß übersetzt: Für Hitzestress ist nicht nur die Bekleidung verantwortlich, sondern es müssen mehrere Faktoren, welche gleichermaßen verantwortlich sind, angegangen werden. Die Gesamtheit der Faktoren, welche Stress und Hitzestress betreffen, muss untersucht werden, inklusive des jeweiligen Alters der Einsatzkräfte, ihrer physikalischen Leistungsfähigkeit, dem individuellen Metabolismus und wie sie während eines Einsatzes geführt werden.)

Es gibt also mehrere Faktoren, darunter das Alter, der physische Zustand und der individuelle Metabolismus. In den USA ist man daher der Ansicht, dass überhaupt das Wichtigste in diesem Zusammenhang die körperliche Fitness ist: *„Fitness is by far the best way to develop a tolerance for the heat stress caused by bunker gear“*, schrieb DAVIS schon im Jahre 1995. GAVHED/HOLMER sind der Ansicht, dass die Hitzetoleranz des Körpers durch Hitzegewöhnung verbessert und durch physisches Training weiter gesteigert werden kann. Vor allem dies verdeutlicht die Notwendigkeit regelmäßiger Realbrandausbildung und Wärmegewöhnung.

Auch das NIOSH (National Institute for Occupational Safety and Health) hat sich der Problematik des Heat Stress angenommen: So wurde bei einer Untersuchung der Todesfälle bei amerikanischen Feuerwehrangehörigen (insgesamt 130 im Zeitraum 1984–2000) festgestellt, dass bei 44 dieser Todesfälle kardiovaskuläre Ursachen ursächlich wären. In 41 dieser 44 Fälle empfahl man den Feuerwehren, Wellness- und Fitnessprogramme zu implementieren, denn die gab es schlichtweg nicht.

Nirgendwo in all den Studien konnte man einlagige Einsatzkleidung als Lösung des Heat-Stress-Problems finden.

Heat-Stress bzw. Hyperthermie ist allerdings sehr wohl ein Problem, wenn die Überbekleidung für den (zeitlich beschränkten) Innenangriff (unter Atemschutz) für stunden- oder tagelange Einsätze v.a. in den warmen Monaten genutzt wird, für die sie nie-

Abb. 35 und 36: Hier zumindest bei längeren Einsatzdauern im Sommer falsch eingesetzte Überbekleidung für den Innenangriff sorgt bei Vegetationsbränden oder Flutlagen regelmäßig für verletzte FA durch Hyperthermie (Überhitzung = Heat-Stress) sowie Dehydrierung (Verlust von Wasser und Mineralien durch Schwitzen). Außerdem kann diese sehr teure Bekleidung bei diesen Einsätzen sehr schnell beschädigt werden. (Fotos: Jann, Timo, Geesthacht; Feuerwehr Düsseldorf)

mals gedacht war, z.B. für Vegetationsbrände, vgl. CIMOLINO, 2020 bzw. Hochwasserlagen, vgl. CIMOLINO, 2022.

3.1.2 Helme für den Innenangriff

Neben den allgemeinen Ausführungen zu Schutzhelmen im Feuerwehreinsatz im Kapitel 2 sind auch verschiedene Eigenschaften und Anforderungen speziell hinsichtlich der Verwendung von Helmen bei der Brandbekämpfung, insbesondere im Innenangriff, zu beachten.

Gerade bei Helm-Masken-Kombinationen muss darauf geachtet werden, dass Helm UND Maske (Atemanschluss) passgenau sitzen, weil sonst Undichtigkeiten zwangsläufig sind, vgl. CIMOLINO, 1999–2011!

3.1.2.1 Innenkonstruktion

Der Aspekt Innenkonstruktion lässt sich in die drei Funktionsgruppen Kinngurt, Kopfring und Polsterung unterteilen. Zur Befestigung des Helmes auf dem Kopf des Trägers weisen die am Markt befindlichen Helme unterschiedliche Konstruktionen auf. Die Ausführung eines im Umfang verstellbaren Kopfringes ist bei verschiedenen Helmen jedoch weitgehend vergleichbar. Weiterhin verfügen die Helme überwiegend über Gurtsysteme aus Schläfen-, Nacken- und Kinngurten. Aufgrund verschiedener konstruktiver Ansätze sind jedoch nicht alle an den Helmen vorhandenen Gurte verstellbar. Teilweise ist der Kinngurt in der Länge fest vernäht, bei anderen Ausführungen lässt sich der Kinngurt variieren. Allein die Anzahl der verstellbaren Teile an der Helmbegurtung lässt per se jedoch keinen Schluss auf eine gute Anpassungsfähigkeit oder einen hohen Tragekomfort zu (s. Kap. 3.1.2.4). Darüber hinaus sollte auch beachtet werden, dass im Rahmen der vorhandenen Möglichkeiten der jeweilige Helm durch den jeweiligen Träger bestmöglich angepasst wird. Dies ist in aller Regel nicht damit erledigt, dass der Helm auf den Kopf gesetzt und „ein bisschen an der Kopfringverstellung herumprobiert" wird. Vielmehr ist es erforderlich, dass sich der jeweilige PSA-Träger mit dem Helm in Ruhe und idealerweise zusammen mit der Bedienungsanleitung und/oder mit in die Besonderheiten des Helms eingewiesenen Personen auseinandersetzt.

■ Kinngurt

Die am Markt befindlichen Helme weisen verschiedene konstruktive Lösungen des Kinngurtes auf. Bei einigen Modellen lassen sich Kinn-, Schläfen- und Nackengurt verstellen, andere verfügen nur über einen oder zwei verstellbare Gurte.

Neben einer guten Anpassungsfähigkeit ist für den Tragekomfort auch entscheidend, dass der Träger durch die Kinnbebänderung nicht gekratzt wird, in seiner Bewegungsfreiheit nicht eingeschränkt wird oder kein Würgegefühl bekommt. Ergänzend zur Verstellbarkeit können daher auch entsprechende Polster am Kinngurt Vorteile bieten.

Ein weiterer wichtiger Bestandteil des Kinngurtes ist der Verschluss. Hierbei gibt es am Markt ebenfalls unterschiedliche Lösungen.

Teilweise finden sich Ausführungen, die dem Gurtschloss von Sicherheitsgurten ähneln, andere Helme weisen einen Verschluss mit Klemm-/Rastnasen auf, die sich in vergleichbarer Form beispielsweise auch an Rucksäcken oder Fahrradhelmen finden. Einige Hersteller verwenden eine Lösung mit einer Verschlusszunge, die nur in einer von zwei möglichen Richtungen im Schloss einrastet, in der anderen Richtung jedoch ebenfalls ins Schloss hineingeschoben werden kann. In der Anwendung ist diese Lösung ggf. etwas komplizierter, weil dem PSA-Träger so nicht zwingend klar ist, ob der Verschluss korrekt eingeführt wurde

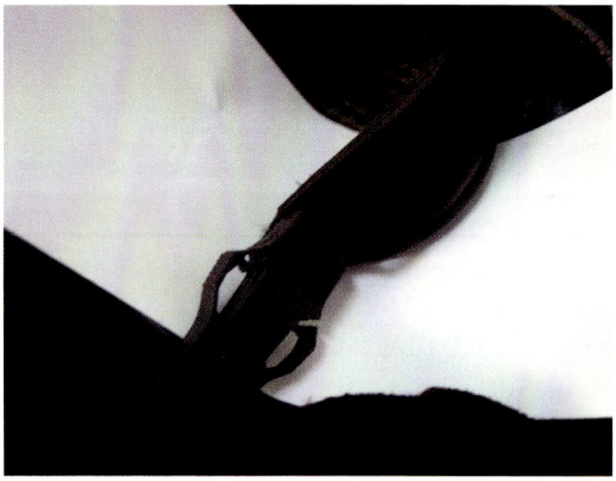

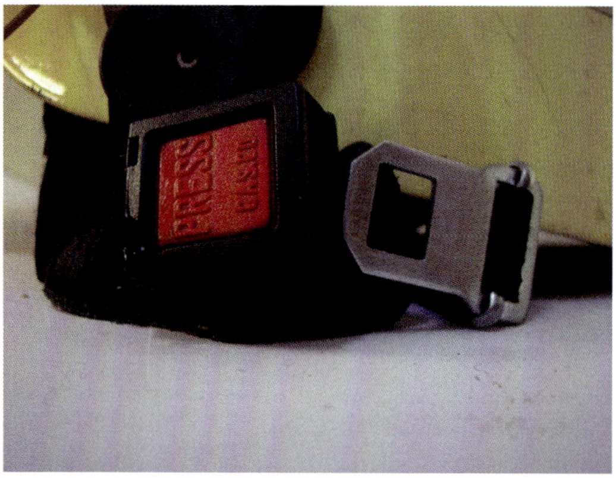

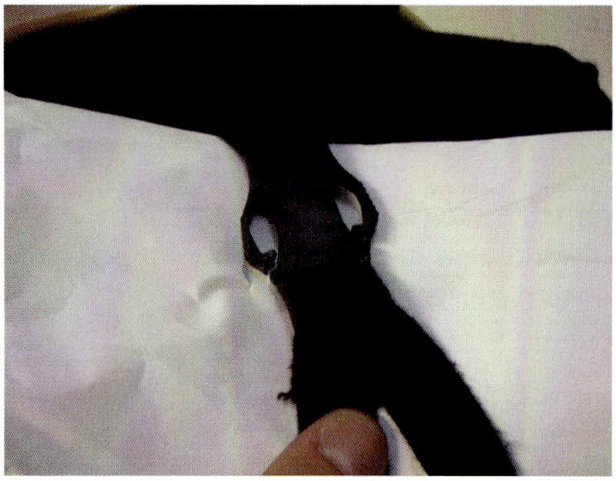

Abb. 37 bis 39: Verschiedene Verschlüsse des Kinngurtes. (Fotos: Fabrizio)

oder nicht. Weiterhin gestaltet sich das Öffnen des Verschlusses als schwierig, da eine schmale und kurze vorstehende Kunststofflippe in die richtige Richtung gedrückt werden muss. Dies ist insbesondere mit angelegten Handschuhen nur schwer durchzuführen.

Neben der Bedienbarkeit ohne und mit Handschuhen spielt beim Kinngurt auch eine Rolle, ob die Haut am Hals durch die Begurtung bzw. den Verschluss eingeklemmt werden kann.

Kopfring

Der Kopfring ist bei den derzeit am Markt befindlichen Helmen weit überwiegend verstellbar, allerdings ist die Ausführung der Verstellung konstruktiv unterschiedlich gelöst. Bei Halbschalenhelmen ist oft ein Verstellring oberhalb des Nackens in Verwendung, mit dem sich die Weite des Kopfrings stufenlos regulieren lässt. Der Verstellring befindet sich zumeist an der Außenseite des Kopfringes, jedoch innerhalb des Helmes.

Teilweise findet man auch Verstellringe, die sich an der Außenseite des Helmes befinden. Als weitere Option verfügen einige Helme über eine Kopfringverstellung im Helminneren. Verschiedene Hersteller verwenden hier jedoch keinen Verstellring. So weist beispielsweise ein Typ-B-Helm eine Verstellung mit stufenlos verstellbaren Ratschen auf (s. Abb. 42). Hierbei wird der Ansatz verfolgt, dass der Helm vorrangig mit Helm-Masken-Kombinationen verwendet wird (vgl. MSA, 2008). Für die vorgesehene Nutzung mit Helm-Masken-Kombinationen ist ein rasches Wechseln zwischen den beiden Kopfringweiten „normal“ und „mit

Abb. 40 und 41: Verschiedene Kopfringverstellungen mit einem Drehrad. (Fotos: Fabrizio)

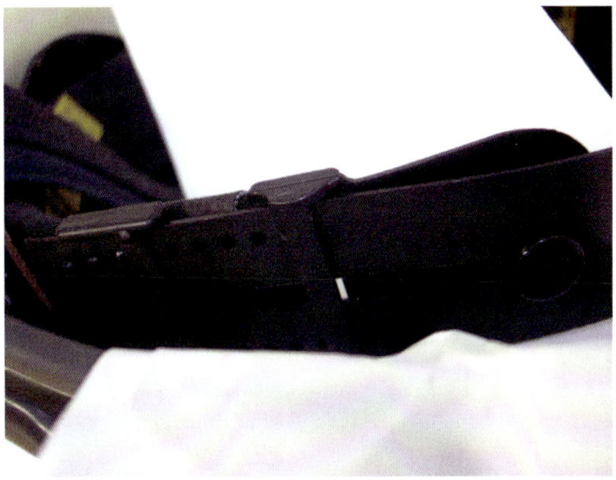

Abb. 42 und 43: Kopfringverstellung mit Ratschen (links). Kopfringverstellung mit Druckknopf-Schnellverstellung. (Fotos: Fabrizio)

Kopfspinnen-Maske" daher nicht vorrangige Produktanforderung (s. Kap. 3.1.8).

An anderen Helmen wird eine Verstellung mit Rastnasen verbaut, die ähnlich wie ein Gürtel in verschiedenen Stufen arretierbar sind. Zusätzlich verfügt dieser Helm über eine Kopfring-Schnellverstellung mit einem Druckknopf (s. Abb. 3.1.2.1/4). Es wird damit der Ansatz verfolgt, dass zum Tragen eines Feuerwehrhelmes üblicherweise zwei Weiten im alltäglichen Einsatz erforderlich sind. Einerseits ist dies die Helmweite, die der Träger bei der „normalen" Nutzung des Helmes auf seinen Kopf einstellt, andererseits benötigt der Helmnutzer eine weitere Einstellung, wenn eine Atemschutz-Vollmaske mit Kopfspinne getragen wird. Dementsprechend lässt sich durch das Öffnen eines Druckknopfes im Kopfring die Weite auf den Gebrauch mit einer Atemschutzmaske einstellen. Die Philosophie hierbei ist, dass beide Weiten im Voraus eingestellt werden können und zum Wechseln zwischen beiden Tragemodi lediglich ein Druckknopf geöffnet oder arretiert werden muss (vgl. Fa. Schuberth, 2009).

Grundsätzlich sollte neben den Kriterien der größenmäßigen Verstellbarkeit und des Tragekomforts auch der Handhabung eines Helmes ausreichende Beachtung gegeben werden. So ist die Erreichbarkeit der Kopfringverstellung wie auch die grundsätzliche Bedienbarkeit des Helmes auch mit angelegten Handschuhen zu berücksichtigen. Gleichzeitig sollte bedacht werden, dass bei auf der Außenseite liegenden und damit auch mit Handschuhen gut erreichbaren Verstellmöglichkeiten der Einsatzstellenhygiene ein erhöhter Stellenwert zugedacht werden muss. Besondere Aufmerksamkeit erfordern dann eben die Bedienelemente, die sowohl mit als auch ohne Handschuhe betätigt werden und die während des Einsatzes ggf. mit Brandrauch oder anderen (potenziell) gesundheitsschädlichen Stoffen kontaminiert werden.

Löst sich die Kopfringverstellung, oder der Verschluss des Kinnriemes beim Tragen des Helms immer wieder von selbst, so muss das Innenleben des Helms überprüft, ggf. in Teilen ausgetauscht, oder der ganze Helm ersetzt werden, weil dann ein sicherer Halt nicht mehr gewährleistet ist!

Polsterung

Die am Markt befindlichen Helme nach DIN EN 443 weisen durchgängig Polsterelemente auf. Diese befinden sich unter anderem am Kopfring, an den Kinn-, Nacken- und Schläfengurten sowie an der Innenseite der Helmschale. Anzahl, Stärke, Konstruktion, etwaige Verstellbarkeit und Platzierung der Polsterelemente sind jedoch bei allen Helmtypen und -modellen unterschiedlich. Auch hier ist (letztlich) nicht nur die Anzahl ausschlaggebend, sondern auch die Platzierung, die Stärke und das gewählte Material. So kann ggf. eine Polsterung am Kinngurt nicht nur den Tragekomfort erhöhen, sondern bei entsprechend „kratzigem" Material auch ein unangenehmes Druckgefühl am Hals verursachen – jeweils in Abhängigkeit von den Einstellmöglichkeiten, der korrekten tatsächlichen Einstellung und natürlich auch von persönlichen „Toleranzbereichen".

3.1.2.2 Verarbeitung

Die Verarbeitung von Feuerwehrhelmen ist naturgemäß abhängig vom Hersteller und vom jeweiligen Modell des Helms. Es empfiehlt sich im Rahmen einer Beschaffung, vorab unterschiedliche Helme auszuprobieren und möglichst einem Tragetest zu unterziehen (s. Kap. 5). Neben dem Ausprobieren beispielsweise von Passform und Tragekomfort sollte hierbei auch die Verarbeitung des jeweiligen Helms begutachtet werden. Die Fertigungsqualität unterscheidet sich (durchaus) zwischen den am Markt befindlichen Ausführungen. Achten Sie daher z.B. auf „lose" Fäden und die Verarbeitung der Nähte im Bereich der Begurtung und Polsterung oder auf die Entgratung von Kunststoffteilen im Bereich des Kopfrings. Es empfiehlt sich hierbei auch, den jeweiligen Helm (soweit durch den Endanwender zerstörungsfrei möglich) zu demontieren, um auch einen Eindruck der Verarbeitung von nicht auf den ersten Blick erkennbaren Teilen zu bekommen.

3.1.2.3 Sichtbarkeit und Farbgebung

Die Wahrnehmbarkeit von Helmen wird vorrangig durch die farbliche Gestaltung sowie durch Reflexstreifen beeinflusst (s. Kap. 3.6). Aus der zurückgezogenen DIN 14940, die 1997 durch die europäische Norm DIN EN 443 abgelöst wurde, stammt der nach wie vor weit verbreitete gelbgrüne Farbton in phosphoreszierender bzw. nachleuchtender Ausführung. Grundsätzlich sind – wie auch bei der Schutzkleidung nach EN 469 – zwischenzeitlich keine Vorgaben zur Farbe mehr in der Norm zu finden. Auch wenn die nachleuchtende Ausführung insbesondere zur Erkennbarkeit von Trupppartnern im Innenangriff bei schlechten Sichtverhältnissen gewisse Vorteile bietet, sind einige Feuerwehren dazu übergegangen, abweichende Farben für die Innenangriffs- bzw. Brandbekämpfungshelme zu verwenden. Teilweise werden die Helmfarben dann noch kombiniert mit einer standortspezifischen Funktionskennzeichnung (beispielsweise gelbe Helme für Mannschaftsdienstgrade, rote für Führungsfunktionen oder umgekehrt[1]). Die Autoren gehen allerdings davon aus, dass mit den vorhandenen Möglichkeiten für die Funktionskennzeichnung (länderspezifische Kennzeichnungswesten und reflektierende Streifen und Ringe an Helmen, vorrangig in Rot und Silber) eine ausreichende Erkennbarkeit von Funktionen anhand der PSA gegeben ist. Auch vor dem Hintergrund von überörtlichen Einsätzen ist so eine erleichterte Erkennbarkeit von Funktionen vorhanden.

Hinweis des Herausgebers:

Informationen zur Führungskräftekennzeichnung finden Sie in Kap. 3.6.9 und in dem gleichnamigen Titel aus der Reihe Standard-Einsatz-Regeln (ecomed SICHERHEIT), Cimolino, 2007–2024. Aktuelle Übersichten zur Kennzeichnungsstruktur in den Bundesländern finden Sie ebenfalls in Kap. 3.6.9 und im Loseblattwerk Einsatzleiter-Handbuch Feuerwehr (ecomed SICHERHEIT), Cimolino, 2025.

Differenziert betrachtet werden müssen hierbei Helme, die aufgrund einer anderen Verwendung abweichende Farben haben. So werden teilweise Helme zur Vegetationsbrandbekämpfung oder zur Höhenrettung/Absturzsicherung (s. Kap. 3.2 und 3.3) bewusst in anderen Farben beschafft als die Helme zur regulären Brandbekämpfung bzw. zum Innenangriff, sodass auf den ersten Blick sowohl für den jeweiligen PSA-Träger als auch für die zuständige Führungskraft erkennbar ist, dass es sich jeweils **nicht** um den Standardhelm handelt.

1 Vgl. Cimolino, 1996.

3.1.2.4 Trageverhalten

Bestimmte technische Spezifikationen und Merkmale eines Feuerwehrhelmes lassen sich durch Messungen oder Materialprüfungen ermitteln (vgl. Kap. 2). Aussagen über die Trageeigenschaften und den Komfort eines Helmes können anhand technischer Messinstrumente jedoch kaum getroffen werden. Vielmehr spielt hierbei das persönliche Empfinden des potenziellen Nutzerkreises eine Rolle.

Für den Gesamteindruck zum Tragekomfort sind mehrere Kriterien relevant. Für die grundsätzlichen Trageeigenschaften sollten beispielsweise die Anpassungsfähigkeit des Helms an die jeweilige Kopfform und der Verstellbereich der Begurtung beachtet werden. Die Anpassung an unterschiedliche Kopfformen ist insbesondere dann wichtig, wenn integrierte Schutzbrillen verwendet werden sollen. Aufgrund individueller Wangen- und Nasenformen sind auch bei ähnlichen Kopfumfängen die Gesichtsformen ggf. sehr unterschiedlich. Es ist daher vor einer Beschaffung unbedingt zu prüfen, ob die integrierten Schutzbrillen tatsächlich auch bei allen (potenziellen) Trägern des Helmes eine zufriedenstellende Passform aufweisen – bzw. ob nicht (z.B. für einzelne Träger) doch zusätzliche, nicht integrierte vorgehalten werden müssen. Es ist bei PSA im Feuerwehrbereich teilweise auch zu beobachten, dass die angegebenen Konfektionsgrößen von den entsprechenden „zivilen" abweichen können – in beide Richtungen. So ist auch bei den Feuerwehrhelmen entsprechend zu berücksichtigen, dass beispielsweise Größen von Zweirad- oder Skihelmen nicht „blind" übertragen werden dürfen.

Im Hinblick auf ein mögliches Verrutschen des Helmes und auf mögliche Einschränkungen des Sichtfeldes ist auch das „Helmverhalten" bei Arbeiten im Überkopfbereich und bei Beugebewegungen relevant.

Sichtfeldeinschränkungen können allerdings auch nicht ausgeschlossen werden, wenn bei Typ-B-Helmen die Seitenteile entlang der Wangen weit nach vorne und/oder der „Helmschirm" weit nach unten gezogen sind. Es ist also möglich, dass bei einzelnen Trägern solcher Helme das Sichtfeld seitlich wie auch an der Stirn durch den Helm eingeengt werden kann. Aufgrund der anders geschnittenen Helmform bei Typ-A-Helmen ist davon auszugehen, dass dieses Problem dort bereits konstruktiv umgangen wird.

Ein weiterer konstruktionsbedingter Unterschied zwischen Typ-A- und Typ-B-Helmen ist das unterschiedliche Gewicht. Da bei einem Typ-B-Helm entsprechend größere Flächen vorhanden sind, ist auch das Gewicht (modell- und herstellerunabhängig) höher als bei einem Typ-A-Helm. Das höhere Gewicht kann sich ggf. auf den Tragekomfort auswirken. Umgekehrt ist ein niedriges Gewicht jedoch nicht das ausschlaggebende Kriterium für einen guten Tragekomfort eines Helms. Vielmehr muss sich der Helm gut auf den jeweiligen Nutzer einstellen lassen. Bei komfortablen und gut verstellbaren Begurtungen kann auch ein ggf. schwerer Helm gut auf den jeweiligen Kopf abgestimmt und so das Gewicht gut verteilt werden, sodass aus einer höheren Helmmasse nicht unbedingt Einbußen oder Nachteile beim Tragekomfort entstehen müssen.

3.1.2.5 Klima

Unter dem Aspekt des Trageverhaltens sind auch die Temperatur- und Klimabedingungen bei der Verwendung von Brandbekämpfungshelmen zu sehen. Es ist hierbei eine Unterscheidung zwischen dem klimatischen Verhalten beim Innenangriff bzw. in einer Realbrandanlage und bei „normalen" Umgebungsbedingungen vorzunehmen. Während im Innenangriff beispielsweise bestimmte Normforderungen wie die Wärmeisolationswirkung und der Schutz vor dem Durchschlagen von Wasser und Wasserdampf im Vordergrund stehen, sind für den Gebrauch außerhalb der Innenbrandbekämpfung auch die helmbedingte Schweißbildung oder die Winddichtigkeit oder der Nässeschutz für widrige Witterungsbedingungen relevant. Der Nässeschutz ist gleichermaßen jedoch auch beim Innenangriff relevant. Einerseits herrscht aufgrund des Löschens von Feuer ein möglicherweise erhöhter Wasserdampfgehalt bei der Brandbekämpfung im Innenangriff. Andererseits kann es auch zu einer direkten Wasserbeaufschlagung kommen. Beispiele hierfür sind ein möglicher Schlauchplatzer, taktisch falsche Löschmaßnahmen durch einen anderen Trupp oder durch einen parallel durchgeführten Außenangriff.

3.1.2.6 Verständigung

Um eine deutliche und klare Kommunikation an Einsatzstellen zu ermöglichen, sollten Helme die Hörfähigkeit nicht allzu sehr einschränken. Darüber hinaus kann der Gehörsinn insbesondere in verrauchten beziehungsweise brennenden Gebäuden bei der Orientierung wertvolle Unterstützung leisten. Daher ist eine etwaige Schalldämpfungswirkung von für die Brandbekämpfung vorgesehenen Helmen so weit wie möglich zu reduzieren.

Aufgrund des über die Ohren reichenden Schutzbereichs ist bei Typ-B-Helmen die Dämpfung des Schalls höher als bei Typ-A-Helmen. Sowohl im Innenangriff bzw. bei der Kommunikation über Funk als auch bei der direkten Kommunikation außerhalb der Brandbekämpfung bzw. des Innenangriffs sind hierbei gewisse Einschränkungen bei Typ-B-Helmen hinzunehmen.

Eine technische Lösung zur Verbesserung der Verständigung am Funk kann die Verwendung von Helmsprechgarnituren sein. Dies setzt jedoch voraus, dass zu den jeweiligen Helmen und zu den jeweiligen Funkgeräten kompatible Helmsprechgarnituren zumindest für die Atemschutzgeräteträger in ausreichender Menge vorhanden sind. Nicht alle Varianten von (Helm-)Sprechgarnituren (z.B. über Kehlkopfmikrophone) werden von allen Geräteträgern toleriert. Beachten Sie hierzu auch die Ausführungen zur Helmsprechgarnitur im Kapitel 3.1.2.7.

3.1.2.7 Trageverhalten und Kompatibilität mit anderer PSA und Zubehör

Im informativen Normanhang C der DIN EN 443:2008 wird dem Beschaffer von Helmen empfohlen, die Kompatibilität von (neuen) Feuerwehrhelmen mit der vorhandenen sonstigen Persönlichen Schutzausrüstung zu prüfen (vgl. DIN EN 443, 2008). Das dort beschriebene Testverfahren zur Prüfung von Feuerwehrhelmen erscheint insbesondere aus Mangel an Tätigkeiten unter Temperaturbeaufschlagung (beispielsweise kontrollierte Bedingungen in einer Realbrandanlage) nicht hinreichend geeignet, Helme allumfassend zu beurteilen. Die dort beschriebene Grundüberlegung, (neue) Helme nicht nur isoliert, sondern auch in Bezug auf Trageverhalten und Verträglichkeit mit der weiteren Persönlichen Schutzausrüstung (beispielsweise Schutzkleidung, Atemschutzgeräte) zu testen, ist jedoch überaus begrüßenswert. Dementsprechend sollten das Trageverhalten und die Kompatibilität mit anderer PSA und (Helm-)Zubehör gesondert betrachtet werden. Hierbei gibt es mehrere Schwerpunktbereiche, die sich für Helme zur Brandbekämpfung anbieten:

Atemschutzeinsatz

Die Persönliche Schutzausrüstung im Atemschutzeinsatz besteht üblicherweise aus einem umluftunabhängigen Atemschutzgerät mit zugehörigem Atemanschluss und Bewegungsmelder, dem Feuerwehrhelm mit Nackenschutz (und ggf. Visier), Einsatzkleidung „schwer" (also nach DIN EN 469 bzw. HuPF 1/4), Feuerwehrstiefeln und einer Feuerschutzhaube. Ergänzend kommen Funk- und Beleuchtungsgerät, die Feuerwehrleine und je nach Einsatzauftrag weitere spezifische Einsatzmittel hinzu.

Atemschutzgerät

Durch im Nackenbereich weit heruntergezogene Helme kann es gegebenenfalls zu Komplikationen mit dem Atemschutzgerät, beispielsweise mit der Tragschale, kommen. Deshalb sind auch hier insbesondere bei Beuge- und Überkopfbewegungen die Helme jeweils mit den vorhandenen Atemschutzgeräten zu testen und etwaige Wechselwirkungen zu beachten.

Nackenschutz

Grundlegende Anforderungen an den Nackenschutz finden sich in der DIN EN 443. Er dient dazu, den Nacken vor einer Beaufschlagung durch „Flüssigkeiten, heiße Materialien, Strahlungswärme und Flammen" zu schützen (vgl. DIN EN 443, 2008). Während jahrzehntelang der Nackenschutz aus Leder verwendet wurde, ist in den letzten Jahren neben aluminiertem Textilgewebe verstärkt das sogenannte Hollandtuch zu finden. Dieses ist i.d.R. mehrlagig und besteht u.a. aus wärmebeständigen Kunstfasern, beispielsweise Aramiden wie Nomex und bietet einen deutlich besseren thermischen Schutz als das lediglich mechanisch schützende „Nackenleder". Im Zusammenhang mit dem Brandbekämpfungshelm, an dem der Nackenschutz üblicherweise befestigt ist, gibt es folgende beachtenswerte Punkte:

Je nach Ausführung und Schnitt des Hollandtuches kann dieses links und rechts in das Sichtfeld hineinragen und so für ein „Scheuklappensichtfeld" sorgen. Weiterhin kann es je nach Ausführung und Befestigungsmöglichkeiten (beispielsweise Klettpunkte, Druckknöpfe oder dergleichen) des Hollandtuches Schwierigkeiten geben, es bei Nichtgebrauch zu fixieren beziehungsweise hochzuklappen. Bei bestimmten Ausführungen kann es auch vorkommen, dass sich mangels „Verstaumöglichkeit" für das Hollandtuch die Kletts zum Schließen des Hollandtuches mit den Klettverschlüssen der Einsatzjacke verbinden und so die Bewegungsfreiheit einschränkten – auch, weil eine umklappbare Überdeckung für die Klettbänder nicht überall vorhanden ist. Insgesamt ist jedoch trotz dieser ausführungsspezifischen Unwägbarkeiten das Hollandtuch der weitaus bessere Nackenschutz für die Brandbekämpfung im Innenangriff – die Feuerschutzhaube sollte jedoch unabhängig vom jeweiligen Nackenschutz immer verwendet werden.

Darüber hinaus gilt auch für den Nackenschutz, dass eine herstellerseitige Freigabe für die Verwendung des speziellen Nackenschutzes mit dem jeweiligen Brandbekämpfungshelm bzw. eine individuelle Gefährdungsbeurteilung für die Ausrüstungskombination vorliegen muss.

Feuerschutzhaube

Zum Wärme- und Flammenschutz von Hautstellen an Hals und Kopf bei der Brandbekämpfung, die nicht über den Helm oder die Atemschutzmaske abgedeckt werden, beschreibt die DIN EN 13911 „Anforderungen und Prüfverfahren für Feuerschutzhauben für die Feuerwehr". Die Norm sieht explizit vor, dass Feuerschutzhauben nur gemeinsam mit umluftunabhängigen Atemschutzgeräten nach DIN EN 136 und DIN EN 137, mit entsprechender Schutzkleidung nach DIN EN 469 und einem Brandbekämpfungshelm nach DIN EN 443 getragen werden.

Die Anforderungen an die Feuerschutzhaube in der Norm erstrecken sich vor allem auf den Wärmedurchgang (s. Kap. 2 und 3.1.1.2) und den Wärmewiderstand, die Formbeständigkeit auch bei/nach Temperaturbeaufschlagung und die Widerstandsfähigkeit gegen Flammenausbreitung (vgl. DIN EN 13911).

Darüber hinaus sollte der Schnitt der Feuerschutzhaube ein leichtes An- und Ausziehen ermöglichen – allerdings dabei weder allzu locker (Gefahr von ungeschützten Stellen durch Verrutschen) noch allzu fest sitzen (Gefahr von Druckstellen und Engegefühlen, insbesondere im Halsbereich). Darüber hinaus sollte auch der „Koller" bzw. der „Latz" ausreichend groß sein, um auch beim Vorgehen im Seitenkriechgang oder bei Überkopfarbeiten ungeschützte Stellen zu vermeiden.

Abb. 44: Feuerschutzhaube mit großem Latz zum Schutz des Halsbereichs. (Foto: Fabrizio)

Die Verfasser empfehlen dringend, bei der Brandbekämpfung mit umluftunabhängigem Atemschutz auch Feuerschutzhauben zu verwenden. Sogenannte Hollandtücher (s. oben) reichen allein nicht aus, um den Kopf- und Halsbereich eines Atemschutzgeräteträgers gegen Hitze, Flammen und Wasserdampf ausreichend zu schützen, da sich i.d.R. konstruktionsbedingt zwischen Kopfhaut, Maskenbebänderung und Helmschale Lufträume bilden.

Im Zusammenspiel von Helm, Atemschutzmaske und Feuerschutzhaube muss darauf geachtet werden, dass es an der Maskenverstellung nicht zu Druckstellen durch die Feuerschutzhaube und/oder Teile des Helms kommt.

Ein grundsätzliches Problem ergibt sich bei der Verwendung von Helm-Masken-Kombinationen (s. Kap. 3.1.8). Um optimalen Schutz zu bieten, müsste die Feuerschutzhaube über die Atemschutzmaske gezogen werden. Das ist jedoch bei Helm-Masken-Kombinationen konstruktiv nicht möglich.

Atemschutzmaske

Wie bereits im vorstehenden Unterkapitel beschrieben, ist auf die Kompatibilität des Helms mit dem jeweiligen Maskensystem zu achten (s. Kap. 3.1.8). Neben der generellen Anpassungsfähigkeit des Helms sind beispielsweise auch etwaige Druckstellen in Verbindung mit Schnallen an Kopfspinnenmasken und die grundsätzliche „Betriebssicherheit“ bei Helm-Masken-Kombinationen zu überprüfen.

Visier und Schutzbrillen

Bei vielen Feuerwehren werden Visiere nicht standardmäßig am Helm getragen. Die Visiere und Schutzbrillen befinden sich dann zur bedarfsgerechten Ergänzung der Persönlichen Schutzausrüstung auf den Einsatzfahrzeugen. Die Verwendung von Visieren beim Innenangriff ist zu unterbinden, wenn es sich nicht um temperaturbeständige Visiere (beispielsweise aus Polysulfon) handelt.

Für bestimmte Maßnahmen der technischen Hilfeleistung sind jedoch Gesichts- und Augenschutz zu tragen. Hierfür sind dann (i.d.R. nicht temperaturbeständige!) Visiere als Gesichtsschutz sowie Schutzbrillen, insbesondere für spanabhebende Maßnahmen, als Augenschutz zur Verfügung zu stellen. (Gesichts- und Augenschutz sind dabei i.d.R. zwei verschiedene Bereiche, die ggf. sich ergänzende Ausrüstung benötigen.)

Bei bestimmten Kriterien zu Visieren und Schutzbrillen sind Typ-A- und Typ-B-Helme differenziert zu betrachten. Aufgrund eingebauter Visiere und Schutzbrillen lassen sich die Abnehmbarkeit oder die Kompatibilität mit gesonderten Schutzbrillen bei den Typ-B-Helmen naturgemäß nicht beurteilen. Als Kriterium

Abb. 45: In einen Typ-B-Helm integrierte Schutzbrille. Man beachte die nach unten ungeschützten Stellen zwischen Brille und Wange unterhalb der Augen sowie im Nasenbereich. (Foto: Fabrizio)

für alle Helme (auch Typ B) kann jedoch beispielsweise das Beschlagsverhalten der Visiere einbezogen werden.

Bei Typ-A-Helmen, also Halbschalenhelmen mit nicht integriertem Visier, spielt das Handling beim Abnehmen und Anbauen des Visiers eine große Rolle, wenn nicht temperaturbeständige Visiere verwendet werden und dementsprechend je nach Einsatzlage kurzfristig das Visier angebaut oder abgenommen werden muss. Zur Befestigung des Visiers am Helm werden unterschiedliche Systeme verwendet. So gibt es Helme, bei denen das Visier mit zwei Klemmen ausgestattet ist, die in einen dafür vorgesehenen Schacht im Schläfenbereich von unten in den Helm geschoben werden. Zum Lösen sind die beiden Klemmen von der Innenseite zusammenzudrücken und nach unten zu schieben.

Andere Lösungen sehen eine Visierhalterung vor, die mit einem Klemmring und einem federgespannten, umlaufenden Metallband am Helm befestigt wird. Die Ausführung ähnelt stark der Visierhalterung des „alten" Aluminiumhelmes nach der zurückgezogenen DIN 14940.

Es gibt auch Lösungen, bei denen das Visier mit an der Helmaußenseite angebrachten Kunststoffadaptern befestigt wird. Dies kann beispielsweise mit einer Klemm-Schieb-Befestigung realisiert werden oder auch mit Multifunktionsadaptern, an denen auch Helmlampen angebracht werden können. Damit dort das Visier montiert oder abgenommen werden kann, muss zunächst die Arretierung der Halterung gelöst, die Halterung selbst gedreht und dann das Visier eingelegt werden. Danach muss die Halterung wieder in die Ausgangsposition zurückgedreht werden und einrasten.

Die jeweiligen Lösungen bieten in Abhängigkeit von der gewählten Helmkonfiguration (beispielsweise mit oder ohne Helmlampe, mit oder ohne temperaturbeständigem Visier) unterschiedliche Vor- und Nachteile, die in der jeweils benötigten Zusammenstellung getestet werden sollten.

Die Kompatibilität des Helmes mit der (integrierten oder externen) Schutzbrille sollte ebenfalls eruiert werden. Manche Hersteller bieten auch passende und mit dem Helm zertifizierte Schutzbrillen an.

Anatomisch bedingt kann es bei den Schutzbrillen, wie auch bei den Visieren, teilweise zu Problemen kommen, wenn keine unterschiedlichen Größen erhältlich sind bzw. wenn diese Ausrüstungsbestandteile im Helm integriert sind. Je nach Gesichtsform können beispielsweise in den Helm integrierte Schutzbrillen, die nach unten geklappt werden, Freiräume zwischen der Unterkante der Brille und den Wangen des Helmträgers ungeschützt lassen.

Helmsprechgarnitur

Zur Verbesserung der Kommunikation im Atemschutz- und Gefahrguteinsatz werden vielerorts Helmsprechgarnituren für den Einsatzstellenfunk verwendet. Je nach Ausführung muss darauf geachtet werden, dass die Helmsprechgarnitur nicht zu Bewegungseinschränkungen oder anderen negativen Begleiterscheinungen im Zusammenhang mit dem Helm führt. Auch hierbei bietet es sich an, im Rahmen einer Beschaffung entsprechende Tragetests durchzuführen. Es sei weiterhin darauf hingewiesen, dass nicht für alle Helmmodelle vom jeweiligen Hersteller geprüfte Helmsprechgarnituren am Markt verfügbar sind. Je nach Kombination von Helmsprechgarnitur und Helm ist eine individuelle Gefährdungsbeurteilung erforderlich (vgl. Kap. 3.1.2.6).

3.1.2.8 Pflege und Verschleiß

Bei Helmen zur Brandbekämpfung treten unterschiedliche Verschleißerscheinungen auf. Diese lassen sich in zwei Hauptfelder einteilen. Einerseits können verschiedene Defekte auftreten, die sich auf hohe am Helm wirkende Temperaturen zurückführen lassen. Beispiele hierfür können angeschmolzene Zubehör- oder

Abb. 46 und 47: Sich aufgrund von Hitzeeinwirkung ablösender Kantenschutz an der Unterseite eines Typ-A-Helms (links). Kratzspuren sowie hitzebedingter Blasenwurf im Lack eines Typ-A-Helms (rechts). (Fotos: Fabrizio)

Helmlampenhalterungen sein, Blasen im Lack, Blasenwurf bei den Reflexstreifen oder beeinträchtigte Kantenschutzleisten aus gummiartigem Material.

Andererseits sind auch mechanische und konstruktive Defekte nicht unüblich. So finden sich beispielsweise Kratzspuren und mechanisch verursachte Lackschäden. Auch locker werdende Visierhalterungen oder nach gewisser Beanspruchung nicht mehr zuverlässig funktionierende Teile der Begurtung im Helminnern (z.B. schwergängige oder sich lösende Druckknöpfe, abgewetzte oder gerissene Polster etc.) gehören zu den vorkommenden Verschleißerscheinungen.

Neben Konsultation und Beachtung der jeweiligen Bedienungsanleitung empfiehlt es sich daher, Helme (aber auch alle anderen PSA-Bestandteile) einer regelmäßigen Sichtprüfung zu unterziehen, um zumindest die augenfälligsten Hinweise auf Defekte untersuchen zu können.

3.1.3 Überjacken

3.1.3.1 Merkmale und Ausführungen

Grundlegende Anforderungen an Feuerwehrschutzkleidung finden sich in der DIN EN 469 (s. Kap. 2.2). Insbesondere für die Auswahl von Schutzkleidung bzw. Überjacken sind jedoch verschiedene Kleidungsbestandteile und -ausführungen mit besonderem Augenmerk einzeln zu betrachten.

Für die Verwendung bei der Brandbekämpfung im Innenangriff empfehlen die Autoren dringend, Überbekleidung nach Leistungsstufe 2 (Xf 2, Xr 2, Y 2, Z 2) zu beschaffen.

■ Taschen

Abhängig von der Form bzw. vom Schnitt (kürzere/längere Jacke) ist die Taschengröße nicht bei allen Modellen am Markt vergleichbar groß. Dies kann Alternativlösungen erforderlich machen, um die ggf. bisher dort verstauten Utensilien unterzubringen (beispielsweise für die Feuerschutzhaube). Abhängig von den Nutzungserfordernissen ist neben der Größe auf den tatsächlichen Zuschnitt und auch auf die Verschließbarkeit der Taschen zu achten. Nicht funktionell sind die Taschen mit lediglich punktueller Klettbefestigung, also nicht durchgängig über die gesamte Taschenbreite, da sich hier leicht die Taschen unbeabsichtigt öffnen können und mit einem gewissen Lebensalter die Haftwirkung an den wenigen Klettpunkten nicht mehr ausreichend sein kann. Damit Taschen (insbesondere mit durchgängigen Haft- bzw. Klettbändern) auch mit Handschuhen problemlos geöffnet und wieder verschlossen werden können, sind Laschen an den Taschendeckeln hilfreich.

Im Zusammenhang mit dem Innenangriff muss an dieser Stelle auch darauf hingewiesen werden, dass Taschen für vielerlei Anwendungszwecke (beispielsweise Schreibzeug, Handy, Feuerzeug, Taschenmesser etc.) ungemein praktisch, in Verbindung mit bestimmten Inhalten (z.B. Feuerzeug, in Ex-Bereichen ggf. Mobiltelefone o.Ä.) jedoch tendenziell gefährlich sind. Bei Innentaschen kommt erschwerend dazu, dass diese bzw. deren Inhalt ggf. noch eher vergessen werden als außen an der Kleidung angebrachte Taschen – zumal die Innentaschen insbesondere mit Handschuhen schwieriger zu erreichen sind. Es muss vor einem Atemschutzeinsatz daher jeweils darauf geachtet werden, dass die entsprechenden Einsatzkräfte ihre Taschen auf potenziell störenden bzw. gefährlichen Inhalt prüfen und ggf. die Taschen leeren. Unterstützt wird dies beispielsweise durch im Fahrzeug angebrachte Brillen- und Kleinteilefächer in der Mannschaftskabine, die bereits während der Fahrt zum Einsatzort während des Ausrüstens mit Atemschutz erreicht und befüllt werden können.

■ Klett-/Haftbänder

Vergleichbar mit der Taschenbefestigung mit einzelnen Klettpunkten ist bei bestimmten Jackenmodellen auch der Klettverschluss entlang des „Haupt-Reißverschlusses“ mit mehreren einzelnen Klettelementen ausgeführt. Mit Handschuhen kann zwar zum Öffnen der Tasche zwischen die jeweiligen Klettpunkte gefahren werden, ein einfaches und dichtes Verschließen – gerade mit Handschuhen – wird durch die verhältnismäßig kleinen Klettelemente jedoch erschwert. Dies führt zu einer tendenziell schlechteren Funktionalität. Insbesondere mit Handschuhen funktioniert das zuverlässige und rasche Schließen der Jacke bzw. deren Klettverschluss bei den Lösungen mit durchgängigen Haftbändern besser. Für die Handhabung eignen sich beispielsweise Lösungen mit großen Laschen, die auch mit Handschuhen eine gute Bedienung der Klettverschlüsse ermöglichen – obwohl ein durchgängiges Klettband einen zuverlässigen Verschluss der Taschen und der Jacke sicherstellt.

Zu kleine/zu schmale Haftbänder können nachteilig sein, da sie beim Schließen der Jacke eine exakte Überdeckung benötigen, damit die Jacke voll geschlossen ist. Hier ist teilweise eine schlechtere und zeitaufwändigere Bedienung des Jackenverschlusses gegeben als bei anderen Lösungen. Weiterhin ist darauf zu achten, dass eine ausreichende Überdeckung von Klettverschlüssen sichergestellt ist. Diese Überdeckung ist erforderlich, um die Klettverschlüsse bei Nichtgebrauch vor Hitze und mechanischer Einwirkung zu schützen. Unter Umständen können ansonsten bereits mäßige Wärmebeaufschlagungen ausreichen (beispielsweise während einer Realbrandausbildung), um die nicht bedeckten Klettverschlüsse zum Schmelzen zu bringen.

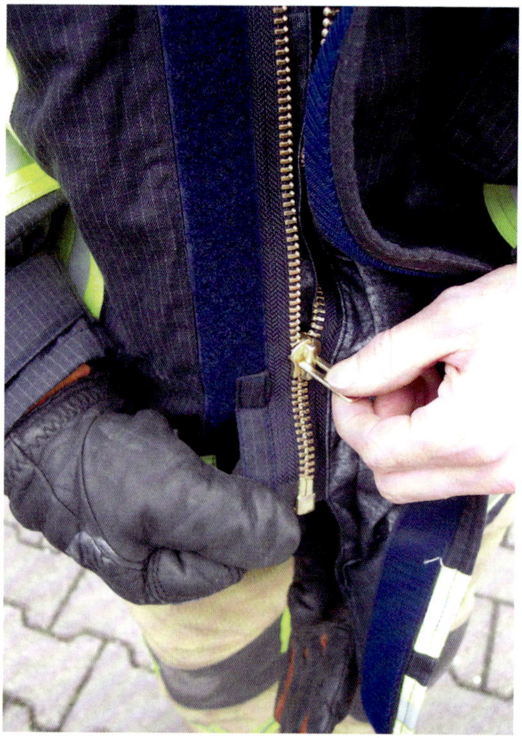

Abb. 48 und 49: Klettverschluss (hier am Ärmel) ohne vollständige Abdeckung zum Schutz des Kletts (links). Haupt-Reißverschluss an einer DIN-EN-469-Jacke mit „loser" Lasche zum leichteren Einfädeln am unteren Ende (rechts). (Fotos: Fabrizio)

■ Reißverschlüsse

Neben dem Haupt-Reißverschluss an der Jackenfront finden sich an der Feuerwehrschutzkleidung teilweise weitere Reißverschlüsse. Da es notwendig ist, dass Feuerwehrüberbekleidung grundsätzlich auch mit Handschuhen zielsicher „bedient“ werden kann, ist ein verstärktes Augenmerk auf die Handhabbarkeit der Reißverschlüsse mit Handschuhen zu legen. Dies können beispielsweise „lose“ Laschen oder Seilstücke mit Endknoten an den unteren Enden der Reißverschlüsse sein, sodass sich der Reißverschluss besser einfädeln lässt (vgl. Abb. 49).

Vorteilhaft für ein rasches Auffinden und eine einfache Bedienung, auch mit Handschuhen, sind entsprechend groß dimensionierte Schiebergriffe an den Reißverschlüssen.

Eine gute Hilfe sind hier ggf. auch ca. 5 cm lange doppelte Bänder, die am Ende verknotet sind. Für Überbekleidung zur Brandbekämpfung und alle anderen Kleidungsteile, die mit Flammen in Kontakt kommen können (z.B. Stiefel), müssen die Bänder nicht brennbar sein.

Zu beachten ist weiterhin das Vorhandensein eines sogenannten Panikreißverschlusses, der durch ein kurzes Ziehen am Schieber des Front-Reißverschlusses nach oben (zum Hals hin) ein sofortiges Öffnen des gesamten Reißverschlusses und ggf. ein rasches Ablegen der Jacke ermöglicht. In der DIN EN 469 sowie in der aktuellen Ausgabe der HuPF ist ein Panikreißverschluss jeweils nicht als Pflichtbestandteil vorgesehen, sodass sich auch Kleidung ohne dieses Merkmal am Markt befindet. Der Panikreißverschluss dient beispielsweise zum raschen Luftaustausch und Abkühlen[1] nach hoher Temperaturbeaufschlagung der jeweiligen Einsatzkraft. Bei falscher Anwendung beim Anlegen („Überziehen“ des Reißverschlusses nach oben) kann sich die Jacke aber ungewollt öffnen! Verfügen Einsatzkräfte über Jacken mit Panikreißverschlüssen, sind sie daher in der richtigen Anwendung eindeutig zu schulen.

Weiterhin sind bei PSA mit längerer Gebrauchsdauer regelmäßig die Reißverschlüsse (und insbesondere die Panikreißverschlüsse) auf ihre Funktionalität zu prüfen, da nicht richtig schließende bzw. sich unbeabsichtigt öffnende Reißverschlüsse gerade unter Temperatureinwirkung ein Sicherheitsrisiko darstellen können.

1 Zur Vermeidung von Erkältungen ist hierbei jedoch ein allzu langer ungeschützter Aufenthalt „im durchgeschwitzten T-Shirt“ im Freien zu vermeiden.

Ähnlich wie bei den Klettbändern empfiehlt sich auch bei Reißverschlüssen eine Überdeckung durch Stofflagen, die beispielsweise mit weiteren Klettbändern und/oder Druckknöpfen verschlossen werden können.

Klemmende Reißverschlüsse können oft durch Reiben an trockenen (Kern-)Seifenstücken wieder gangbar gemacht werden.

Ärmelabschluss

Bei vielen Überjacken findet jeweils ein Strickbund mit Daumeneingriff als Ärmelabschluss Verwendung. Der Daumeneingriff sorgt dafür, dass die Jacke bei Kriechbewegungen und Überkopfarbeiten nicht zurück- beziehungsweise hochrutschen oder an Hindernissen hängen bleiben kann und somit der Unterarmbereich nicht frei liegt. Dies führt jedoch ggf. bei gestreckten Armen zu Einschränkungen in der Bewegungsfreiheit. Alternativ sind auch Überjacken mit Handschlaufen erhältlich. Hierbei wird eine Schlaufe über vier Finger geführt und mit dem Daumen gegen Wegrutschen gesichert.

Es befand sich jedoch auch Überbekleidung am Markt, die nicht über einen Daumeneingriff am Abschlussbündchen oder über eine Handschlaufe verfügt. Um eine dichte und sichere Überdeckung zwischen Handschuh und Jacke zu erreichen, müssen hier mehr Arbeitsschritte gemacht werden als bei Jacken mit Daumeneingriff im Bündchen.

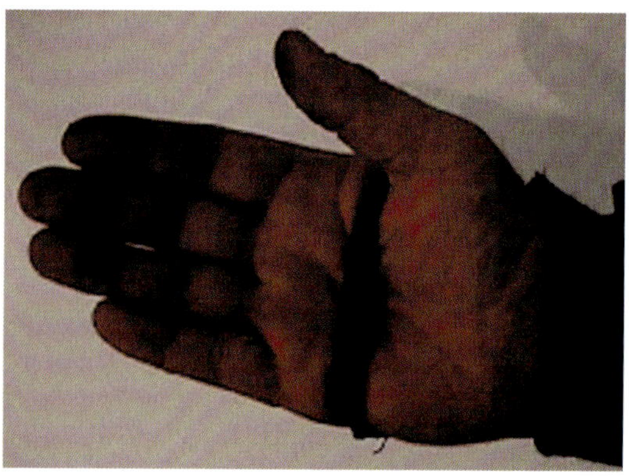

Abb. 50: Handschlaufe. (Foto: Engels, Düsseldorf)

Diese Arbeitsschritte sind zeitaufwändig und am besten mit zwei Händen ohne Handschuh zu erledigen; insbesondere bei zeitkritischen Einsätzen werden so unnötig viele Ressourcen gebunden, die bei Einsatzjacken mit Daumeneingriffen im Abschlussbündchen in diesem Ausmaß nicht benötigt werden. Weiterhin ergibt sich bei Jacken ohne Strickbund mit Daumeneingriff in Kombination mit Strickbund-Handschuhen ein unangenehmer Reibeffekt auf dem Unterarm. Bei den Alternativen mit Daumeneingriff schützt das heruntergezogene Abschlussbündchen, das bis über den Daumen reicht, vor solchen Einwirkungen. Zusätzlich sind so bei bestimmten Bewegungsabläufen ohne Ärmelbündchen bzw. Daumenschleifen freie Stellen an den Unterarmen möglich.

Der Ärmelabschluss selbst, also am Oberstoff, ist bei manchen Herstellern bzw. Jackenmodellen mit einer Klettverstellung aus-

Abb. 51 bis 53: Verschiedene Ärmelabschlüsse mit Daumenbündchen sowie klettregulierter Weitenverstellung. (Fotos: Fabrizio)

gestattet, während andere Lösungen keine Verstellbarkeit am Ärmel aufweisen. Während eines Praxistests bei der Feuerwehr Düsseldorf funktionierte diese Lösung entgegen den Erwartungen vor Testbeginn in Zusammenhang mit dem Daumeneingriff im Abschlussbündchen und bei Verwendung von Strickbundhandschuhen prinzipiell gut, sodass bei entsprechend umgesetztem Ärmelbündchen mit Daumeneingriff die Klettverstellung am Ärmel verzichtbar erscheint (vgl. Fabrizio, 2009). Nichtsdestoweniger gibt es jedoch mit und ohne Handschuh sehr gut bedienbare Klettverstellungen und auch dort ist in Verbindung mit einem Daumeneingriff im Abschlussbündchen ein geschützter und sicherer Übergangsbereich zwischen Ärmel und Handschuh vorhanden.

Integrierte Gurtsysteme

In den letzten Jahren gab und gibt es unterschiedliche Bestrebungen, Feuerschutzkleidung und/oder umluftunabhängige Atemschutzsysteme mit Vorrichtungen zur Absturzsicherung bzw. zum Abseilen zu kombinieren (s. Kap. 3.3).

So sind seit längerem verschiedene Feuerschutzjacken am Markt, die eine Schlaufen- bzw. Seildurchführung aufweisen und so das Abseilen bzw. die Selbstrettung in Ausnahmesituationen ermöglichen sollen. Dies erfolgt vor dem Hintergrund, dass der Feuerwehrhaltegurt nach DIN 14927 gerade in Kombination mit der Bebänderung eines Pressluftatmers nicht ganz einfach in der Handhabung ist und ein Abseilen mittels Haltegurtes in den Bedienungsanleitungen einiger Hersteller der Haltegurte ausdrücklich als unzulässige Verwendung untersagt ist.

Weitere Ausführungen zur Absturzsicherung und zu integrierten Gurtsystemen finden sich auch im Kapitel 3.3.

Sichtbarkeit und Warnwirkung

Durch die Freigabe der Schutzkleidungsfarbe und der Anordnung der Reflexbestreifung ergeben sich bei Kleidung nach EN 469 untereinander erhebliche Unterschiede bezüglich ihrer Sichtbarkeit. Bei den Reflexstreifen fordert die EN 469 lediglich eine Mindestfläche von 0,13 m^2 retro-reflektierendem Material und von 0,20 m^2 fluoreszierendem Material (vgl. DIN EN 469, S. 18 Anhang B – Anforderungen an die Wahrnehmbarkeit). Dementsprechend ergibt sich bei der Optik von Kleidung nach EN 469 eine große Bandbreite, sowohl was die Grundfarbe der Kleidungen an sich anbelangt (neben dem weit verbreiteten und aus der HuPF stammenden Dunkelblau bzw. Orange finden sich alle möglichen weiteren Farben und Farbkombinationen) als auch bezüglich der Reflex- und Warnbestreifung. Grundsätzlich ist jedoch festzuhalten, dass Schutzkleidung, die nicht nach HuPF ausgeführt ist und auch nicht der EN ISO 20471 „Warnkleidung“[1] entspricht, nicht vom Tragen einer entsprechenden Warnbekleidung, also üblicherweise einer Warnweste nach EN ISO 20471 Klasse 2, bei Arbeiten im Verkehrsraum befreit. Zweifelhaft ist insbesondere die Warnwirkung von Überjacken, die mehrmals im Innenangriff und bei den entsprechend nachfolgenden Wäschen beansprucht wurden und ggf. am (farbigen) Oberstoff selbst oder an den Reflexstreifen ausbleichen bzw. farblich „abstumpfen“. Weitergehende Ausführungen zur Warnwirkung und farblichen Zusammenstellung finden sich im Kapitel 3.7.

Schulterschutz

Zum Schutz der Schultern außen und innen gibt es verschiedene Konstruktionen. Auf der Innenseite verfügen viele Überjacken über eingewebte Verstärkungen, die einen komfortableren Sitz der Jacke, insbesondere mit angelegtem Atemschutzgerät, ermöglichen sollen. Die Verstärkungen dienen weiterhin dazu, das isolierende Luftpolster zwischen dem PA-Träger und der Feuerwehrschutzkleidung auch mit PA entsprechend aufrechtzuerhalten und so etwaigen Wärmedurchschlägen vorzubeugen.

Für die Außenseite ist bei verschiedenen Herstellern im Bereich der PA-Bebänderung ein spezieller Besatz (beispielsweise aus Kevlar) erhältlich. Dieser soll – neben der Verbesserung des Abriebschutzes – ein Verrutschen der PA-Bebänderung verhindern oder zumindest eindämmen.

Ellenbogenschutz

Am Markt sind unterschiedliche Lösungen für den Ellenbogenschutz vorhanden. Bei bestimmten Jackenmodellen fällt auf, dass es zwar einen Ellenbogenschutz in Polsterform gibt, außen auf der Jacke befindet sich jedoch kein zusätzlicher mechanischer Stoff, sodass hier im Vergleich mit den anderen Schutzkleidungen früher Beschädigungen des Jackenoberstoffs auftreten dürften.

[1] Bisher nur ganz vereinzelt vorhanden (vgl. hierzu beispielsweise Hinz, 2008).

Bewegungsfreiheit und Sitz/Passform

Die Bewegungsfreiheit und die Passform von Feuerwehrschutzkleidung hängt vorrangig vom jeweiligen Schnitt ab, der bei Kleidung nach HuPF herstellerübergreifend einheitlich ist, bei Kleidung „nur“ nach DIN EN 469 modell- und herstellerabhängig stark unterschiedlich ausfällt. Selbstverständlich haben auch die jeweiligen Konfektionsgrößen (teilweise mit abgestuften Wahlmöglichkeiten bezüglich Länge und Umfang) einen Einfluss auf den korrekten Sitz der jeweiligen Schutzkleidung. Grundsätzlich vorteilhaft ist ein Anprobieren von Musterjacken durch die (zukünftigen) Trägerinnen und Träger oder ein Ausmessen derselben vor der endgültigen Beschaffung (s. Kap. 5).

Abb. 54: Ellenbogenschutz. (Foto: Malareck, Berlin)

Eine gutsitzende PSA erhöht nicht nur die Sicherheit durch die optimale Passform, sondern auch die Akzeptanz durch die jeweiligen Einsatzkräfte.

Abhängig von den jeweiligen Jackenmodellen ergeben sich große Unterschiede bei der Bewegungsfreiheit und auch bei der Anpassungsfähigkeit einzelner Jacken. Bestimmte Schnitte bzw. Modelle sind bewegungs- und körperfreundlicher als die Konkurrenzprodukte. „Erkauft“ wird dies bei manchen Lösungen jedoch mit dem Verzicht auf die Daumeneingriffe am Ärmelbündchen (s.o.). Dieser Verzicht hat zur Folge, dass bei Überkopfarbeiten und bei gestreckten Armen keine Spannung in der Jacke auf der Ärmelachse entsteht, weil die Jacke über die gesamte Armlänge bis hin zur Hand mit dem Körper nicht „fest“ verbunden ist. Der Bewegungsvorteil hat jedoch einen möglichen Sicherheitsnachteil zur Folge. Wie bereits im Abschnitt Ärmelabschluss beschrieben, sind hier bei bestimmten Bewegungsabläufen freie Stellen zwischen Handschuh und Jacke nicht ausgeschlossen, was bei der Brandbekämpfung im Allgemeinen und insbesondere im Innenangriff zu einer möglichen Verbrennungsgefahr führt.

Es ist bei der Bewegungsfreiheit weiterhin zu berücksichtigen, dass manche Kleidung nach DIN EN 469 (nicht nach HuPF) am Markt trotz kürzerer Jacke und frei entwickeltem Schnitt keine deutlich körpergerechtere und mit mehr Bewegungsfreiheit ausgestattete Schutzkleidung als die HuPF-Kleidung bietet – in manchen Bereichen wird diese sogar deutlich schlechter als die HuPF-Kleidung wahrgenommen (vgl. Fabrizio, 2009).

Es gibt beispielsweise Jackenmodelle, die beim Halsabschluss/Kragen nicht anpassungsfähig genug sind, sodass Einsatzkräfte mit empfindlichem Halsbereich bei geschlossenem Kragen ein Einengungs- bis hin zum Würgegefühl entwickeln können.

Bei mangelhafter Anpassungsfähigkeit können beispielsweise zusätzlich Kratz- und Scheuerstellen am Hals/Kinn bei längerer Tragedauer auftreten. Ursache hierfür kann beispielsweise der Klettverschluss des verstellbaren Kragens sein, eine andere Ursache ggf. auch eine fehlende Verstellmöglichkeit.

Pauschale Aussagen zu Verstellmöglichkeiten lassen sich jedoch nicht treffen, diese sind jeweils in Abhängigkeit von der einzelnen Schutzkleidung genau zu untersuchen. Die teilweise vorhandenen Verstellmöglichkeiten von Schutzkleidungen im Taillenbereich tragen nicht zwingend zu einem im Vergleich zur nicht-taillierbaren Konkurrenz wesentlich erhöhten Tragekomfort bei, auch bei Hals- und Ärmelabschluss gibt es unterschiedliche Lösungen, deren Qualität nicht ausschließlich von der grundsätzlichen Verstellbarkeit abhängt. Auch hierzu empfiehlt es sich, vor der Beschaffung die jeweilige Funktionalität auszuprobieren (vgl. Kap. 5).

Wärmeübertragung – Isolation

Bei der Frage nach der möglichen Wärmeübertragung auf den PSA-Träger handelt es sich um eine ganz grundsätzliche Schutzfunktion der Schutzkleidung! Insbesondere bei der Brandbekämpfung – und dort im Speziellen während des Innenangriffs – sind die Einsatzkräfte mitunter extremen Umgebungstemperaturen ausgesetzt. Für den Schutz vor Wärme sieht die DIN EN 469 verschiedene Anforderungen vor.

Damit die Einsatzkräfte das Verhalten ihrer Einsatzkleidung richtig einschätzen können, ist es zwingend erforderlich, eine regelmäßige Ausbildung zu betreiben, die auch dazu dient, die Grenzen der jeweiligen Einsatzkleidung kennen und einschätzen zu lernen.

Je nach Brandentwicklung, Wasserdampfgehalt und räumlichen Bedingungen kann es im Innenangriff teilweise zu erheblichen Umgebungstemperaturen kommen. Unter bestimmten Umständen ist es dann möglich, dass es trotz Feuerwehrschutzkleidung zu einem plötzlichen Wärmedurchschlag kommen kann, beispielsweise bei einer Rauchgasdurchzündung oder wenn entgegengesetzt vorgehende Trupps ohne Absprache für eine schlagartig erhöhte Wasserdampfbeaufschlagung sorgen oder dergleichen. Diese plötzlich erhöhte Wärmemenge kann dann gegebenenfalls auch durch die Schutzkleidung durchschlagen. Es ist sinnvoll, dass einerseits derartige Situationen in praxisnahen Realbrandanlagen unter kontrollierten Bedingungen beübt werden („Kennenlernen der eigenen Schutzausrüstung“), andererseits jedoch auch die taktisch richtige Reaktion auf derartige Vorkommnisse ausgebildet wird (was ggf. auch der schnellstmögliche Rückzug sein kann).

Klima

Bei den klimatischen Eigenschaften ist prinzipiell festzustellen, dass die Wärmeerhaltungswirkung bei kalten Temperaturen im Winter bei fast allen modernen Schutzkleidungen höchstens gleich gut ist wie bei älterer noch vorhandener Feuerschutz-PSA. Moderne Schutzkleidung ist darauf ausgelegt, bei Verwendung im Brandeinsatz möglichst schnell möglichst viel Wärme vom Körper wegzuführen – dementsprechend führt die Kleidung auch bei niedrigen Umgebungstemperaturen viel Körperwärme ab, was den Träger der Kleidung frieren lässt.

Die moderne Schutzkleidung ist leichter gebaut und verfügt über weniger Stofffläche als ältere Kleidung (beispielsweise entsprechend HuPF alt). Insbesondere die (vergleichsweise) lange HuPF-1-Überjacke schützt den Rumpf des Trägers besser vor Auskühlung als kurz geschnittene DIN EN 469-Kleidungen (trotz vergleichbar großer Überdeckung zwischen Jacke und Hose). Insgesamt ist also erkennbar, dass eine konsequente Auslegung der klimatischen Eigenschaften der Schutzkleidung auf den Brandeinsatz und die Reduktion des Gesamtgewichts die Wetterschutzeignung einschränken kann.

Gleichzeitig kann die große Überdeckung bei kurz geschnittener Feuerschutzkleidung und verhältnismäßig enganliegender Kleidung nach DIN EN 469 im Hüft- und Rückenbereich bei entsprechenden Temperaturen auch zu einer erhöhten Schweißbildung führen.

Trotz Mindestanforderungen in der Norm weist der Nässeschutz aktueller Schutzkleidungen eine gewisse Bandbreite auf. Insbesondere entlang von Reißverschlüssen ist bei einer Beaufschlagung mit Wasser ggf. auch ein Durchdringen bzw. Durchnässen möglich.

Sitz und Passform mit Feuerwehrschutzhandschuh

Wie bereits im Unterkapitel Ärmelabschluss erläutert, sind manche Jackentypen nicht mit einem verstellbaren Ärmel ausgestattet. Die Verwendung von Strickbundhandschuhen führt bei diesen Produkten jedoch nicht zwingend zu schlechteren Trageeigenschaften wie bei den mit klettregulierten Ärmelabschlüssen ausgestatteten Alternativprodukten.

Im Rahmen einer Praxiserprobung trat bei einem Jackentyp mit verstellbarem Ärmelabschluss und über der Jacke getragenen Stulpenhandschuhen zwischen Handschuh und Jacke Wasser ein (vgl. Fabrizio, 2009). Ein verstellbarer Ärmelabschluss ist demnach keine absolute Garantie für eine bessere Schutzwirkung oder eine genauere Anpassung zwischen Handschuh und Ärmel, viel wichtiger hierfür sind die Daumenschlaufen bzw. Ärmelbündchen (s. oben).

Die Verwendung von Stulpenhandschuhen ist allerdings bei den nicht verstellbaren Ärmelabschlüssen weniger geeignet als bei den Ausführungen mit klettverstellbaren Ärmelabschlüssen. Die Stulpenhandschuhe können mangels „Verzurrmöglichkeit“ an der Jacke nicht so eben anliegen wie bei Jacken mit verstellbaren Ärmelabschlüssen.

Pflege und Verschleiß

Ähnlich wie bei den Helmen beschrieben, können bei Feuerschutzkleidung verschiedene Defekte und Verschleißerscheinungen auftreten. Auch diese sind vorrangig durch Hitzebeaufschlagung oder durch mechanische Beanspruchung (beispielsweise sich öffnende Nähte, defekte Reißverschlüsse oder dergleichen) verursacht.

In diesem Zusammenhang ist positiv hervorzuheben, dass die meisten aktuellen Feuerschutzjacken über Revisionsöffnungen verfügen. Dies ermöglicht die Reparatur des Oberstoffs der Jacke, ohne dass die zwischen Oberstoff und Innenfutter liegende Membran zerstört wird, sowie eine Kontrolle des Zustandes der Jacke im Innern. Auch hier bietet sich neben der Beachtung der Bedienungsanleitung des Herstellers eine regelmäßige Sichtprüfung an.

Relevant bei der Feuerschutzkleidung ist auch die Anzahl der Wäschen bis zum Verschleiß bzw. zur Aussonderung, die herstellerseitig unterschiedlich angegeben wird. Es lohnt sich, hier die Angaben der Hersteller genau miteinander zu vergleichen und ggf.

Abb. 55: Abgerissene Naht an einer Bergeschlaufe im Schulterbereich. Der damit gezogene Feuerwehrangehörige wiegt weniger als das üblicherweise angenommene Standardgewicht von 75 kg ohne PSA. (Foto: Fabrizio)

auch eigene Versuche mit einer bestimmten Anzahl von Wäschen unterschiedlicher Schutzkleidungsmodelle durchzuführen und im Anschluss deren Zustand miteinander zu vergleichen.

3.1.3.2 Form und Schnitt

Seit Einführung der DIN EN 469:2005 schwenken viele Feuerwehren auf Einsatzbekleidung nach dieser Norm um. Wie oben beschrieben, macht die DIN EN 469 keine Vorgabe bezüglich des Schnitts von Einsatzjacke und -hose. Was genau „das Richtige" ist, ist oftmals eine Frage des persönlichen Geschmacks. Achten Sie jedoch auf Folgendes:

■ Jacken- und Hosenlänge

In der (Maßtabelle zur) HuPF 1 sind die Jackenlängen vorgegeben, es gibt allerdings lediglich drei Längen: 98 cm für normale Größen, 94 cm für Kurzgrößen und 102 cm für Langgrößen. Vorteil dieser Festlegung ist, dass die Jacken aller Hersteller bzgl. der Passform vergleichbar sind.

Lediglich in der HuPF, Teile 1–3, ist eine Maßtabelle vorgegeben, welche von den Herstellern einzuhalten ist. Bei allen anderen Normen ist dies nicht der Fall, die Größeneinteilung legt der Hersteller selbst fest! Es kann vorkommen, dass bei den jeweiligen Größen zwischen den Herstellern deutliche Unterschiede auftreten. In diesem Fall sollten Sie auf jeden Fall die benötigten Größen mittels Anprobesatz feststellen.

Insgesamt fällt bei einer Rückenlänge von 98 cm die Jacke jedoch ziemlich lang aus, was oftmals als nachteilig und unbequem empfunden wird. Insbesondere in gebückter Haltung (z.B. Seitenkriechgang) ist es kaum möglich, die Jacke komplett geschlossen zu halten, weshalb üblicherweise der unten angebrachte Druckknopf bzw. Klettverschluss geöffnet wird (und dadurch seine Funktion eines Verschlusses komplett verliert). Weiterhin „zieht" beim Bücken die Hose über das Gesäß.

Einige Feuerwehren sind deshalb dazu übergegangen kürzere Jacken zu beschaffen, welche diesen Nachteil nicht aufweisen. Wichtig hierbei ist:

Tragen Sie die Einsatzjacke immer mit der dazu vom Hersteller vorgesehenen Einsatzhose! Es ist nach DIN EN 469 nicht möglich, lediglich eine Jacke oder Hose zu haben, da die DIN EN 469 den Schutz des gesamten Körpers mit Ausnahme von Kopf, Händen und Füßen vorsieht. Deshalb wird eine bestimmte Einsatzjacke immer mit einer (oder mehreren) bestimmten Einsatzhose(n) (und umgekehrt) geprüft. Es gibt ältere Einsatzhosen, die lediglich bis in den Schritt mit einer Isolationslage ausgerüstet sind, in Verbindung mit einer langen Einsatzjacke (wie z.B. HuPF 1, Einsatzjacke 90 Baden-Württemberg oder Einsatzüberjacke Niedersachsen) ist das auch völlig ausreichend. Wenn Sie solch eine Hose nun mit einer kurzgeschnittenen Jacke tragen, kann es vorkommen, dass – speziell bei gebückter Haltung – zwischen Jacke und Hose eine Lücke in der Isolation auftritt!

Abb. 56 und 57: Sich öffnender Druckknopf bei einer HuPF-1/4-Kombination bei Beugebewegungen mit dem Oberschenkel (links). (Foto: Fabrizio). Jacken mit langem Schnitt sind in bestimmten Einsatzsituationen hinderlich. Im gezeigten Fall wäre ein Flammenunterschlag bis an den Hosenbund möglich (rechts). (Foto: Pannier)

Abb. 58 und 59: Jacke mit kurzem Schnitt. Achten Sie auf den Unterschied zur langgeschnittenen Jacke dahinter (links). (Foto: Pannier). Jacke mit kurzem Schnitt. Ausreichende Überdeckung zwischen Jacke und Hose auch durch heruntergezogenes Rückenteil der Jacke (rechts). (Foto: Fabrizio)

Abb. 60 und 61: Weit nach oben gezogene Hosen zur Herstellung einer ausreichenden Überdeckung in Verbindung mit kurz geschnittenen Jacken. (Fotos: Fabrizio).

■ Ärmelkonstruktion

Achten Sie darauf, dass beim Anheben der Arme die Einsatzjacke nicht (oder nur minimal) nach oben rutscht. Dies kann konstruktionsseitig z.B. durch einen Raglanschnitt (beim Raglanschnitt geht das Oberteil des Ärmels bis an die Kragennaht, es gibt also keine Naht an der Außenseite der Schulter[1]) oder durch das Einsetzen von Keilen im Achselbereich erreicht werden.

■ Ergonomische Schnitte

Viele Hersteller bieten mittlerweile Feuerwehrschutzanzüge mit besonders ergonomisch angepassten Schnitten an, beispielsweise Dehnfalten im Rückenbereich, vorgeformte Ellenbogen- und Kniekonstruktionen, oder gänzlich ungewohnte Schnittführungen. Diese Anzüge weisen im Regelfall einen besseren Tragekomfort auf, sind aber in der Regel – aufgrund der aufwendigeren Verarbeitung – deutlich teurer als solche mit einfachen Schnitten, wie dies beispielsweise bei der HuPF der Fall ist.

Der beste ergonomische Schnitt ist nutzlos, wenn Jacke und Hose die falsche Größe haben! Ein zu kleiner (zu kurz und oder zu eng) oder zu großer (zu lang und/oder zu weit) Schutzanzug ist nicht nur unbequem und kann z.B. auch eine Stolperfalle sein, sondern weist im schlimmsten Fall eine verminderte Schutzwirkung auf! Die benötigte Konfektionsgröße ergibt sich einzig aus der Statur des Feuerwehrangehörigen und nicht aus dem, was gerade noch in der Kleiderkammer vorrätig ist!

Das bedeutet zwangsläufig, dass z.B. bei Änderungen der Körperform (z.B. Wuchs beim Jugendlichen hin zum Erwachsenen bzw. mehr/weniger Bauchumfang im Laufe des Lebens) die Kleidung ggf. anzupassen ist.

3.1.3.3 Materialaufbau

Moderne Feuerwehrschutzkleidung ist heute immer mehrlagig aufgebaut und besteht in der Regel aus Oberstoff, Nässesperre, Isolationslage und Innenfutter. In den letzten Jahren hat hier eine

[1] Das hat auch noch den Vorteil, dass beim Tragen von Lasten auf der Schulter und bei der Begurtung von PA dort weniger Druckstellen entstehen können.

immense Weiterentwicklung stattgefunden. Das Ziel ist hier weniger ein immer besserer (thermischer) Schutz als vielmehr ein geringeres Gewicht bei gleichbleibendem (thermischen) Schutz. In der Folge besteht moderne Schutzkleidung nach DIN EN 469, Leistungsstufe 2 nicht notwendigerweise aus den vier genannten Lagen, sondern kann zwischen zwei und fünf Lagen aufweisen, insbesondere wenn einzelne Lagen kombinierte Eigenschaften aufweisen. Betrug vor ca. 15 Jahren das Gewicht einer Schutzkleidung nicht selten bis zu 700 g/m^2, so sind heute Flächengewichte von unter 500 g/m^2 bei gleichem Schutzniveau möglich und am Markt erhältlich. Das heißt, moderne Schutzbekleidung kann bis zu rund ⅓ leichter sein als noch vor einigen Jahren.

Im Regelfall werden zwei verschiedene Konstruktionsvarianten verwendet, die Linerkonstruktion und die (Oberstoff-)Laminatkonstruktion. Bei der Linerkonstruktion hängt die Nässesperre lose zwischen Oberstoff und Isolationslage, beim Oberstofflaminat hingegen ist die Nässesperre auf die Innenseite des Oberstoffs auflaminiert (verklebt). Letzteres bietet den Vorteil eines geringeren Gewichts, nachteilig ist hingegen, dass beim Oberstofflaminat jede einzelne Naht gegen Wasserdurchtritt versiegelt werden muss, was einerseits produktionstechnisch aufwendig und teuer ist und andererseits einen potenziellen Schwachpunkt, speziell nach vielen Wäschen, darstellt, da sich die Nahtversiegelungen lösen können und die Naht dadurch wasserdurchlässig wird. Oberstofflaminate wurden beispielsweise bei der Einsatzjacke 90 Baden-Württemberg und der Einsatzüberjacke Niedersachsen verwendet. Die HuPF hingegen sah grundsätzlich eine Linerkonstruktion vor. In Deutschland wie auch international hat sich letztere durchgesetzt.

Als Oberstoffe werden in Feuerwehrschutzkleidung nach DIN EN 469 prinzipiell solche aus inhärent flammfesten Kunstfasern eingesetzt, d.h. die flammfeste Eigenschaft ist eine Charakteristik der Faser und bleibt über die komplette Lebensdauer erhalten. Gängige Fasertypen sind die Meta-Aramide Nomex® und Teijinconex®, Polyamid-Imide (Markenname Kermel®) sowie Polybenzimidazole (PBI®), seltener kommen Melamine (Markenname Basofil®) oder Polybenzobisoxazol (PBO, Markenname Zylon®) zum Einsatz. Diese Fasern werden üblicherweise mit Para-Aramiden (Markennamen Kevlar®, Twaron®, Technora®) in unterschiedlichen Verhältnissen gemischt. Das Para-Aramid dient hier der mechanischen Stabilität (Reißfestigkeit, Weiterreißfestigkeit,

Festigkeit gegen Aufbrechen nach Beflammung). Die Fasern werden als Gewebe unter verschiedenen Bezeichnungen und Gewichten (typisch sind Flächengewichte zwischen 180 und 260 g/m^2) angeboten.

Als Nässesperren werden mittlerweile fast ausschließlich Membranen aus PTFE (Polytetrafluorethylen), PUR (Polyurethan) oder PES (Polyester) verwendet, die üblicherweise entweder auf mikroporöser oder hydrophil/hydrophober Wirkweise basieren. Mikroporöse Membranen besitzen winzige Öffnungen, die zwar groß genug sind, um Wasserdampf von der Innenseite auf die Außenseite entweichen zu lassen, jedoch zu klein sind, um Wassertropfen von außen nach innen durchzulassen. Bekannte mikroporöse Membranen (auf PTFE-Basis) sind die Produkte der Firmen W.L. Gore (Gore-Tex®) bzw. Stedfast (STEDAIR®). Hydrophile/hydrophobe Membranen hingegen sind komplett geschlossen. Sie funktionieren, indem die hydrophil ausgerüstete Innenseite der Membran Wasserdampf in einem chemisch-physikalischen Prozess entlang der Molekülketten nach außen transportiert, wo er dann verdunstet. Umgekehrt verhindert eine hydrophob (wasserabweisend) ausgerüstete Außenschicht, dass Wasser von außen nach innen eindringen kann. Ein Beispiel für eine hydrophil/hydrophob funktionierende Membran ist Sympatex®.

Als Isolationslage werden üblicherweise nadel- oder wasserstrahlverfestigte Vliese aus Aramiden oder Aramid-/Viskose-FR-Mischungen verwendet. Diese werden einlagig, manchmal auch zweilagig, verwendet. Seit einigen Jahren sind auch kombinierte Hitze- und Nässesperren erhältlich, die auf der Abstandhaltertechnik beruhen (z.B. Gore-Tex Airlock®, LION PUDOTS®, Stedfast STEDAIR® 3000d). Durch auf die Nässesperre aufgebrachte Abstandhalter entsteht, je nach Einbaurichtung zwischen Oberstoff und Nässesperre oder zwischen Nässesperre und Innenfutter, eine Luftschicht, welche ähnlich dem Prinzip der Doppelverglasung eine thermische Isolation bietet. Dadurch kann eine separate Isolationslage entweder entfallen oder dünner ausfallen und somit kann ein Gewichtsvorteil erzielt werden.

Das Innenfutter bildet die innerste Lage der Einsatzbekleidung und besteht oftmals aus einem Gewebe aus Aramid oder einer Aramid-/Viskose-FR-Mischung. Ein höherer Viskoseanteil soll hier einen schnelleren Schweißtransport weg von der Haut ermöglichen.

Insgesamt gibt es mittlerweile eine kaum noch zu überschauende Anzahl an Kombinationen von Oberstoff, Nässesperre, Isolationslage und Innenfutter. Grundsätzlich erfüllen alle die Anforderungen an DIN EN 469, überwiegend der Leistungsstufe 2. Während günstige Überbekleidung die Anforderungen der Norm manchmal gerade so erfüllt, können bessere (und damit teurere) Materialkombinationen erheblich bessere Leistungen als die in DIN EN 469 geforderten erreichen. Dies gilt sowohl für den thermischen Schutz als auch für den Wasserdampfdurchgangswiderstand, die mechanischen Eigenschaften des Oberstoffs und/oder das Gewicht der Gesamtkonstruktion.

3.1.4 Überhosen

Überhosen bilden gemeinsam mit den entsprechenden Überjacken den Feuerwehrschutzanzug für die Verwendung bei der Brandbekämpfung auch im Innenangriff. Hierbei ist, wie in den voranstehenden Ausführungen erkennbar, eine ausreichende Überdeckung der beiden Bestandteile normativ vorgeschrieben, um etwaige freiliegende, ungeschützte Stellen zu vermeiden. Alternativ kann auch ein einteiliger Schutzanzug verwendet werden (s. Kap. 3.1.5), im deutschsprachigen Raum sind jedoch die zweiteiligen Varianten aus Jacke und Hose weitaus häufiger anzutreffen.

Überhosen für die Brandbekämpfung sollten gemeinsam mit der zugehörigen Jacke der DIN EN 469 entsprechen.

Bei Verwendung von Überhosen nach HuPF ist zu beachten, dass dort zwei verschiedene Ausführungen beschrieben sind. Hosen nach HuPF 4a bedürfen einer darunter getragenen einlagigen Hose nach HuPF 2, um einen vollen Schutz im Innenangriff zu gewährleisten. Überhosen nach HuPF 4b hingegen weisen eine verstärkte Isolationslage auf und benötigen keine zusätzliche Hose nach HuPF 2.

Hintergrund dieser Differenzierung sind die beiden Hauptanwendungsgruppen hauptamtliche Einsatzkräfte (mit Tagesdienstkleidung, über die die Brandschutzkleidung gezogen wird) und ehrenamtliches Personal, bei dem üblicherweise nicht von einer darunter getragenen HuPF-2-Hose ausgegangen werden kann.

Viele der im Unterkapitel zu den Brandschutzjacken (s. Kap. 3.1.3) beschriebenen Merkmale und Eigenschaften lassen sich auch auf die Überhosen übertragen. Die nachfolgend beschriebenen Sachverhalte sind jedoch vorrangig für die Überhosen zutreffend.

■ Verstärkungen, Polsterungen und Knieschutz

Bei vielen Modellen von Überhosen finden sich Polsterungen im Kniebereich. Diese dienen zum Schutz des Knies beispielsweise bei „bodennaher" Vorgehensweise im Innenangriff und setzen sich zumeist aus einem äußeren Abriebschutz und einer inneren Polsterung zusammen. Je nach Größenverhältnissen von Einsatzkraft und Ausführung der Überhose ist der vorhandene Knieschutz bei an sich korrekter Konfektionsgröße zu tief angebracht.

Dies erstaunt insbesondere, weil in diesen Fällen die Raumverhältnisse auf der Hose konstruktiv erlauben würden, den Knieschutz weiter oben zu platzieren. Bei manchen Hosenmodellen fällt auf, dass bei der Bewegung im Seitenkriechgang die obere Hälfte des Knies jeweils ungeschützt ist und dementsprechend dort eine unnötig hohe Verletzungsgefahr vorliegt. Unnötig deshalb, weil – wie bereits geschrieben – eine höhere Anbringung des Kniepolsters möglich wäre.

Darüber hinaus ist bei verschiedenen Produkten der Knieschutz schlicht zu klein. Da dies jedoch nicht bei allen am Markt erhältlichen Schutzkleidungen auftritt, scheint dies keine grundsätzliche technische Notwendigkeit darzustellen. Weiterhin ist auf eine ausreichende Dimensionierung nicht nur bezogen auf die flächenmäßige Ausdehnung des Knieschutzes zu achten, sondern

Abb. 62: Hose mit ausreichend hohem Knieschutz. (Foto: Fabrizio)

Abb. 63: Hose mit anatomisch vorgeformten und seitlich eingeschnittenem Knieschutz. (Foto: Fabrizio)

auch auf eine ausreichende Stärke, damit beim knienden Arbeiten eine gewisse Polsterung für die Einsatzkräfte vorhanden ist.

Durchgreiftaschen

Für die meisten Überhosen (unabhängig davon, ob die Ausführung der HuPF entspricht oder nicht) sind zwischenzeitlich sogenannte Durchgreiftaschen erhältlich. Diese dienen dazu, dass die unter der Feuerschutzkleidung getragenen Hosen bzw. deren Taschen erreicht werden können, ohne die Feuerschutzhose ausziehen zu müssen. Relevant ist dies insbesondere für die Überhosen bei Feuerwehren, bei denen standardmäßig Hosen mit einer bestimmten Schutzstufe darunter getragen werden. Klassische Beispiele hierfür finden sich bei vielen Berufs- und hauptamtlichen Feuerwehren, wo das Personal grundsätzlich mit leichter Tagdienstbekleidung (beispielsweise nach HuPF 2/3) ausgestattet ist und dann lediglich im Einsatzfall Überhosen (z.B. nach HuPF 4a) darüber gezogen werden.

Bezüglich der Tascheninhalte von Brandschutzkleidung im Allgemeinen sowie der darunter getragenen Hosen im Speziellen ist darauf zu achten, dass in der Einsatzkleidung grundsätzlich keine potenziell gefährlichen Gegenstände wie beispielsweise Feuerzeuge oder Mobilfunkgeräte mitgeführt werden sollten.

Sitz und Passform mit Feuerwehrstiefeln

Je nach Ausführung und Verstellbarkeit des Beinabschlusses kann sich eine unterschiedliche Kompatibilität der Hosen mit den verwendeten Stiefeln ergeben.

Teilweise fehlende Abschlussbündchen (und damit die grundsätzlich gegebene Hochrutschgefahr beim Vorgehen im Seitenkriechgang o.Ä.) sowie teilweise nicht optimale Passformen, insbesondere bei in den Stiefeln unter den Überhosen getragenen HuPF-2-Hosen, sollten genau untersucht werden, bevor eine Beschaffung eingeleitet wird.

Beinabschluss

Beim Beinabschluss einer Feuerschutzhose entsteht ein Zielkonflikt zwischen einfacher Anlegbarkeit der Hose einerseits und Dichtheit beziehungsweise Verhinderung des Hochrutschens bei Fortbewegung während des Innenangriffs, beispielsweise im Seitenkriechgang, andererseits. Eine am unteren Ende weite oder mit Erweiterungsmöglichkeiten (beispielsweise Klettregulierung (s. Abb. 64 und 65) oder Reißverschluss (s. Abb. 66)) ausgestattete Hose ermöglicht ein schnelleres Anlegen oder teilweise sogar ein Einsteigen mit bereits angezogenen Einsatzstiefeln. Damit die Hose jedoch während des Einsatzes dem Träger höchstmögliche Sicherheit bietet, sollte diese in Verbindung mit den Stiefeln den unteren Beinbereich dauerhaft bedecken und so vor Einwirkungen von außen schützen. Bei manchen Modellen ist die Überhose auf besonders schnellen Einstieg ausgelegt, ein durchgängiger Reißverschluss geht vom unteren Hosenende bis auf Kniehöhe. Somit lässt sich die Hose bei offenem Reißverschluss mit bereits angezogenen Schuhen/Einsatzstiefeln leicht darüber ziehen. Nachteilig ist bei dieser Lösung jedoch je nach Hosenmodell, dass die Überdeckung des Reißverschlusses mit einzelnen Klettpunk-

Abb. 64 und 65: Hose mit klettreguliertem Keil zur Weitenverstellung am Beinabschluss. (Fotos: Fabrizio)

ten ausgeführt sein kann, sodass der Klettverschluss schwerer (dauerhaft) geschlossen werden kann als bei einem durchgängigen Klettverschluss. Hinzu kommt, dass die Reißverschlüsse (ohne solide Überdeckung) immer auch als „Sollbruchstellen“ beim Schutz der jeweiligen Einsatzkraft fungieren können. Sie können sich beispielsweise aus Unachtsamkeit oder durch Materialversagen ungewollt öffnen oder auch als potenzielle Wasser(dampf)einlassstelle dienen.

Davon abgesehen kann der weite Schnitt bestimmter Hosen im Fußbereich in Kombination mit einem fehlenden Abschlussbündchen dazu führen, dass bei Bewegungen im (Seiten-)Kriechgang die Hose nach oben rutschen und so das Bein des Feuerwehrangehörigen frei liegen kann.

Wie bereits im Kapitel Überjacken grundsätzlich beschrieben, können Reißverschlüsse auch im Unterschenkelbereich eventuelle Schwachstellen einer Überbekleidung sein. Falls Schutzkleidungen mit Wasser und Wasserdampf beaufschlagt werden, können Reißverschlüsse im Beinbereich potenzielle Schwachstellen sein. Wasser kann ggf. eintreten und evtl. bis in die Stiefel der Einsatzkräfte weiterlaufen. So sind durch Wasserdampf und Wasser bei entsprechenden Temperaturen Verbrühungen der Unterschenkel und der Füße möglich.

Alternativ gibt es auch Varianten mit klettregulierten Weitenverstellungen an den Unterschenkeln (s.o.). Dies hat den Vorteil, dass bei jeder eingestellten Weite stets die volle Schutzwirkung der Hose zur Verfügung steht (auch gegenüber Wasser- und Wasserdampfbeaufschlagung). Selbst bei voller Öffnung des Kletts ist die Hose jedoch nicht weit genug, um ein Anlegen mit bereits angezogenen Stiefeln zu ermöglichen. Vorteile ergeben sich durch die Weitenverstellung dennoch, da ein besseres Herunterziehen der Hose über die Stiefel möglich ist als bei einer konventionel-

Abb. 66: Hose mit sehr weit hochgezogenem Reißverschluss und kurzen Klettstreifen zur Befestigung der Überdeckung. (Foto: Fabrizio)

Abb. 67: Hose und Stiefel müssen zueinander passen (Überdeckung!). Beim Verhindern des Hochrutschens helfen der richtige Schnitt, die richtige Einstellung der Träger und Bündchen bzw. Verschlüsse am Bein über den Stiefeln. Das Bild zeigt außerdem das Dilemma (Schnittschutzkleidung bietet i.d.R. keinen guten Schutz gegen Hitze/ Flammen) beim Vorgehen mit (Rettungs-) Kettensägen auf brennenden Objekten. Fragen zur Sicherheit (Absturzsicherung, Arbeiten über dem Feuer) sollen hier nicht weiter angesprochen werden. (Foto: Malareck, Berlin)

len Hose. Auch das Ausziehen der Hose beziehungsweise der Stiefel gestaltet sich mit der Erweiterungsmöglichkeit am unteren Hosenende einfacher. Insgesamt bietet so die klettregulierte Verstellung des Beinabschlusses einen guten Kompromiss aus guter Anlegbarkeit und hoher Sicherheit beziehungsweise Dichtheit.

3.1.5 Brandbekämpfungskombi

Im internationalen Umfeld, beispielsweise im angelsächsischen Sprachraum, sowie für bestimmte betriebliche Feuerwehren finden sich der EN 469 entsprechende Kombis zur Brandbekämpfung, also einteilige Schutzkleidung für die Verwendung im Innenangriff. Diese hat konstruktionsbedingt den Vorteil, dass ungeschützte Stellen zwischen Hose und Jacke nicht auftreten können und durch die bei einteiligen Schutzkleidungen nicht notwendige Überdeckung Jacke/Hose das Gewicht etwas geringer ausfällt. Bei der in Deutschland verbreiteten Verwendung von Schutzkleidung für unterschiedliche Einsatzszenarien (beispielsweise Brandbekämpfung im Innenangriff, technische Hilfeleistung etc.) sowie ggf. übereinander getragenen Schutzkleidungskomponenten (HuPF 2 als Tagesdiensthose mit einer darüber gezogenen HuPF-4a-Hose) weisen die Brandbekämpfungskombis jedoch gewisse Einschränkungen in der Flexibilität auf, sodass bisher deren Verbreitung im deutschsprachigen Raum für die Verwendung auch bei der Innenbrandbekämpfung eher gering ist (beispielhaft sei die Werkfeuerwehr BASF Ludwigshafen genannt, welche als Einsatzbekleidung seit Jahren ausschließlich einteilige Overalls trägt). Sie stellen jedoch eine normkonforme Variante der EN-469-Schutzkleidung dar.

3.1.6 Brandbekämpfungshandschuhe

Ergänzend zu den allgemeinen Ausführungen zu Handschuhen in Kapitel 2, finden sich an dieser Stelle noch einige Hinweise zu Handschuhen speziell für die Brandbekämpfung. Neben verschiedenen Anforderungen an die generelle Materialbeschaffenheit und -beständigkeit sowie mechanischen Merkmalen, finden sich in der DIN EN 659 „Feuerwehrschutzhandschuhe“ auch spezifische Normkriterien zur Eignung bei der Brandbekämpfung. Neben dem thermischen Schutz bei Wärmebeaufschlagung sind dies beispielsweise Anforderungen an das Schrumpfungsverhalten.

Handschuhe nach DIN EN 659 sind üblicherweise Fünf-Finger-Handschuhe aus Gewebe oder speziellem Leder (z.B. Rind- oder Elchleder) mit Verstärkungen an verschiedenen Stellen (beispielsweise Handrücken, Puls) sowie mit Strickbund oder Stulpen. Mit dem dicht anliegenden Strickbund oder mit dem die Jacke weit überlappenden Stulpen soll sichergestellt werden, dass der Unterarmbereich vor direkter Hitzeeinwirkung geschützt ist und keine freien Stellen auftreten. In diesem Zusammenhang ist zu beachten, dass nicht alle Jackenmodelle nach DIN EN 469 gleich gut mit Strickbund- bzw. Stulpenhandschuhen harmonieren. Hierfür bietet es sich ebenfalls an, Tragetests durchzuführen, um die Kompatibilität ermitteln zu können.

Schutzhandschuhe sollten so gearbeitet sein, dass sie über ein Innenfutter verfügen, um zusammen mit dem schwer entflammbaren Außengewebe eine isolierende Luftschicht zu schaffen. Dieser „Innenhandschuh" muss so mit dem Rest des Handschuhs verbunden sein, dass er sich auch dann nicht aus diesem herauszieht, wenn man die verschwitzte bzw. nasse Hand aus dem Handschuh zieht, um z.B. eine Tür abzufühlen.

Luftpolster bzw. „Materialwürste" an den Fingerknöcheln verhindern, dass sich das Luftpolster des Handschuhs dort beim Schließen der Hände zusammendrückt und dadurch an dieser Stelle sofort die Hitze durchschlägt.

Außerdem ist zu unterscheiden, ob die Handschuhe „flach" genäht sind, also zwei Teile (Ober- und Unterteil) und eine Naht pro Finger, oder als „Kasten" – vier Teile (Ober-, Unter- und Seitenteile)

Abb. 68: Verschiedene Feuerwehrschutzhandschuhe wie sie seit Jahren im Markt zu finden sind. (Foto: Cimolino)

Abb. 69: Handschuhe aus Elchleder mit „Materialwürsten" an den Fingerknöcheln. (Foto: Alwit)

und mindestens zwei Nähte pro Finger. Letztere haben i.d.R. eine bessere Passform und bieten mehr Luftpolster für den Temperaturschutz.

3.1.7 Stiefel und Schuhe

Auch bei den Stiefeln bzw. Schuhen im Brandeinsatz sei auf die generellen Ausführungen im Kapitel 2 hingewiesen. Im Zusammenhang mit Brandbekämpfungsbekleidung ist darauf hinzuweisen, dass Schnürstiefel bei richtigem Abstimmen auf den jeweiligen Fuß zwar im Vergleich zu Schaftstiefeln einen verbesserten Tragekomfort und ggf. auch erhöhten Umknickschutz bieten können, die Handhabung des Reißverschlusses mit den vergleichsweise dicken und eng am Stiefel anliegenden Überhosen jedoch erhöhte Aufmerksamkeit benötigt. Durch große Zugbänder an den Schließern des Reißverschlusses lässt sich hier zwar in gewissem Rahmen Abhilfe schaffen, es bietet sich jedoch auch hier an, vor einer Beschaffung die beiden Komponenten Stiefel und Überhose miteinander zu testen und verschiedene Varianten auszuprobieren.

Neben den allgemeinen Anforderungen der DIN EN 15090 ist auch darauf zu achten, dass die Stiefel für den Innenangriff auch über einen erhöhten Abriebschutz an der Stiefelkante bzw. Stiefelspitze verfügen. Insbesondere wenn im Seitenkriechgang vorgegangen

Abb. 70 und 71: Schnür- und Schaftstiefel mit Abriebschutz an der Stiefelspitze (Fotos: Gall'sINC und Haix)

wird oder im Bereich der THL relativ viel auch knieend gearbeitet werden muss, gibt es erhöhte mechanische Belastungen am Stiefel, denen mit einem derartigen Schutz vorgebeugt werden kann.

3.1.8 Helm-Masken-Kombinationen

Helm-Masken-Kombinationen werden häufig in Kombination mit Typ-B-Helmen und umluftunabhängigen Atemschutzgeräten in Überdrucktechnik verwendet. Neben einigen Vorteilen bei der Handhabung weisen die meisten Helm-Masken-Kombinationen wesentliche sicherheitsrelevante Nachteile auf. Die Vor- und Nachteile von Helm-Masken-Kombinationen werden in diesem Kapitel beschrieben.

Bei der Verwendung von Helm-Masken-Kombinationen ist es möglich, dass Einsatzkräfte ihre Maske an- und ablegen, ohne dazu ihren Feuerwehrhelm abnehmen und anschließend wieder aufsetzen zu müssen. Dadurch ergibt sich ein zeitlicher Vorteil, bis eine Einsatzkraft ihre Atemschutzmaske angelegt hat. Viele Feuerwehren mit Helm-Masken-Kombination nutzen diesen Vorteil, indem sie ihre Einsatzkräfte ohne angelegte Atemschutzmaske bis zur Rauchgrenze vorgehen lassen. Dadurch können die

Einsatzkräfte (verhältnismäßig) lange ohne ein eingeschränktes Sichtfeld arbeiten, was sich positiv auf das Unfallrisiko auswirkt. Außerdem können Sicherheitstrupps so am Verteiler bereitstehen, ohne während ihrer Einsatzbereitschaft durch den Totraum ihrer Atemschutzmasken und gegen den Druck ihrer Ausatemventile atmen zu müssen. Häufig wird jedoch vergessen, dass trotz der Möglichkeit des schnellen Anlegens eine Maskendichtprobe nicht entfallen darf, und es demnach eher hinderlich als förderlich ist, den Lungenautomaten bereits an die umgehängte Atemschutzmaske anzuschließen.

Der oben beschriebene zeitliche Vorteil besteht spätestens dann nicht mehr, wenn Einsatzkräfte eine Feuerschutzhaube verwenden. Diese bei einer Helm-Masken-Kombination anzulegen, ist nämlich äußerst kompliziert und zeitraubend: Zuerst muss die Feuerschutzhaube über den Kopf gezogen werden, ohne in den Dichtrahmen der Atemschutzmaske hineinzuragen. Dann wird der Feuerwehrhelm aufgesetzt und die Maske mit dem Helm ver-

Abb. 72: Helm-Masken-Kombination im Einsatz (Foto: Konjer, Nordhorn)

bunden. Anschließend muss die Feuerschutzhaube unter dem Helm bis zum Rand der Atemschutzmaske vorgezogen werden. Trotz dieses hohen Aufwands sollte man jedoch auf eine Feuerschutzhaube nicht verzichten.

Rein physikalisch gesehen kann die Maske einer Helm-Masken-Kombination mit zwei Spannhaken nicht so sicher und individuell am Kopf einer Einsatzkraft befestigt werden wie eine Spinnenmaske mit fünf Zugbändern.

Um bei den verschiedenen Gesichtsformen eine möglichst gute Anlage des Dichtrahmens zu erreichen, sollten bei Helm-Masken-Kombinationen unbedingt persönliche und entsprechend angepasste Helme sowie je nach Gesichtsform persönliche Masken (ggf. sogar von unterschiedlichen Herstellern!) verwendet werden. Generell gilt, dass eine Spinnenmaske mit fünf Zugbändern über die Breite der verschiedenen Gesichtsformen wesentlich besser und universeller abdichtet als eine an nur zwei Spannhaken gehaltene Maske einer Helm-Masken-Kombination. Auch das Gewicht von angeschlossenem Lungenautomat und Mitteldruckleitung wird von einer fünfbändigen Spinnenmaske besser gehalten als von einer Helm-Masken-Kombination.

Wenn man die Prozesse eines Gefahrguteinsatzes betrachtet, fällt zudem auf, dass – bei der Verwendung von Helm-Masken-Kombinationen – die Trupps im Dekontaminationsplatz grundsätzlich einen Feuerwehrhelm tragen müssen. Dadurch ist ein Überziehen der Kapuze der Form-II-Anzüge meist nicht möglich, es sei denn die Feuerwehr hält speziell für die Arbeiten im Dekontaminationsplatz Spinnenmasken auf ihren Gefahrgutfahrzeugen vor. Daneben entfällt bei der Verwendung von Helm-Masken-Kombinationen (z.B. im Strahlenschutzeinsatz) die Möglichkeit, eine etwaige Kontamination im Bereich des Kopfes durch Ablegen des Helmes zu beseitigen, ohne dazu den Atemanschluss abnehmen zu müssen.

Darüber hinaus sind (natürlich) auch wirtschaftliche Aspekte bei der Auswahl Persönlicher Schutzausrüstung zu berücksichtigen. Feuerwehren sollten bedenken, dass es bei der Verwendung von Helm-Masken-Kombinationen nicht so einfach ist, ein anderes Feuerwehrhelmmodell zu beschaffen oder ihre Atemschutztechnik umzustellen. Will eine Feuerwehr beispielsweise ein anderes

Abb. 73: Helmschale stößt gegen die Atemluftflasche, bei geöffnetem Kinnriemen besteht die Gefahr den Helm und die Maske zu verlieren. (Foto: Lange-Hegermann)

Helmmodell beschaffen, muss sie im Rahmen einer Gefährdungsbeurteilung prüfen, ob die Kombination des neuen Helms mit der alten Maske genügend Schutz gegen alle üblicherweise zu erwartenden Gefahren bietet, selbst keine größere Gefährdung mit sich bringt, den ergonomischen Anforderungen und den gesundheitlichen Erfordernissen der Beschäftigten entspricht und für die am Arbeitsplatz gegebenen Bedingungen grundsätzlich geeignet ist. Eine solche Gefährdungsbeurteilung zu erarbeiten ist äußerst aufwändig. Abgesehen davon dürfte es schwerfallen, Argumente dafür zu finden, dass die Kombination eines Helms vom Hersteller A mit einer Maske vom Hersteller B einen besseren Schutz bietet als eine Kombination, bei der sowohl die Maske als auch der Helm von nur einem Hersteller stammen. Immerhin wurde letztere Kombination für den gemeinsamen Einsatz entwickelt und zertifiziert. Mit einer Helm-Masken-Kombination bindet man sich daher in aller Regel an einen Hersteller und ist in der Auswahl der Persönlichen Schutzausrüstung bzw. der Atemschutztechnik nicht mehr so frei wie bei der Verwendung von Spinnenmasken.

Einsatzkräfte verzichten bei der Verwendung von Helm-Masken-Kombinationen häufig darauf, den Kinnriemen ihres Feuerwehrhelms zu schließen. Begründet wird dies meist mit der Bequemlichkeit der Einsatzkräfte („Ergonomie") oder mit sachlich falschen Argumenten („Abschnürungsgefahr durch den Kinnriemen"). Scheinbar wissen viele Einsatzkräfte nicht[1], dass es

[1] Es handelt sich hierbei um ein typisches Ausbildungsproblem bzw. Wissensdefizit aus dem Themenbereich „Richtige Trageweise von bzw. richtiger Umgang mit Persönlicher Schutzausrüstung".

nicht nur formell falsch ist, den Kinnriemen geöffnet zu lassen, zumal Helm-Masken-Kombinationen in der Regel mit einem geschlossenen Kinnriemen zertifiziert werden, sondern dass ese-benfalls ein großes Sicherheitsrisiko darstellt: Wenn Einsatzkräfte im verrauchten Bereich kriechend vorgehen und dabei die Rauchgasschicht beobachten oder sonstige Überkopfarbeiten durchführen wollen, können sie mit ihrer Helmschale gegen die Atemluftflasche ihres Atemschutzgeräts stoßen und somit unter Umständen ihren Helm (und mit diesem ihre Atemschutzmaske) vom Kopf hebeln! Nur mit einem geschlossenen Kinnriemen kann dieser Gefahr vorgebeugt werden. Bei der Verwendung von Spinnenmasken ist ein Verlust des Feuerwehrhelms hingegen für den Atemschutz praktisch unbedeutend, weil dieser nicht mit der Maske verbunden ist.

Darüber hinaus besteht bei Helm-Masken-Kombinationen das Risiko, dass die Maske nicht korrekt im Feuerwehrhelm eingehängt wird, dennoch zunächst hält und sich nachträglich aufgrund einer Erschütterung oder einer Berührung, beispielsweise mit einer Wand, im verrauchten Bereich vom Helm löst!

Aufmerksame Leser mögen nun anmerken, dass diesem Risiko doch organisatorisch vorgebeugt wird, indem die Einsatzkräfte gegenseitig den sicheren Sitz ihrer Atemschutzgeräte kontrollieren, wie es die Einsatzgrundsätze der Feuerwehrdienstvorschrift 7 vorsehen. Praxiserfahrene Einsatzkräfte, die ehrlich mit sich ins Gericht gehen, werden jedoch bestätigen, dass dieser Grundsatz leider nicht ausnahmslos bei jedem Einsatz Anwendung findet. Da (wie in Kap. 1.2 beschrieben) technische Schutzmaßnahmen organisatorischen Schutzmaßnahmen vorzuziehen sind, muss das Ergebnis einer Gefährdungsbeurteilung sein, von der Verwendung von Helm-Masken-Kombinationen abzusehen. Bei Spinnenmasken besteht das Risiko, die Maske falsch anzulegen und sie dadurch möglicherweise nachträglich zu verlieren, nämlich nicht: Ihre fünf Zugbänder müssen korrekt geschlossen sein, damit der Feuerwehrhelm überhaupt ohne Druckstellen aufgesetzt werden kann, und ein Verlust des Feuerwehrhelms führt nicht zwangsläufig auch zum Verlust der Atemschutzmaske! Einer Fehlbedienung, aufgrund derer die Atemschutzmaske im Einsatz abfallen kann, ist demnach bei der Verwendung von Spinnenmasken bereits technisch vorgebeugt!

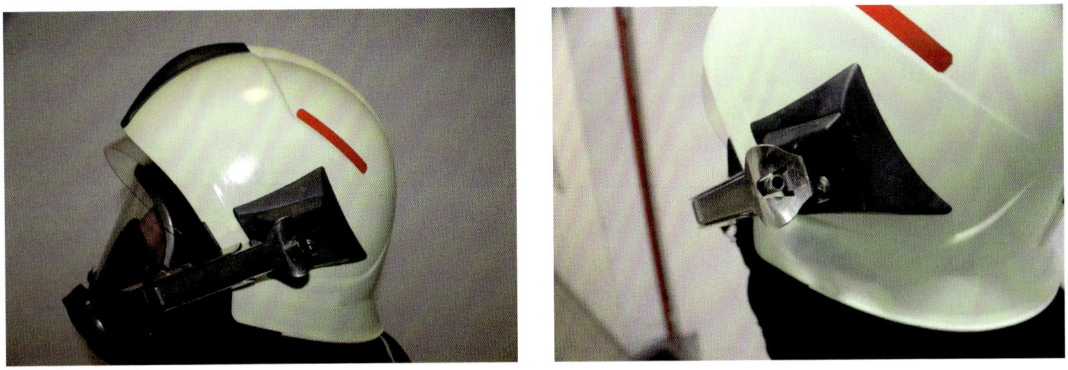

Abb. 74 und 75: Maske ist korrekt im Helm desselben Herstellers eingehakt. (Fotos: Lange-Hegermann)

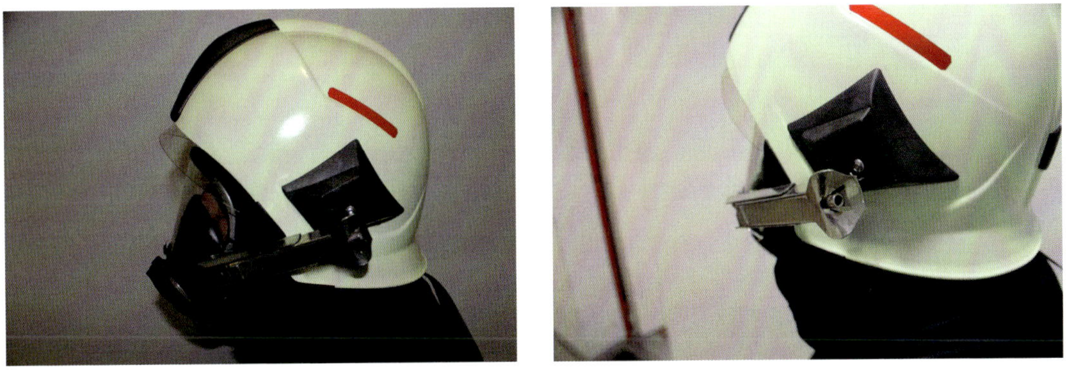

Abb. 76 und 77: Maske ist nicht sicher im Helm desselben Herstellers eingehakt. (Fotos: Lange-Hegermann)

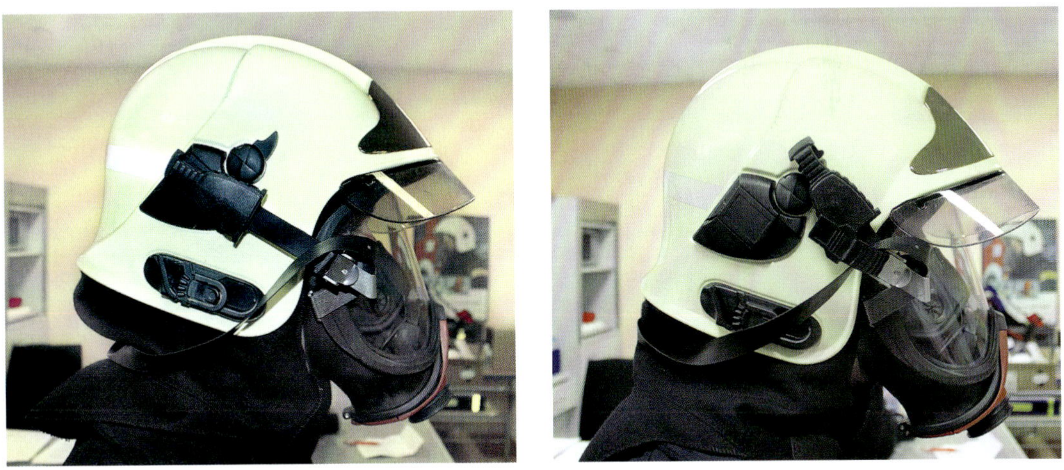

Abb. 78 und 79: Maske ist korrekt im Helm desselben Herstellers eingehakt (links). Maske ist nicht sicher im Helm desselben Herstellers eingehakt (rechts). (Fotos: Lange-Hegermann)

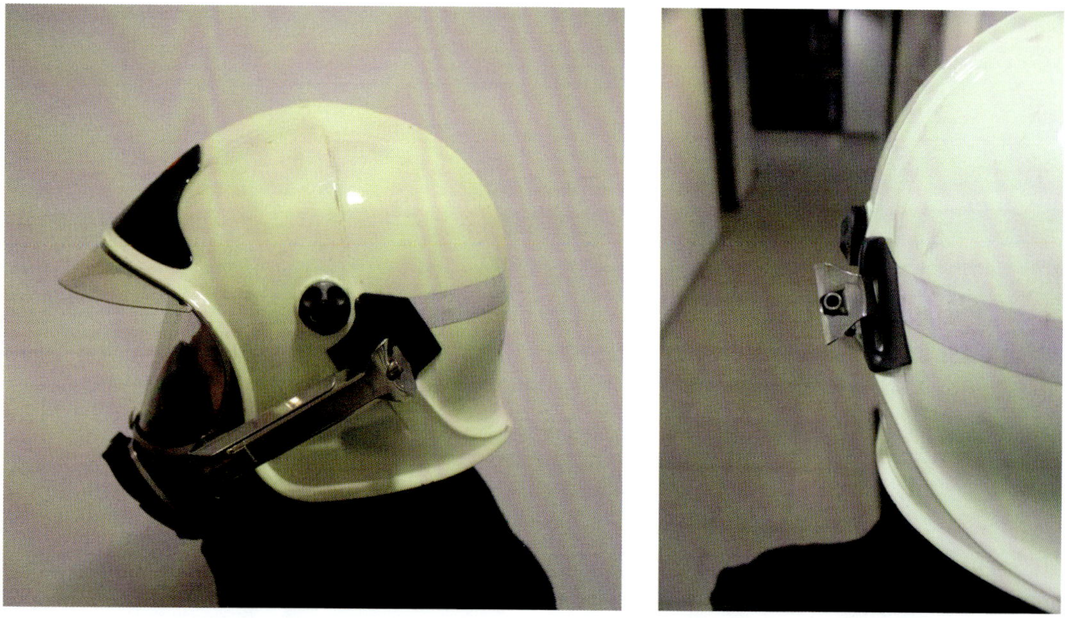

Abb. 80 und 81: Maske ist korrekt im Helm eines anderen Herstellers eingehakt. (Fotos: Lange-Hegermann)

Abb. 82 und 83: Maske ist nicht sicher im Helm eines anderen Herstellers eingehakt. (Fotos: Lange-Hegermann)

3.2 Persönliche Schutzausrüstung für die Technische Hilfeleistung und zur Vegetationsbrand-bekämpfung

3.2.1 Persönliche Schutzausrüstung für die Technische Hilfeleistung

Betrachtet man das Einsatzaufkommen, nicht nur der deutschen Feuerwehren, so fällt schnell auf, dass Einsätze der technischen Hilfeleistung in aller Regel ein Vielfaches derer zur Brandbekämpfung ausmachen. Gleichwohl gab es für diese, in aller Regel häufigste Einsatz, keine dedizierte Schutzausrüstung, es wurde (und wird) die Schutzausrüstung für die Brandbekämpfung (nicht selten der Leistungsstufe 2 nach EN 469) verwendet. Diese ist jedoch für völlig andere Anforderungen ausgelegt, was im Einsatzalltag zu unnötigen, ja zuweilen sogar gefährlichen Belastungen der Einsatzkräfte führt. Eine Brandschutzbekleidung der Leistungsstufe 2 nach EN 469 ist beispielsweise hinsichtlich ihrer thermischen Schutzwirkung so ausgelegt, dass ein Flashover überlebt werden kann. Das führt zwangsweise dazu, dass diese Schutzkleidung nicht optimal sein kann (und auch nicht ist) für z.B. die stundenlange technische Rettung bei Schwersteingeklemmten nach Verkehrsunfällen oder Gebäudeeinstürzen. Auf der anderen Seite fehlen ggf. notwendige Anforderungen an die Sichtbarkeit, die bei der Technischen Hilfeleistung notwendig, bei der Brandbekämpfung, speziell innerhalb von Gebäuden hingegen verzichtbar sind.

Seitens der europäischen Normung wurde ab 2017 mit EN 16689 „Schutzkleidung für Feuerwehrleute – Leistungsanforderungen für Schutzkleidung für Rettungseinsätze“ erstmals eine Norm für Schutzkleidung für die Technische Hilfeleistung veröffentlicht. Sie dient dem Schutz gegen mechanische Risiken sowie begrenzte Hitze- und Feuereinwirkung und bietet gute Auffällig- und Sichtbarkeit.

Beachten Sie:

Schutzkleidung nach EN 16689 dient dem Schutz von Feuerwehrleuten bei Rettungseinätzen. Sie ist keine Bekleidung für Rettungsdienstmitarbeiter! Für letztere gibt es bis heute keine europäische Norm.

Die grundsätzlichen Leistungsmerkmale von Schutzkleidung nach EN 16689 entsprechen in etwa dem, was in Deutschland schon seit rd. 30 Jahren als HuPF 2 und HuPF 3 bekannt ist. Die bedeutendsten Unterschiede zu Bekleidung nach IIuPF 2 und HuPF 3 sind die Anforderungen hinsichtlich des Kontaktwärmedurchgangs (als dem Schutz vor Kontakt mit heißen Oberflächen) und der Forderung nach Sichtbarkeit entsprechend der Bekleidungsklasse 2 nach EN ISO 20471, was mehr Warn- und Reflexausstattung als bei einer Kombination aus HuPF 2 Hose und HuPF 3 Jacke erfordert. Zusätzlich soll Schutzkleidung nach EN 16689 „den Trä-

Abb. 84: THL-Schutzkleidung der Feuerwehr Düsseldorf. (Foto: Feuerwehr Düsseldorf)

ger gegen klimatische Bedingungen" schützen. Das ist zwar ein guter Ansatz, allerdings macht die Norm kaum Vorgaben, wie dies zu gewährleisten ist; eine Nässesperre ist beispielsweise nicht vorgesehen. Stattdessen kann die Bekleidung optional mit einem Schutz gegen blutgetragene Infektionserreger und/oder Schutz gegen die Durchdringung von Viren (was der Verwendung einer Nässesperre gleichkommt) ausgestattet werden.

Der Markt bietet mittlerweile eine gute Auswahl an funktioneller Schutzkleidung, die über die Anforderungen nach EN 16689 hinausgeht, beispielsweise Jacken mit abnehmbaren Kapuzen sowie Jacken und Hosen mit heraustrennbaren Warmfuttern.

Außerdem ist es möglich, PSA zu beschaffen, die sowohl die grundsätzlichen Anforderungen für die THL als auch für die Vegetationsbrandbekämpfung erfüllt.

3.2.2 Persönliche Schutzausrüstung zur Vegetationsbrandbekämpfung

Vgl. hierzu auch die SER Wald- und Flächenbrandbekämpfung, Cimolino/Südmersen, 2008–2019.

Die PSA muss die Einsatzkräfte beim Vegetationsbrand vor folgenden Gefahren schützen:

- Feuer und Rauch
  - Hitze durch Strahlungswärme
  - Glutpartikel durch Funkenflug
  - Flammen durch mitgerissene brennende Gase
- Mechanische Verletzungen
  - Vegetation (beim Gehen durch Buschwerk o.Ä.)
  - Umgang mit Werkzeugen (auch von anderen Einsatzkräften)

Die ideale Schutzkleidung zur Waldbrandbekämpfung – insbesondere für die am Feuer tätige Löschmannschaft – besteht aus zwei Lagen:

- eine enganliegende, den Körperschweiß weiterleitende Schicht, z.B. in Form von langer Baumwoll-Unterbekleidung
- eine flammhemmende Schicht z.B. nach DIN EN 15614:2007:09[1]

[1] Schutzkleidung für die Feuerwehr – Laborprüfverfahren und Leistungsanforderungen für Schutzkleidung für die Brandbekämpfung im freien Gelände.

Da dies (natürlich) nicht für die Kräfte im Ersteinsatz umsetzbar ist, eine unnötige körperliche Belastung der Einsatzkräfte aber zu vermeiden ist, reicht als Schutzkleidung bei dem ersten Löschangriff der übliche einlagige Feuerwehrschutzanzug gemäß FwDV 1 bzw. DGUV Vorschrift 49 § 14 (1) z.B. nach HuPF Teil 2 (Feuerwehrhose) und 3[1] (Feuerwehrjacke) bzw. DIN EN 469, Leistungsstufe 1 aus, vgl. DGUV, 2022.

Spezialisierte Einheiten für die Vegetationsbrandbekämpfung werden dagegen v.a. auf diese Lage angepasste Kleidung verwenden, wie sie z.B. in der DIN EN 15614:2007:09[2] beschrieben ist. Deren Hauptunterschied zur HuPF Teil 2 bzw. 3 besteht v.a. in Arm- bzw. Beinabschlüssen, die enger schließbar sind, sowie in einem hochstellbaren und verschließbaren Kragen, um ein Eindringen von brennbaren Gasen oder Funken bzw. Flammen zur blanken Haut vermeiden zu können.

Es ist mit wenig Aufwand und Anpassung der Leistungsbeschreibung für die HuPF-2- bzw. -3-Einsatzkleidung (vgl. Abb. 85 und 86) möglich, diese auch für die Anforderungen der Vegetationsbrandbekämpfung noch besser geeignet zu machen, indem z.B. die verstellbaren Arm- und Beinabschlüsse sowie ein verschließbarer Kragen gefordert werden.

Es wird sich aber erfahrungsgemäß nicht verhindern lassen, dass Einsatzkräfte sich aus „gutem Willen" oder weil sie nichts anderes (dabei) haben, mit Feuerwehrüberjacke und -überhose (z.B. HuPF Teil 1 und 4, EN 469 Leistungsstufe 2 = PSA zur Brandbekämpfung im Innenangriff!) ausrüsten.

Diese Einsatzkräfte sollten schnellstmöglich abgelöst werden bzw. zumindest die Feuerwehrüberjacke gegen eine „normale" Einsatzjacke ausgetauscht werden. Das Weglassen jeglicher Oberbekleidung ist aber auch keine Lösung, weil hier z.B. schon leichter Funkenflug zu Verletzungen oder unkonzentrierten Handlungen führen kann!

Für bei Großbränden nachgeforderte oder spezialisierte überörtliche Einheiten empfiehlt es sich, die oben beschriebene Zweila-

[1] Es ist problemlos möglich, die Kleidung nach HuPF 2 bzw. 3 auch nach DIN EN 15614 auszulegen! (Zum Beispiel anpassbare Abschlussbündchen an den Hosenbeinen bzw. Ärmeln, hochstellbarer Kragen, der vorn verschließbar ist. Die übrigen Forderungen sind praktisch deckungsgleich.)

[2] Schutzkleidung für die Feuerwehr – Laborprüfverfahren und Leistungsanforderungen für Schutzkleidung für die Brandbekämpfung im freien Gelände.

Abb. 85 und 86: Feuerwehrjacke nach HuPF 3 mit verschließbaren Ärmelabschlüssen, hochgestelltenm und verschließbarem Kragen, Taschen mit Schutzpatten usw. wie sie auch die DIN EN 15614 vorsieht. (Fotos: Wolf, Bad Hersfeld)

gigkeit durch das Tragen langer Unterbekleidung in Verbund mit dem einlagigen Einsatzanzug zu erreichen.

Unterbinden Sie das vorsätzliche Benässen der Schutzkleidung wegen des möglichen Heißdampfdurchschlages!

Einsatzkräfte mit nasser PSA müssen sich vom Feuer zurückziehen, wenn das noch möglich ist! (vgl. UK NRW, 2025)

„Marscherleichterung“ ist möglich. Sie muss aber wohl überlegt (welches Risiko besteht an welcher Stelle?) und konkret (für wen, wo bzw. ab wann?) angeordnet sein.

Abb. 87 und 88: Zu viel Schutzausrüstung (links). (Foto: Nord-West-Media, Osnabrück). Und zu wenig Schutzkleidung, um in vorderster Front zu stehen (rechts). (Foto: Davidovic, Düsseldorf)

Augenschutz

Ein absolutes Muss in der Bekämpfung von größeren Wald- und Flächenbränden ist eine dicht schließende, beschlagfreie Schutzbrille, um die Augen vor Rauch, Funkenflug und Wärmestrahlung zu schützen. Viele der ohnehin vorhandenen THL- bzw. Rettungsdienst-Schutzbrillen sind hier immer noch besser geeignet als keinen Augenschutz zu verwenden.

Kopfschutz

Offene Hautpartien (z.B. Hals) sind i.d.R. besser durch eine Feuerschutzhaube als durch einen Nackenschutz am Helm zu schützen.

Für längere Einsätze empfiehlt es sich, einen möglichst leichten Helm mit Helmtuch (für den Schutz von Gesicht, Hals und Nacken) zu wählen. Dieser Helm muss natürlich nicht den gleichen Anforderungen wie ein Helm für den Innenangriff genügen. Umgekehrt darf ein entsprechender „leichter" Waldbrandhelm dann nicht für den Innenangriff genutzt werden!

Bereits im September 2012 wurde der Normentwurf zur DIN EN 16471, Feuerwehrhelme für Wald- und Flächenbrandbekämpfung, veröffentlicht und 2014 verabschiedet.

Atemschutz

Auch bei Vegetationsbränden entstehen Atemgifte. Es sind dies v.a. die in der vfdb-Richtlinie 10/03 bzw. für das Einsatzleiter-

Handbuch Feuerwehr (Cimolino, 2025) beschriebenen Stoffe der Tabelle 1:

Tab. 1: Entstehungsprodukte im Brandrauch. (Tabelle: Dr. Cimolino)

Brandstoffgruppe	**Brandphase**				**Kalte Brandstelle**
	Entstehungsbrand	**Vollbrand**	**Brandbekämpfung**	**Nachlösch- und Abkühlungsphase**	
Cellulose (Holz, Papier, Zellstoffe)	CO_2, CO, H_2O	CO_2, CO, H_2O **Aldehyde**, Aromaten, PAK, Alkohole, Essigsäure, KW	CO_2, CO, H_2O **Aldehyde**, Aromaten, PAK, Alkohole, Essigsäure, KW	**Aldehyde**, Aromaten, PAK, Alkohole, Essigsäure, KW	(Aromaten), PAK

Der Einsatz von Atemschutz stellt eine außergewöhnlich hohe körperliche Belastung dar und wird bei lang andauernden Waldbrandeinsätzen nur kurz toleriert. In Verbindung mit einer dicht schließenden Brille ist eine Staubschutzmaske FFP 2 meistens ausreichend. Aus den USA und Kanada sind spezielle, in den Gesichtsschutz integrierte Partikelfilter für die Waldbrandbekämpfung bekannt.

Die Mitnahme eines Atemanschlusses mit „Feuerwehr"- bzw. A2B2E2K2-P3-Filter als Fluchtgerät ist je nach Lage ggf. sinnvoll. Als Einsatzgerät ist dafür die Atemschutztauglichkeit entsprechend G 26.2 erforderlich.

Pressluftatmer sollten nur dann verwendet werden, wenn gar nichts anderes zur Verfügung steht, aber der Einsatz von umluftunabhängigem Atemschutz geboten erscheint – dies kann beispielsweise der Fall sein, wenn zusammen mit der Vegetation auch noch andere Brandstoffe wie z.B. Müll verbrennen.

Häufig kann durch richtige Wahl der Einsatztaktik, der Aufstellung der Mannschaften am Feuer und die Ausnutzung der Wurfweiten (egal ob Sandwurf oder Wasserstrahl) der Löschwerkzeuge die Notwendigkeit zum Tragen von Atemschutz vermieden werden.

Verfügbar sollte Atemschutz aber bei Bedarf immer sein!

Schutzschuhe

Da die Böden in Wäldern oder Freiflächen generell uneben sind und immer die Gefahr des Umknickens besteht, empfiehlt sich die Verwendung von Schnürstiefeln. Diese müssen dann auch richtig geschnürt sein, nur so ist der Fuß enger umfasst und die Gefahr umzuknicken bzw. sich dabei zu verletzen, ist deutlich geringer! In bergigem oder felsigem Gelände kann es insbesondere für längere Anmarschwege bzw. stundenlanges Arbeiten besser und sicherer sein, Bergstiefel z.B. für Nachlöscharbeiten im Hang zu nutzen, als übliche Feuerwehrschutzstiefel. Hier sollte einsatzvorbereitend eine entsprechende Gefährdungsbeurteilung gefertigt werden.

Da man sich teilweise länger in verbrannten Bereichen mit heißen Böden bzw. Glutnestern aufhalten muss, ist darauf zu achten, dass die Schuhsohlen hitzebeständig und ausreichend befestigt sind. Achten Sie darauf, dass Schutzschuhe der Bundeswehr oder aus

Abb. 89: Für die Vegetationsbrandbekämpfung optimierte Schutzkleidung einer Löschmannschaft mit spezieller Zusatzausrüstung (hier Rucksack mit Getränk, Fire Shelter). (Foto: @fire)

dem Forst (z.B. von Unterstützungskräften von dort) i.d.R. nicht hitzebeständig sind!

Weitere Ausrüstungsgegenstände

Um sich gegenseitig bei plötzlich auftretenden Gefahren warnen zu können, sollte jede Einsatzkraft eine Signalpfeife mitführen.

Um eine Dehydrierung zu vermeiden, sollten Einsatzkräfte bis zu einen Liter Flüssigkeit[1] pro Stunde in mehreren kleinen Portionen trinken. Dafür sind Einsatzkräfte regelmäßig abzulösen oder aber mit Feldflaschen oder Trinksystemen auszustatten.

Darüber hinaus sollten den Einsatzkräften Sonnenschutzmittel und Insektenabwehrmittel zur Verfügung stehen. Bei Einsätzen in der Dämmerung oder in der Nacht sind einsatzkraftbezogene Beleuchtungsmittel (Helmlampe, Taschenlampe, Knickkopflampe o.Ä.) vorzusehen, um ein sicheres Arbeiten zu gewährleisten.

Abb. 90 und 91: Wenn Sie sich in Hängen oder gar Felsbereichen (wie hier) für Nachlöscharbeiten sichern bzw. abseilen müssen, stellen Sie sicher, dass im Verlauf des Seiles keine Glut liegt[2] und verwenden Sie möglichst temperaturbeständigere Seile. In entsprechend exponierten Lagen ist doppelte Sicherung anzustreben. (Fotos: Kögler, Ottendorf)

---

1 Mineralwasser, Apfelschorle, Tee o.Ä. – keinen Alkohol!

2 Hochbinden der Seile mit Zwischensicherungen ist eine Möglichkeit, allerdings kann auch am Stamm ein Glutnest sein oder das Seil in ein Glutnest durchhängen!

3.3 Persönliche Schutzausrüstung in der Absturzsicherung

Die übliche Persönliche Schutzausrüstung bestehend aus Feuerwehrschutzanzug, Feuerwehrhelm, Sicherheitsschuhwerk und Feuerwehrhandschuhen nach DGUV Vorschrift 49 § 14 (1) sollte für den Einsatz im Rahmen der Absturzsicherung[1] durch folgende Bestandteile ergänzt beziehungsweise modifiziert werden:

■ Kopfschutz/Helm

Nur in Ausnahmefällen kann ggf. in einer kritischen Einzelfallabwägung auf Helme verzichtet werden. Für sehr enge Bereiche könnte die Vorhaltung von einigen kleineren Helmen (z.B. aus dem Bergsteigerbedarf) sinnvoll sein, um dann nicht komplett auf einen Helm verzichten zu müssen, weil der Feuerwehrhelm zu „voluminös" ist.

Eine einfache und preiswerte Lösung ist hier ein Baustellenhelm mit Kinnriemen, alternativ ggf. auch ein Helm der Jugendfeuerwehr, wenn sonst nichts Passendes verfügbar ist.

Abb. 92: Berghelme, hier der Höhenretter Düsseldorf, sind schon spezialisierte und für die Absturzsicherung normalerweise zu aufwändige PSA. Sie können (natürlich) auch für den Patientenschutz verwendet werden (wird hier gerade angelegt). (Foto: Feuerwehr Düsseldorf)

■ Gesichts- und Augenschutz

Das Visier des Feuerwehrhelmes schützt das Gesicht vor herabfallenden bzw. umherfliegenden Teilen, Splittern und Funken.

1 Für die Höhenrettung gelten besondere Anforderungen. So wird hier der normale Feuerwehrschutzanzug i.d.R. durch einen Overall ersetzt, um beweglicher zu bleiben und weniger Punkte zu bieten, an denen man hängen bleiben kann. Die Höhenrettung wird hier nicht weiter behandelt (vgl. dazu „Absturzsicherung" im Rahmen der Buchreihe Einsatzpraxis, WERFT, 2009)!

Allerdings ist das Visier im unteren Gesichtsbereich offen, sodass trotz heruntergeklapptem Visier Splitter in das Auge gelangen können. Aus diesem Grund wird für Arbeiten mit schleifenden Werkzeugen (z.B. Trennschleifer) auch ein dichtschließender Schutz für die Augen gefordert. Dies könnte beispielsweise notwendig sein, wenn der Patient befreit werden muss (z.B. aus einem eingestürzten Gerüst).

Zur Ergänzung des Visiers sollten für den Angriffstrupp und den Patienten, ggf. auch für das Rettungsdienstpersonal, handelsübliche Schutzbrillen vorgehalten werden, wie sie z.B. auch in Laboren verwendet werden. Schutzbrillen stellen, ebenso wie Einmal-Schutzhandschuhe, Maßnahmen zum Infektionsschutz dar. Die Augen sind, ebenso wie offene Wunden, ein potenzieller Infektionsweg.

Einige Helmproduzenten sind aus dieser Erkenntnis heraus dazu übergegangen, Helme mit Schutzbrillen oder Augenschutzvisieren anzubieten.

Problematisch bei Visieren bzw. bestimmten Brillen ist auch, dass vor allem bei entsprechenden Witterungsverhältnissen das Visier sofort beschlägt. Dies birgt die Gefahr, dass der Gesichts- bzw. Augenschutz hochgeklappt und gar nicht getragen wird. Hier hilft die entsprechende Pflege mit Antibeschlagmitteln.[1]

Schutzhandschuhe

Für die technische Rettung – speziell die Absturzsicherung – müssen Schutzhandschuhe hauptsächlich zwei Funktionen besitzen: Erhaltung eines guten Tastgefühls bei Sicherstellung eines Schnittschutzes und Schutz vor Verbrennungen der Hände beim schnellen Durchgleiten des Kernmantel-Dynamikseiles im Falle eines Sturzes der gesicherten Einsatzkraft. Da Feuerwehr-Schutzhandschuhe aber mehrere Schutzziele haben – Brandbekämpfung, mechanischer Schutz, Nässeschutz – ist es schwierig, ein Universalprodukt herzustellen. Als Konsequenz muss man bei der Beschaffung von Schutzhandschuhen Prioritäten setzen oder für Brandbekämpfung und Hilfeleistung zwei Paar verschiedene Handschuhe beschaffen.

---

1 Um ein Beschlagen des Visiers zu verhindern, bietet sich ein Trick der Motorradfahrer an. Hierbei wird auf der Innenseite des Visiers dünn „Rei in der Tube" (oder auch andere „Spülmittel") aufgetragen. Die Wirkung basiert auf einer Reduktion der Oberflächenspannung des anfallenden Kondenswassers. Der Wasserfilm wird so knapp vor dem Auge nicht mehr störend wahrgenommen.

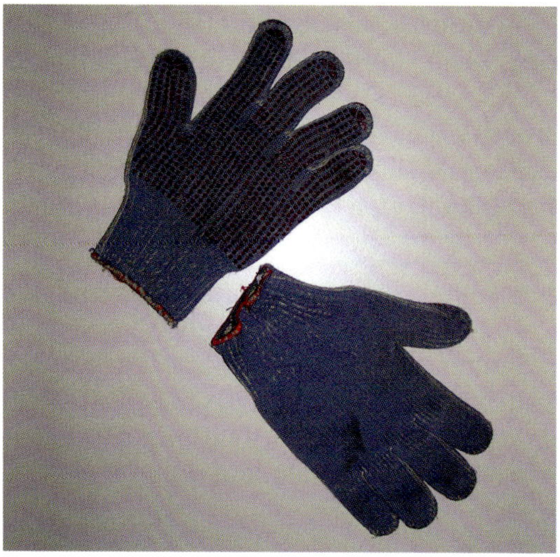

Abb. 93: Geeignete Schutzhandschuhe für die Absturzsicherung aus Kevlar-PA-Strickmischung. (Foto: Werft)

Bei der Absturzsicherung sind das Tastgefühl und die Beweglichkeit der Finger in den Handschuhen für das Arbeiten mit Seilen und Anschlagmitteln wie Karabinern von großer Bedeutung. Dazu kommt je nach Witterung auch noch ein gewisser Kälte- bzw. Nässeschutz als Wunsch.

Hierfür gibt es eine Vielzahl geeigneter Schutzhandschuhe, welche teilweise durchaus preisgünstig zu beschaffen sind. Ein Beispiel dafür sind Schutzhandschuhe aus einer Kevlar-Strickmischung, die von verschiedenen Herstellern angeboten werden. Diese Handschuhe können in dem Behältnis für die Absturzsicherung nach DIN 14800-17 gelagert werden und stehen dann bei Bedarf funktionsbezogen zur Verfügung.

Gurte

Bei der Beschaffung bzw. Vorhaltung von Gurten für die Absturzsicherung ist darauf zu achten, dass diese möglichst einfach anzulegen sind, insbesondere in Stresssituationen (nachts, schlechtes Wetter, mangelnde Übungspraxis etc.).

Dies erleichtert auch das Anlegen der Gurte durch dritte Personen (z.B. Rettungsdienstpersonal), wenn dies erforderlich ist.

Darum ist es hilfreich, wenn Gurte mit einfach zu bedienendem Schließmechanismus vorgehalten werden, wo möglicherweise bereits die Verschlüsse der Gurtbänder einer Körperseite verschlossen sind und nach dem Anziehen des Gurtes nur noch die

Größeneinstellung durch Anziehen der Gurtbänder durchgeführt werden muss.

Einfache Haltegurte

Der ehemalige „Feuerwehr-Sicherheitsgurt" nach ehemaliger DIN 14923 heißt seit langem schon Feuerwehr-Haltegurt nach DIN 14927[1] bzw. EN 358.

Haltegurte sind NUR dafür geeignet, sich statisch an einer Position zu sichern. Keinesfalls sind sie geeignet, einen Absturz aufzufangen!

Die auftretenden Belastungen sind im Falle eines Sturzes in den Gurt selbst bei der kurzen Seillänge des Halteseils im schlimmsten Fall (überstiegenes Halteseil) so groß, dass z.B. die Wirbelsäule schwer geschädigt werden kann.

Abb. 94: Anwendungsbeispiel für den Haltegurt. (Foto: Werft)

[1] Soweit noch Gurte nach DIN 14923 bzw. 14926 vorhanden sind, ist deren Aussonderung zu prüfen, weil sie das Ende ihrer Lebenszeit bzw. zulässigen Gebrauchszeit erreicht haben müssten, vgl. FUKBB, o.J.

■ Gurte für Absturzsicherung und für die Rettung aus Höhen und Tiefen sowie zugehörige Anschlagmittel

Die im Rahmen der Absturzsicherung sowie der Rettung aus Höhen und Tiefen verwendeten Auffanggurte werden im Rahmen der Buchreihe Einsatzpraxis in WERFT, Absturzsicherung, 2009, umfangreich zusammen mit den dazugehörigen Anschlagmitteln und Zubehör erläutert.

■ In PSA integrierte Gurte

In die PSA integrierte Gurte können nicht vergessen werden und sind immer verfügbar – sofern die PSA richtig angelegt ist (das gilt auch für darüber getragene Geräte, wie z.B. einen Pressluftatmer)!

Die Ideallösung wäre eine Kombination aus PSA, integrierter Absturzsicherung und Geräteträger (auch für PA). Das Grundsystem dafür wurde von CIMOLINO et al. schon 1997 vorgeschlagen. Mittlerweile gibt es einige verschiedene Teillösungen (integriert in PSA, integriert in PA-Begurtung) im Markt, da derartige Produkte v.a. in den USA viel verlangt werden.

Abb. 95: Selbstrettungssystem in PA-Begurtung. (Foto: Dr. Cimolino)

Allerdings haben diese Gurte in der PSA (Hose bzw. Jacke) folgende Nachteile:

- Größeres Gewicht der damit ausgestatteten Bekleidung, das dann immer (!) mitgetragen werden muss, auch wenn weder der Gurt noch diese Art der PSA für den jeweiligen Einsatz tatsächlich erforderlich ist.
- Deutlich höhere Kosten für die entsprechenden Teile.
- Deutlich höherer Aufwand bzw. Probleme bei der Reinigung (entweder müssen die Gurte entfernt werden, oder jedes Teil muss die Prozedur aushalten).
- Deutlich höherer Aufwand bzw. Probleme bei der Kontrolle und Geräteprüfung der Gurte.
- Austausch der Gurte nach anderen Fristen als die PSA (bzw. anderen Standzeiten), daher zwingt man sich hier in eine übergreifende Beschaffung (PSA passend zu den Gurten und umgekehrt). Steht nur ein Element davon nicht mehr zur Verfügung, scheitert das Gesamtsystem und alles müsste ersetzt werden.

Ähnliches gilt für die Zusatzausrüstung von Pressluftatmern. Hier wird die Begurtung des PA mitgenutzt, um einen Haltegurt bzw. ein Selbstrettungssystem zu implementieren. Der Vorteil gegenüber der Integration in die PSA (z.B. Jacke) liegt darin, dass das Zusatzgewicht nur dann mitgetragen werden muss, wenn ein PA getragen wird (dann allerdings immer).

Einfacher ist hier die Ausrüstung mit Bandschlinge (z.B. am PA; vgl. Cimolino et al., Atemschutz, 1999–2011).

Ein weiterer Fall aus diesem Bereich sind mitgeführte Abseilgeräte (z.B. statt einer Feuerwehrleine). Die Feuerwehr New York verwendet seit einiger Zeit Geräte der Firma Petzl, das EXO Escape System. Seit Anfang 2008 wird dieses Gerät auch in Deutschland vertrieben. Die Leine ist aus Kevlar, der Tragebeutel aus Nomex, die Temperaturfestigkeit wird bis 250 °C angegeben.

3.4 ABC-Schutz

Die Feuerwehrdienstvorschrift (FwDV) 500 „Einheiten im ABC-Einsatz“ wurde 2022 überarbeitet herausgegeben und unterscheidet nach wie vor drei Arten der Gefährdung von Personen durch Gefahrstoffe: Die Inkorporation, die Kontamination und die gefährliche Einwirkung von außen. Gleichzeitig legt sie für jede dieser Gefährdungsarten ein Schutzziel fest. So ist beispielsweise eine Inkorporation sicher auszuschließen oder eine Kontamination zu vermeiden bzw. zumindest so gering wie möglich zu halten.

Erreicht werden können diese Schutzziele durch das Tragen eines angemessenen Körperschutzes. Die FwDV 500 unterscheidet dazu den sogenannten Körperschutz:

- Form 1, welche lediglich vor einer Kontamination mit festen Stoffen und eingeschränkt vor Spritzern schützt, von der
- Form 2, die neben festen Stoffen bereits eingeschränkt vor Flüssigkeiten schützt und
- Form 3, welche einen umfassenden Schutz vor sowohl festen und flüssigen als auch gasförmigen Gefahrstoffen sicherstellt.

Welcher Körperschutz jeweils zu wählen ist, hängt u.a. davon ab, in welche Gefahrengruppe der Einsatz einzuordnen ist, oder ob noch Personen aus dem Gefahrenbereich zu retten sind oder nicht.

3.4.1 Körperschutz Form 1

Der Körperschutz Form 1 schützt laut FwDV 500 ausschließlich *„gegen eine Kontamination mit festen Stoffen und stellt einen eingeschränkten Spritzschutz dar“*. Sie besteht aus der Schutzkleidung zur Brandbekämpfung und einer *„Schutzhaube zur Abdeckung freier Stellen im Hals-/Kopfbereich“*. Sie stellt den Mindestschutz der Einsatzkräfte bei Einsätzen in den Gefahrengruppen II und III dar. Die Aussage der FwDV 500, dass eine Kontaminationsschutzhaube besonders geeignet ist, schließt nicht aus, dass auch mithilfe eines Hollandtuchs der Körperschutz Form 1 realisiert werden kann. Dies ist insbesondere dann der Fall, wenn das Risiko durch den Brand größer ist als durch die ggf. freiwerdenden ABC-Schadstoffe.

Kontaminationsschutzhauben gibt es in zwei Ausführungsformen:

- Ausführung a ist eine vollständige Haube mit Sichtfenster, die über dem Helm und der Atemschutzmaske getragen wird. Sie eignet sich v.a. für Helm-Masken-Kombinationen.

- Ausführung b ist lediglich ein Tuch mit einer Gesichtsmanschette aus Gummi und wird über der Maske aber unter dem Helm getragen. (Damit ist die Verwendung bei einer Helm-Masken-Kombination schwierig, mindestens aber zeitaufwendig bzw. je nach Masken- und Helmtyp sowie Haube bzw. Kopfform sogar unmöglich.)

Wesentlicher Vorteil der Ausführungsvariante a ist, dass die Haube den kompletten Kopf der Einsatzkraft inklusive des Atemanschlusses vor einer etwaigen Kontamination schützt. Als Nachteil ist die durch das Sichtfenster eingeschränkte Sicht zu werten. Hingegen ist die Sicht bei der Ausführungsvariante b nicht schlechter als bei jedem Atemschutzeinsatz auch. Hier kann es jedoch schneller zu einer „kritischen" Kontamination im Bereich der Gesichtsdichtmanschette des Anzugs bzw. der Atemschutzmaske kommen.

Da die Körperschutz Form 1 die Einsatzkräfte bei der Menschenrettung schützen soll und damit in einer sehr frühen Einsatzphase verwendet wird, sollte sie in ausreichender Zahl auf ersteintreffenden Fahrzeugen mitgeführt werden, also eher auf Hilfeleistungslöschfahrzeugen und nicht (ausschließlich) auf Abrollbehältern.

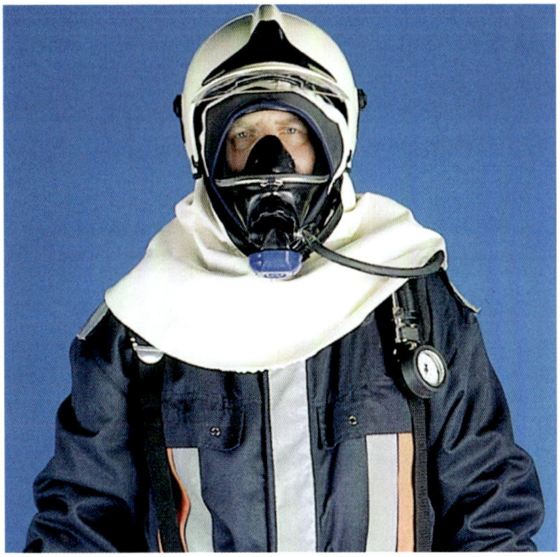

Abb. 96: Kontaminationsschutzhaube mit Gesichtsmanschette aus Gummi (Ausführungsform b).
(Foto: Albert Ziegler GmbH & Co. KG)

3.4.2 Körperschutz Form 2

Der Körperschutz Form 2 schützt ausschließlich gegen eine Kontamination mit festen und begrenzt auch mit flüssigen Stoffen. Schutzanzüge dieser Körperschutz Form sind nur eingeschränkt gasdicht, weshalb für den Anzugträger weiterhin die Gefahr der Kontamination und Inkorporation gegeben ist. Die FwDV 500 schlägt für A-Einsätze einen Kontaminationsschutzanzug, für B-Einsätze einen Infektionsschutzanzug und für C-Einsätze einen Flüssigkeitsschutzanzug vor.

Mit der Form 2 soll nach FwDV 500 bei Bedarf nach einer entsprechenden Gefährdungsbeurteilung eine flammhemmende Unterbekleidung (praktisch wäre das der Feuerwehrschutzanzug) darunter getragen werden.

■ Flüssigkeitsschutzanzug

Um die Leistungsfähigkeit angebotener Anzüge einschätzen zu können, lohnt sich ein Blick in die DIN EN 14605 „Schutzkleidung gegen flüssige Chemikalien“ (Overalls Typ 3 bzw. 4). Diese Norm legt die Mindestanforderungen für die beiden Subtypen fest:

- Typ 3: Flüssigkeitsdichte Kleidung
- Typ 4: Spraydichte Kleidung

Abb. 97: Flüssigkeitsschutzanzug im Einsatz in den 2000ern. (Foto: Feuerwehr Düsseldorf)

Laut der FwDV 500 können Chemikalienschutzanzüge nach Form 2 (also nicht gasdicht und nur beschränkt flüssigkeitsdicht) bereits eine angemessene Schutzkleidung für bestimmte ABC-Einsätze sein. Forderungen an die Beständigkeit dieser Anzüge werden jedoch weder in der FwDV 500 noch in den zuvor genannten Normen aufgestellt. Aktuelle Feuerwehrfahrzeugnormen gehen indes weiter. So sollen beispielsweise auf Hilfeleistungslöschfahrzeugen flüssigkeitsdichte Chemikalienschutzanzüge verlastet werden[1]. Zusätzlich forderten HLF-Normen schon seit mindestens 2011, dass die Anzüge eine „Beständigkeit von PVC" aufweisen müssen, dass das Material der Anzüge sowie die Nähte flüssigkeitsdicht sein müssen und dass die Anzüge als Overall mit Kapuze und elastischem Gesichtsausschnitt auszuführen sind (vgl. z.B. DIN 14530-27). Diese Anforderungen können eine Grundlage für die Beschaffung von Flüssigkeitsschutzanzügen bieten.

Infektionsschutzanzug

Mitunter fällt es schwer, den richtigen Körperschutz zu beschaffen. Die Verfasser vertreten die Meinung, dass nach Möglichkeit nicht für jede ABC-Einsatzlage und -tätigkeit ein spezieller Schutzanzug vorgehalten werden sollte. Vor allem wegen der geringen Fallzahlen sollte die Auswahl des richtigen Körperschutzes im Einsatz erleichtert werden, indem nur ein möglichst multifunktionaler Schutzanzug beschafft wird, der bei B- und bei C-Einsätzen sowohl im Gefahrenbereich als auch am Dekontaminationsplatz eingesetzt werden kann. Viele Feuerwehren verwenden daher ihren Flüssigkeitsschutzanzug ebenfalls als Infektionsschutzanzug, wozu lediglich die Übergänge zwischen dem Anzug und den Stiefeln bzw. den Handschuhen mit Klebeband abgedichtet werden müssen.

Anzüge der Körperschutz Form 2 bieten keinen vollständigen Schutz vor einer Kontamination mit Flüssigkeiten. Daher ist eine Nassdekontamination in der Regel nicht durchführbar. Flüssigkeits- und Infektionsschutzanzüge bieten darüber hinaus keinen hinreichenden Schutz vor den Einwirkungen eines Brandes. Für den Einsatz müssen diese Aspekte bei der Wahl der Körperschutzform unbedingt berücksichtigt werden.

[1] Diese bieten in den Augen des Verfassers einen besseren Schutz als spraydichte Anzüge.

Im Rettungsdienst werden häufig für die Fahrzeuge bzw. deren Besatzungen Infektionsschutzpakete vorgehalten. Diese bestehen i.d.R. aus

- Einmalschutzkleidung (Overall),
- stabileren Handschuhen,
- Augenschutz (dichtschließende Schutzbrille) und
- Filter, i.d.R. FFP3.

Oft werden auch derartige Pakete in größerem Umfang eingelagert, um besser auf eine Infektionswelle oder gar Pandemie vorbereitet zu sein. Hier muss besonders auf die Ablauffristen geachtet werden. Soweit möglich, sollte aus wirtschaftlichen Gründen ein Nutzungskreislauf eingerichtet werden.

Spezielle Infektionsschutzkleidung für hochinfektiöse Patienten verfügt oft über ein batterie- bzw. akkubetriebenes Filteratemschutzsystem. Hier muss je nach Anwendungszweck darauf ge-

Abb. 98: Kontaminationsschutzanzug. (Foto: Albert Ziegler GmbH & Co. KG)

achtet werden[1], dass es durch die Art der Geräte nicht zu Behinderungen kommt. So ist beispielsweise zu bedenken, dass sich die Besatzung eines Infektions-(Rettungs-)Transportwagens während des teilweise langen Patiententransports[2] hinsetzen und anschnallen können muss, außerdem sollte ein Akkuwechsel möglich sein.

3.4.3 Körperschutz Form 3

Im folgenden Unterkapitel werden die Anforderungen an Chemikalienschutzanzüge beschrieben. Diese ergeben sich zum einen aus den Leistungsanforderungen der DIN EN 943-2 „Schutzkleidung gegen flüssige und gasförmige Chemikalien, einschließlich Flüssigkeitsaerosole und feste Partikel – Teil 2: Leistungsanforderungen für gasdichte (Typ 1) Chemikalienschutzanzüge für Notfallteams (ET)“, zum anderen indirekt aus den Beschaffungsempfehlungen der Vereinigung zur Förderung des deutschen Brandschutzes e.V. (vfdb) und der Deutschen Gesetzlichen Unfallversicherung (DGUV) wie auch aus der FwDV 500. Neben der reinen Beschreibung des „Leistungsverzeichnisses“ wird versucht, die Bedeutung einzelner Anforderungen für die praktischen Einsatztätigkeiten zu beleuchten und zu diskutieren.

Die DIN EN 943-2 unterscheidet gasdichte Chemikalienschutzanzüge danach, ob die Atemluftversorgung innerhalb des Anzugs (Typ 1a) oder außerhalb des Anzugs (Typ 1b) getragen wird. Für Anzüge vom Typ 1a fordert die Norm einen umluftunabhängigen Atemschutz. Hingegen lässt sie beim Typ 1b den Gebrauch von Atemfiltern zu, weist jedoch zu Recht auf deren Einsatzgrenzen im ABC-Einsatz hin. Die Feuerwehrdienstvorschrift 500 legt indes fest, dass auch Anzüge vom Typ 1b nur mit umluftunabhängigem Atemschutz zu verwenden sind.

In der DIN EN 943-1 „Schutzkleidung gegen flüssige und gasförmige Chemikalien, einschließlich Flüssigkeitsaerosole und feste Partikel – Teil 1: Leistungsanforderungen für belüftete und unbelüftete „gasdichte“ (Typ 1) und „nicht gasdichte“ (Typ 2) Chemi-

1 Z.B. vom HLF zum RTW oder von den RTW bzw. vom KatS-Lager in Krankenhäuser.

2 Es gibt in Deutschland nur einige wenige entsprechend spezialisierte Krankenhäuser. Die Konzepte sehen daher i.d.R. vor, dass spezialisierte Fahrzeuge mit Besatzungen Patienten dorthin verbringen. Die Entfernungen können so auch bodengebunden mehrere hundert Kilometer betragen. Ein luftgestützter Transport ist hier aufgrund der Desinfektionsmodalitäten in RTH und ITH nicht immer durchführbar. Ausnahme: Entsprechend dichter Transportbehälter für den Patienten.

kalienschutzanzüge“ werden von diesen beiden Anzügen weitere Typen unterschieden. Dies sind Anzüge, die den Anzugträger über externe Leitungen mit Atemluft versorgen (Typ 1c), oder die nicht gasdicht sind (Typ 2). Darüber hinaus unterscheidet die DIN EN 943-1 Chemikalienschutzanzüge danach, ob sie nur begrenzt einsetzbar oder zur Wiederverwendung bestimmt sind.

Bei den nach DIN EN 943-2 zugelassenen Chemikalienschutzanzügen sind große Unterschiede sowohl im Anwendungsspektrum als auch in der Einsatzdauer und damit in der Praktikabilität gegeben. Details sind den jeweiligen Informationsbroschüren der Hersteller zu entnehmen.

Das Referat 8 „Persönliche Schutzausrüstung“ der vfdb hatte bereits im Juli 2010 die Richtlinie 08/01 „Auswahl von Chemikalienschutzanzügen bei den Feuerwehren“ erarbeitet. Dank einer Kooperation des Technisch-Wissenschaftlichen Beirats (TWB) der vfdb mit der Fachgruppe „Feuerwehren – Hilfeleistung“ der DGUV wurde die vfdb-Richtlinie 08/01 ebenfalls in Form der GUV-Information 8671 bzw. später dann überführt in die DGUV Information 205-114 überführt bzw. veröffentlicht (vgl. DGUV, 2010 bzw. 2016).

Schon in der vfdb-Richtlinie 08-01 wie auch in den DGUV Informationen zur Auswahl von PSA wurden weitere, über die Norm hinausgehende, Anforderungen an Chemikalienschutzanzüge beschrieben. An dieser Stelle sei ausdrücklich darauf hingewiesen, dass beide Dokumente nicht nur den Charakter einer Handlungsempfehlung innehaben, sondern aufgrund ihrer Erarbeitung durch Fachleute und der breiten Akzeptanz den aktuellen Stand der Technik beschreiben.

Schutzanzug

In der DIN EN 943-2:2002 werden bereits Mindestleistungsanforderungen an die Materialien der Chemikalienschutzanzüge festgelegt. So müssen normkonform produzierte Anzüge in diversen Prüfverfahren, die wiederum in der EN 943-1:2002 beschrieben wurden, ihre Abriebfestigkeit, Biegerissfestigkeit, Biegerissfestigkeit bei -30 °C, Weiterreißfestigkeit, Zugfestigkeit, Durchstichfestigkeit und ihren Widerstand gegen Entflammung nachweisen. Anzüge, die zur Wiederverwendung bestimmt sind, müssen dabei jeweils höheren Anforderungen gerecht werden als Anzüge zur einmaligen Verwendung.

Darüber hinaus wurde in der DIN EN 943-2:2002 bereits festgelegt, dass nicht nur die Schutzkleidung, sondern auch die Sichtscheibe, die Handschuhe sowie die Schutzschuhe einen spezifischen Widerstand gegen eine Auswahl flüssiger sowie gasförmiger Chemikalien aufweisen müssen.

Durch Auswahl der Prüfchemikalien wird versucht, einen möglichst breiten Bereich aggressiver Eigenschaften abzudecken. Es bleibt jedoch zu bedenken, dass es weitere Chemikalien gibt, gegen die ein zertifizierter Anzug keinen wirksamen Schutz bieten kann. Das heißt, Anzüge, die den Anforderungen der DIN EN 943-2 gerecht werden, bieten keinen pauschalen Schutz gegen alle erdenklichen Chemikalien. Als Instrument zur Entscheidungsunterstützung – sowohl für die Beschaffung als auch für Einsätze – liefern die Hersteller von Chemikalienschutzanzügen umfangreiche Beständigkeitslisten mit, die vor jedem Einsatz eingesehen werden sollten. Die FwDV 500 weist ebenfalls darauf hin. Dazu müssen diese Listen am besten auch z.B. in den Leitstellen, auf den ELW und in den Fahrzeugen, auf denen diese Schutzanzüge verlastet sind, vorgehalten werden.

Zu beachten ist, dass die Chemikalienschutzanzüge für den kurzzeitigen Einsatz bei den Feuerwehren (Tragedauer etwa 30 min) vorgesehen sind. Darauf sind i.d.R. die Anzüge und die Prüfverfahren ausgelegt. Müssen Anzüge längere Zeit getragen werden, oder handelt es sich um spezielle Schadstoffe, ist das im Einzelfall anhand der vorliegenden Lage zu prüfen und ggf. im Rahmen einer Gefährdungsbeurteilung zu entscheiden, ob die Einsatzdauer verlängert werden kann – oder verkürzt werden muss! Dabei ist zu beachten, dass das Tragen von umluftunabhängigem Atemschutz bei CSA im Ersteinsatz praktisch obligatorisch ist und die Anzüge für einen Atemluftvorrat von max. 2000 L Atemluft[1] ausgelegt sind, vgl. DGUV, 2016.

Trotz Kennzeichnung der Normkonformität des Anzugs kann ein nur eingeschränkter Schutz (sogenannte Leistungsstufe 1) vorliegen. Die Informationsunterlagen der Hersteller sind daher ausführlich zu studieren!

[1] Dabei spielt offensichtlich nicht nur die Baugröße der Pressluftatmer eine Rolle, sondern auch das Gewicht.

In der Entwurfsversion der DIN EN 943-2:2012 wurden erstmalig Anforderungen an den Widerstand gegen Entflammung des Anzugmaterials aufgenommen. Dabei wurde gefordert, dass das Material von Chemikalienschutzanzügen „keine Löcher oder Tröpfchen“ bilden darf und sich spätestens fünf Sekunden nach dem Entfernen aus einer Flamme selbst löschen muss. Trotz dieser Anforderungen bieten normale Chemikalienschutzanzüge keinen ausreichenden Schutz gegen die Einwirkungen eines Brandes. Temperaturbeständigere CSA sind seit Jahren erhältlich, vgl. Abb. 99, aber deutlich teurer. Ob eine Feuerwehr derartige Hitzeschutz-/Chemikalienschutzanzüge beschaffen muss, sollte im Rahmen der Bedarfsplanung bzw. Gefährdungsbeurteilung eruiert werden. Problematisch sind in diesem Zusammenhang vor allem Chemikalien wie z.B. Ammoniak, die nicht nur auf die Atemwege, sondern auch auf die Haut wirken und gleichzeitig zündfähig sind.

Chemikalienschutzanzüge gibt es – je nach Hersteller und Ausführung – entweder in Einheitsgrößen oder in unterschiedlichen, nach Körper- und Schuhgröße gestaffelten Anzuggrößen.

Abb. 99: Besondere CSA (z.B. Silverflash) bieten Schutz gegen viele Chemikalien und sind zumindest kurze Zeit gegen Flammen und Hitze beständig. (Foto: Feuerwehr Düsseldorf)

Schutzhandschuhe

Obwohl die Schutzhandschuhe von schon nach der DIN EN 943-2:2002 genormten Chemikalienschutzanzügen bereits einige Grundanforderungen erfüllten, weist die Norm ausdrücklich darauf hin, dass es erforderlich sein kann, ein weiteres Paar Handschuhe über den Schutzhandschuhen des Anzugs zu tragen, um einen besseren mechanischen sowie thermischen Schutz zu erzielen. Darüber hinaus ist es bei vielen Feuerwehren gängige Praxis, auch unter den Schutzhandschuhen des Anzugs ein zusätzliches Paar Handschuhe aus Baumwolle zu tragen, um Greifbewegungen auch bei schweißnassen Händen sicherer durchführen zu können.

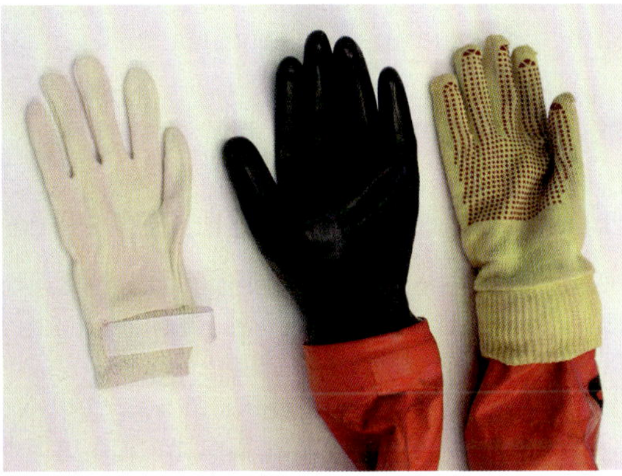

Abb. 100: Baumwollunterziehhandschuh, Chemikalienschutzhandschuh des Anzugs und thermisch-mechanisch schützender Kevlar-Überhandschuh. (Foto: Lange-Hegermann)

Schutzschuhe (Sicherheitsschuhwerk)

Chemikalienschutzanzüge, die den Anforderungen der DIN EN 943-2:2002 genügen, verfügen über antistatische Schutzschuhe mit einer Zehenschutzkappe. Ihre Sohle ist durchtrittsicher und ihr Profil ermöglicht das sichere Besteigen einer Leiter. Darüber hinaus erfüllen die Schutzschuhe dieselben thermischen Anforderungen wie Feuerwehrschuhwerk des Typs FPA der alten EN 345-2:1996 „Sicherheitsschuhe für den gewerblichen Gebrauch“ bzw. des Typs 3 der neuen DIN EN 15090:2012 „Schuhe für die Feuerwehr“. Ihr Material ist – wie auch das der Schutzkleidung – gegen Permeation durch die oben genannten Chemikalien widerstandsfähig (s. Abschnitt „Schutzanzug“).

Sofern Chemikalienschutzanzüge statt eigener Schutzschuhe über integrierte Überschuhe verfügen, in die der Anzugträger mit seinem persönlichen Feuerwehrschuhwerk einsteigen kann, so erfüllen diese Überschuhe in Kombination mit dem Feuerwehrschuhwerk denselben Schutz wie fest installierte Schutzschuhe.

Viele Feuerwehren halten Chemikalienschutzanzüge mit fest installierten Schutzschuhen und nur einer einheitlichen Schuhgröße vor. Einsatzkräfte stehen dann häufig vor dem Problem, dass ihnen die Schutzschuhe entweder zu groß oder zu klein sind.

Chemikalienschutzanzüge mit integrierten Überschuhen betreffen diese Probleme weniger. Sie können jedoch, im Gegensatz zu Chemikalienschutzanzügen mit fest installierten Schutzschuhen, im Bereich der Unterschenkel und Füße nicht so sauber dekontaminiert werden, insbesondere wenn vergessen wird, die um die Knöchel gespannten Klettgurte zu lösen.

■ Sichtscheibe

Die Sichtscheibe muss laut DIN EN 943-2 gegen dieselben Prüfchemikalien widerstandsfähig sein wie der gesamte Schutzanzug.

Wenn die Sichtscheibe eines Chemikalienschutzanzugs einer flüssigen Chemikalie ausgesetzt war, kann eine Verzerrung des Sichtbildes ein erstes Anzeichen für eine Unbeständigkeit sein und einen sofortigen Rückzug aus dem Gefahrenbereich mit anschließender (Not-)Dekontamination indizieren.

Um trotz der besonderen klimatischen Bedingungen (hohe Temperatur und hohe Luftfeuchtigkeit) in Chemikalienschutzanzügen eine gute Sicht zu haben, müssen in der Regel kurz vor dem Einsatz Antibeschlagmittel auf die Sichtscheibe aufgebracht werden. Diese dürfen laut der DIN EN 943-1 keine gesundheitlichen Risiken für die Anzugträger darstellen.

■ Helm

Mangels Erwähnung in der Norm forderte schon viele Jahre die vfdb und nun deckungsgleich die DGUV, 2016, dass über bzw. unter dem Chemikalienschutzanzug (CSA) das Tragen eines Feuerwehrhelms bzw. einer Helm-Masken-Kombination möglich sein muss. Bei einigen CSA-Modellen mit einer kleinen Sichtscheibe muss der Helm des Anzugträgers mithilfe von Spannhaken im Kopfteil des Anzugs arretiert werden, sodass das Sichtfenster den Bewegungen des Kopfes folgen kann. Bei anderen CSA-Modellen findet man (relativ) große Sichtfenster, sodass hierauf verzichtet werden kann.

Bei einigen Helm-Masken-Kombinationen in Verbindung mit CSA kann es gerade bei groß gewachsenen Einsatzkräften zu Problemen kommen, weil der i.d.R. voluminösere Helm der Helm-Masken-Kombination von innen gegen den Anzug drückt und es so unter Umständen zu Undichtigkeiten an der Maske kommen kann. Diese sind zwar zunächst aufgrund der geschützten Atmosphäre im Anzug unproblematisch, können allerdings bei Atemschutzgeräten mit Überdrucktechnik zu erheblichen Druckverlusten führen.

Sowohl das Visier als auch das Hollandtuch des Feuerwehrhelms können den Tragekomfort erheblich einschränken. Das Visier des Helms kann in das Sichtfeld des Anzugträgers rutschen, und das Hollandtuch schränkt nicht nur die Bewegungsfreiheit ein, sondern stellt für den Anzugträger eine unnötige Wärmequelle dar. Daher gehen viele Feuerwehren dazu über, auf ihren Gefahrgutfahrzeugen Helme für den Einsatz unter Chemikalienschutzanzügen vorzuhalten, die weder über ein Visier noch über ein Hollandtuch verfügen. Nicht erforderlich ist dies bei Feuerwehrhelmen, von denen das Visier abgenommen werden kann oder bei denen das Visier mit Spannhaken daran gehindert werden kann, ins Sichtfeld des Anzugträgers zu rutschen.

Vor der Beschaffung von Chemikalienschutzanzügen sollten unbedingt Informationen zur Kompatibilität des jeweiligen Anzugs mit den bereits vorhandenen Feuerwehrhelmen bzw. der vorhandenen Helm-Masken-Kombination beim jeweiligen Hersteller abgefragt und idealerweise praktisch einem Tragetest unterzogen werden.

Verschluss

Die DIN EN 943-2:2002 fordert, dass die Prüfchemikalien erst nach frühestens fünf Minuten durch den Reißverschluss des Anzugs „durchbrechen“ dürfen. Wenn ein Anzug dieses Schutzziel nicht erfüllt, kann der Hersteller zur Kompensation dieses Defizits eine zusätzliche Abdeckung bzw. Überlappung über dem Verschluss anbringen.

Der Verschluss des Anzugs sollte demnach möglichst nicht länger als fünf Minuten einer flüssigen Chemikalie ausgesetzt werden. Eine Reißverschlussabdeckung, mit der ein Anzughersteller seinem Produkt ein Mehr an Sicherheit attestieren möchte, kann sogar ein Hinweis auf ein mögliches Sicherheitsdefizit sein. Die Qualität des Verschlusses sollte demnach ebenfalls ein Auswahlkriterium für die Beschaffung von Chemikalienschutzanzügen sein.

Der Verschluss ist eine potenzielle Schwachstelle von Chemikalienschutzanzügen. Während des Einsatzes sollte nach Möglichkeit überwacht werden, ob er mit einer Chemikalie kontaminiert wurde. Trotz des Schutzes durch den Chemikalienschutzanzug sollte eine Kontamination mit Gefahrstoffen weiterhin konsequent vermieden bzw. so gering wie möglich gehalten werden!

Wenn die Chemikalienschutzanzüge eines Einsatztrupps dennoch kontaminiert wurden, sollten nicht nur der verbleibende Atemluftvorrat der Anzugträger, sondern auch das Ausmaß der Kontamination ein Kriterium dafür sein, welche Einsatzkraft zuerst dekontaminiert wird.

■ Atemanschluss

Sowohl Chemikalienschutzanzüge vom Typ 1a als auch Anzüge vom Typ 1b waren schon laut vfdb und in der Folge von der DGUV, 2016, nur mit Pressluftatmern mit einem maximalen Atemluftvorrat von 2.000 Litern zu verwenden. Langzeit-Pressluftatmer sind für den Einsatz in Chemikalienschutzanzügen nicht zu benutzen (vgl. auch Cimolino et al., 1999–2011). Atemfilter, die bei Typ-1b-Anzügen (zumindest theoretisch) verwendbar wären, scheiden im Ersteinsatz ebenfalls aus, da eine Inkorporation sicher ausgeschlossen werden muss – und bei noch unklarer Lage nicht auszuschließen ist, dass die Konzentrationen zu hoch sind, oder der Schadstoff nicht ausgefiltert werden kann – und es zum Durchschlagen des Filters kommen würde. Eine ausführlichere Diskussion dieses Punkts folgt im Abschnitt Luftzuführungsvorrichtung.

Daneben muss laut vfdb in beiden Anzugtypen das Ablesen des verbleibenden Atemluftvorrats auf dem Manometer möglich sein. Bei Verwendung von Typ-1a-Anzügen muss hierzu ein Arm aus dem Ärmel gezogen und das Manometer vor die Atemschutzmaske geführt werden. Hingegen kann bei Typ-1b-Anzügen das Manometer wie bei jedem anderen Atemschutzeinsatz abgelesen werden. Eine sinnvolle Unterstützung können hier telemetrische Atemschutzüberwachungssysteme bieten, wobei diese naturgemäß ebenfalls über viele Vor- und Nachteile verfügen, auf die an dieser Stelle jedoch nicht näher eingegangen werden kann.

Ein wesentlicher Nachteil von Typ-1b-Anzügen ist, dass die über dem Anzug getragenen Atemschutzgeräte während des Einsatzes kontaminiert werden können. Dieses Risiko kann zu unnötigen Irritationen führen, wenn bei Einsätzen neben der Beständigkeit des Anzugmaterials ebenfalls die Beständigkeit einzelner Atemschutzgerätekomponenten recherchiert werden muss. Die vfdb bzw. die Unfallversicherung stellen daher zu Recht fest, dass sich Anzüge vom Typ 1a für die Grundschutzaufgaben der Feuerwehr bewährt haben (vgl. schon GUV-I 8671 bzw. DGUV Information 205-114, DGUV, 2016).

Es gab schon vor Jahren mehrere berichtete Fälle, in denen Atemschutzgeräte mit Überdrucktechnik unter CSA des Typs 1a Probleme verursacht haben: Dabei handelt es sich i.d.R. um ein massives Ausatemproblem bei bestimmten Bewegungen (z.B. beim Bücken) durch blockierende Ausatemventile der Überdruckmaske. Dem Anzugträger ist es dann nicht mehr möglich, den kombinierten Gegendruck des Ausatemventils sowohl der Atemschutzmaske als auch des CSA durch die Atemarbeit zu überwinden. Dieses Problem kann zwar behoben werden, indem sich der Anzugträger wieder aufrichtet oder dieser den Druckabbau im Gesamtsystem abwartet, jedoch ist es für den Träger sehr unangenehm. Wenn dem Anzugträger diese Situation neu ist, kann die unerwartete Atemblockade sogar zu einer Panikreaktion führen, die wiederum fatale Folgen haben kann (z.B. stolpern und herunterfallen).

Eine weitere Problematik kann das unbeabsichtigte Lösen einer Bebänderung an der Maskenspinne beim Schließen des CSA sein. Hier kann bei Überdruck in (relativ) kurzer Zeit und je nach Umgebungsgeräuschen bzw. Stresssituation das Abblasen aus der Dichtlippe nicht bemerkt werden und es so zu einer sehr deutlichen Verkürzung der Einsatzzeit kommen.

Luftzuführungsvorrichtung (externe Atemlufteinspeisung)

Einige Hersteller bieten Typ-1a-Anzüge mit einer Vorrichtung an, über die dem Anzugträger die Atemluft von außen zugeführt werden kann. Derartige Anzüge sind nicht mit Typ-1c-Anzügen mit einer reinen Atemluftversorgung aus externen Leitungen zu verwechseln.

Technisch realisiert wird eine solche externe Atemlufteinspeisung, indem ein Druckluftschlauch an der Außenseite des Chemikalienschutzanzugs angeschlossen wird, von wo aus die Atemluft in ein Schaltorgan geleitet wird, welches bereits beim Anlegen des Anzugs in die Niederdruckleitung des Atemschutzgeräts eingekuppelt wird. Sobald dieses Schaltorgan die externe Atemluftversorgung erkennt, ändert es die Luftführung so ab, dass der Anzugträger die Atemluft nicht mehr aus dem Pressluftatmer, sondern automatisch von außen bezieht. Ein Umschalten innerhalb oder außerhalb des Anzugs ist nicht erforderlich. Neben der Atemluftversorgung des Anzugträgers kann die externe Atemlufteinspeisung auch dazu genutzt werden, Spülventile innerhalb des Anzugs anzusteuern, deren Betätigung eine Auffrischung des Klimas im Anzug bewirkt (vgl. FRANZ, 2004).

Schon die vfdb empfahl über das Ref. 8 dazu, dass Luftzuführungsvorrichtungen nur bei Reinigungs- und Dekontaminationsarbeiten zu verwenden sind. Dies liegt schlicht an der zeitlichen Begrenzung der Beständigkeit gegen bestimmte Chemikalien.

Abb. 101 und 102: Druckluftschlauch, Anschluss am CSA, Blick in den CSA mit Schaltorgan in der Mitteldruckleitung des Pressluftatmers (Foto: DRÄGER, Lübeck)

Dennoch bietet die Verwendung von Luftzuführungsvorrichtungen den Vorteil, das in aller Regel eng bemessene Zeitfenster für die Dekontamination nötigenfalls verlängern zu können, ohne dass der Anzugträger (bei einem leeren Atemluftvorrat) den Lungenautomaten von der Atemschutzmaske trennen und seine eigene Ausatemluft einatmen muss[1]. Genau deswegen werden Luftzuführungsvorrichtungen bereits in der DIN EN 943-2:2002 empfohlen.[2]

Die unterschiedlichen PSA (Pressluftatmer, Chemikalienschutzanzug und Druckluft-Schlauchgerät) müssen nach DGUV, 2016, untereinander kompatibel und als eine Einheit geprüft und zertifiziert sein. Daher ist die Kombination verschiedener Hersteller an dieser Stelle i.d.R. nicht möglich.

■ Befestigungspunkte und Taschen

Bereits in der DIN EN 943-2:2002 werden Anforderungen an Befestigungspunkte für Halteleinen (1.000 N Zugkraft) und andere Ausrüstungsgegenstände (250 N Zugkraft) gestellt. In diesem Zusammenhang kann man sich die Frage stellen, ob eine Zugkraft von 1.000 N an nur einem Befestigungspunkt für eine Sicherung gegen Absturzgefahren ausreicht. Viele ABC-Unfälle ereignen sich beim Transport von Gefahrgütern und die Orientierung sowie Beweglichkeit in einem Chemikalienschutzanzug sind nur eingeschränkt möglich. Daher sollte über eine bessere Möglichkeit zur Sicherung des Anzugträgers vor einem Absturz, beispielsweise vom Dach eines verunfallten Tankaufliegers, nachgedacht werden.

Schwere Ausrüstungsgegenstände werden in der Regel mit Rollwagen in den Gefahrenbereich gefahren. Befestigungspunkte am Anzug werden daher eher dazu benötigt, Messgeräte oder Lampen mitzuführen, ohne dabei die Bewegungsfreiheit der Hände einzubüßen. Befestigungspunkte sollten daher so am Anzug angeordnet sein, dass die an ihnen angebrachten Geräte für den Anzugträger jederzeit greifbar und bedienbar sind.

---

1 Anmerkung: Dass Typ-1a-Anzüge hierzu die Möglichkeit bieten, ist im Übrigen ein entscheidender sicherheitsrelevanter Vorteil gegenüber Typ-1b-Anzügen. So verbleibt bei einem Defekt oder gar einem Ausfall der Atemluftversorgung innerhalb des Gefahrenbereichs ein angemessener Zeitpuffer für einen sofortigen Rückzug und eine Notdekontamination.

2 Die Feuerwehren Finnlands hatten daher bereits in den 1990er-Jahren derartige Systeme auf dem Dekon-Platz vorbereitet, um ggf. dem CSA-Träger Atemluft bieten zu können.

Taschen im Innern von Chemikalienschutzanzügen (beispielsweise zur Unterbringung von Funkgeräten) waren und sind normativ nicht ausgeschlossen, allerdings nicht einfach in der Bedienung, weil immer ein Arm aus dem Ärmel nach innen genommen werden muss.

Kommunikation

Beim Tragen von Chemikalienschutzanzügen muss eine Kommunikation über Einsatzstellenfunk möglich sein. Bei der Verwendung von Anzügen des Typs 1a werden die Funkgeräte innerhalb des Anzugs getragen. Da die Akustik in Chemikalienschutzanzügen jedoch stark gedämpft ist, muss zusätzlich das Tragen einer Hör-/Sprechgarnitur möglich sein. Hingegen können Funkgeräte bei der Verwendung von Typ-1b-Anzügen auch außerhalb des Anzugs getragen werden. In diesem Fall ist jedoch zu bedenken, dass diese – wie auch die Atemschutzgeräte – kontaminiert werden und sich ggf. in einer zündfähigen Atmosphäre befinden können. Das heißt, die Funkgeräte an einem Typ-1b-Anzug sollten in jedem Fall ex-geschützt sein.

Weil bei Chemikalienschutzanzügen auch die truppinterne Kommunikation über den Einsatzstellenfunk abgewickelt wird, ist es in jedem Fall ratsam, für den Gefahrenbereich einen eigenen 2-m-Funkkanal bzw. eine eigene Gesprächsgruppe zu schalten. Dies setzt voraus, dass es eine entsprechende Abschnittsbildung und Kommunikationsorganisation gibt (vgl. CIMOLINO/BAYER et al., 2008 sowie GRAEGER/CIMOLINO et al., 2009).

Kennzeichnung

Chemikalienschutzanzüge müssen unter Angabe des Anzugtyps (1a oder 1b, zum begrenzten Einsatz oder wiederverwendbar), der maßgeblichen Norm, der Typ- und Modellnummer, der Größe sowie diesem Piktogramm gekennzeichnet werden.

Pflege

Begrenzt einsetzbare „Einmalanzüge" sollten nach einer Kontamination entsorgt werden, weil i.d.R. die Reinigungskosten den Wiederbeschaffungswert übersteigen. Wiederverwendbare Chemikalienschutzanzüge müssen nach einer Kontamination vom jeweiligen Hersteller oder von einer durch ihn autorisierten Fachinstitution gereinigt werden. Die Kosten für die Abschreibung bzw. die Reinigung der Anzüge können in der Regel auf Grundlage der Landesbrandschutzgesetze dem Verursacher des Einsatzes in Rechnung gestellt werden.

Nach Übungen können Chemikalienschutzanzüge – mithilfe entsprechender Waschautomaten – durch die Feuerwehren selbständig gereinigt und desinfiziert werden. Stoffanzüge (Form I und II) sind meist pflegeleichter und können laut Herstellerangaben entsprechend gewaschen werden.

Sonstiges

Natürlich können sich aufgrund örtlich spezifischer Risiken besondere Anforderungen an Chemikalienschutzanzüge ergeben, wie z.B. eine Beständigkeit gegen Flammeneinwirkung, die dann bei der Auswahl von Anzügen ebenfalls zu berücksichtigen sind.

Auch wenn die Chemikalienschutzanzüge verschiedener Hersteller gleichsam den Anforderungen der DIN EN 943-2 genügen, so können die Anzüge dennoch für unterschiedliche Anwendungsspektren und Einsatzdauern ausgelegt sein. Daher sind bei der Beschaffung die Informationsmaterialien der Hersteller sowie die eigene Gefährdungsbeurteilung intensiv zu beachten.

3.5 Forstschutzkleidung (Kettensägen-/Schnittschutzkleidung)

Die Unfallstatistiken der jeweiligen Berufsgenossenschaften sprechen eine deutliche und sehr traurige Sprache. Regelmäßig gibt es Schwerverletzte und Tote bei Arbeiten mit Motorkettensägen. Während bei den Profis Fehler vordergründig durch falsche Routine entstehen, stellen im Bereich der gelegentlichen Anwender, zu denen auch die Feuerwehren gehören, vor allem falsche Schnitttechniken, unzureichendes Wissen, Selbstüberschätzung, aber auch fehlende oder nicht genutzte Schutzkleidung mögliche Ursachen für derartige Unfälle dar. Umso wichtiger ist es hier, diesen Gefahren durch eine geeignete und akzeptierte Schutzausrüstung zu begegnen. Einen 100 %-igen Schutz kann aber auch diese nicht bieten.

Schnittschutzschutzkleidung soll, wie der Name schon sagt, vor den Folgen eines Schnittes schützen. Schon seit 1995 war dies über die DIN EN 381 geregelt. 2020 wurde diese von der EN ISO 11393 abgelöst.

Das Schutzziel kann grundsätzlich durch

- eine abweisende Wirkung (die Kette kann das Material nicht durchschneiden, sondern rutscht von der Oberfläche ab),
- eine verstopfende Wirkung (ein eingearbeitetes Schutzvlies wird von der Sägekette aufgenommen, setzt sich zwischen Kette und Antriebsrad fest und blockiert dieses dadurch),
- eine abbremsende Wirkung (das Material bietet einen hohen Schnittwiderstand und bremst die Sägekette ab)

erfolgen.

Bei einer richtig dimensionierten Schutzkleidung darf es dabei zu keinerlei Schnittverletzungen der darunter liegenden Körperteile kommen (Normforderung).

Die Leistungsfähigkeit der Schnittschutzkleidung (Schnittwiderstand) wird hierbei in Schnittschutzklassen angegeben. Diese wird durch die Laufgeschwindigkeit der Kette definiert.

Abb. 103 und 104: Innenansicht einer Schnittschutzjacke (links). (Foto: Breker, Ratingen). Piktogramm „Kettensägenschutz" und CE-Kennzeichnung als Produktaufdruck bei Schnittschutzkleidung (rechts). (Foto: Fabrizio)

- Schnittschutzklasse 0 = 16 m/s Kettengeschwindigkeit
- Schnittschutzklasse 1 = 20 m/s Kettengeschwindigkeit (Standard)
- Schnittschutzklasse 2 = 24 m/s Kettengeschwindigkeit
- Schnittschutzklasse 3 = 28 m/s Kettengeschwindigkeit

Neben der Angabe zur Schnittschutzklasse muss die Schnittschutzkleidung mit dem Piktogramm „Kettensägenschutz“ sowie über eine CE-Kennzeichnung verfügen. Außerdem fordern die einzelnen Teile der Norm Angaben zu Hersteller, Serien- bzw. Chargennummern, Herstellungsdatum, Größenangaben, sowie Wasch- und Pflegehinweisen.

Ein weiterer Hinweis auf die Qualität und Leistungsfähigkeit der Schnittschutzkleidung ergibt sich aus dem Prüfzeichen des Kuratoriums für Waldarbeit und Forsttechnik e.V. (KWF – siehe hierzu auch Abb. 109). Dieses prüft auf Antrag u.a. die entsprechende Schutzkleidung und stellt dabei den Gebrauchswert fest. Hinweise zum Umfang der Prüfungen sowie bereits geprüfter Produkte finden sich auf der Homepage des KWF (http://www.kwf-online.org).

Arbeitsanzug

Arbeitsanzüge für den Forstbereich sollen den Forstarbeiter vor den in seinem Beruf auftretenden Gefahren schützen.

Neben den witterungsbedingten Gefahren bei Arbeiten im Freien sind für den Einsatzbereich in der Gefahrenabwehr besonders die mechanischen Gefahren durch Motorsägearbeiten von Bedeutung. Entsprechend den Anforderungen werden unterschiedlich ausgestattete Kleidungsstücke auf dem Markt angeboten. Zu den Ausstattungsmerkmalen gehören Wetterschutzmembranen, Schnittschutzeinlagen (meist mit verstopfender Schutzwirkung) sowie unterschiedliche Farbgebung. So setzen sich mittlerweile neben den forstüblichen grün-orangenen Kombinationen Kleidungsstücke in Leuchtorange mit Reflexstreifen immer mehr durch, die zusätzlich auch eine Warnwirkung nach DIN EN ISO 20471 für Arbeiten im Straßenraum aufweisen und z.T. auch als solche geprüft sind.

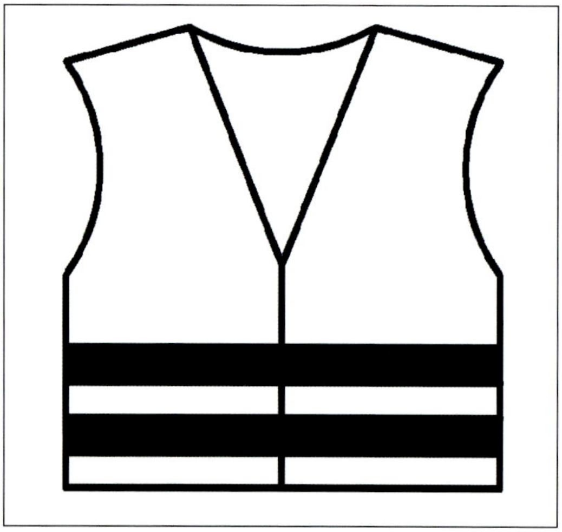

Abb. 105: Piktogramm Warnschutzkleidung. (Quelle: DIN EN 471)

Beinschutz

Unabhängig vom gestalterischen Design (Beinling, Bundhose, Latzhose) definierte die DIN EN 381 Teil 5 Schutzbereiche, in denen ein Beinschutz vor den Gefahren einer handgeführten Kettensäge schützen muss. Produkte nach dieser DIN konnten letztmalig noch bis zum 19.11.2021 zertifiziert werden. Diese Zertifikate sind 5 Jahre gültig. Die nach EN 381 zertifizierten Produkte können bis zum Ablaufdatum ihres Zertifikats verkauft und bis zum Ende ihrer Gebrauchslaufzeit verwendet werden.

Form A, B und C

Die Schutzbereiche der Form A und B erstreckten sich über die gesamte Vorderseite des Kleidungsstückes und umschlossen dabei jeweils einen Streifen auf der linken Seite der Beine. Bei Form B wird zusätzlich ein Teil der rechten Seite des linken Beines geschützt. Im Gegensatz dazu erstreckt sich der Schutzbereich der Form C auf den gesamten Umfang der Beine.

Mit der EN ISO 11393 wurde der Bereich der Beinlinge – oder „Chaps“ – als „Design B“ wichtiger und es wurden Ausführungen erlaubt, die in Deutschland über die DIN EN 381-5 nicht vorgesehen waren, z.B. Beinlinge mit schützendem Vorderstoff und Verschluss hinten.

Ob es sinnvoll ist, derartige Beinlinge in der Gefahrenabwehr einzusetzen, muss ggf. über eine Gefährdungsbeurteilung ermittelt werden. Aktuell sehen die Normen und UVV noch Schnittschutzhosen vor.

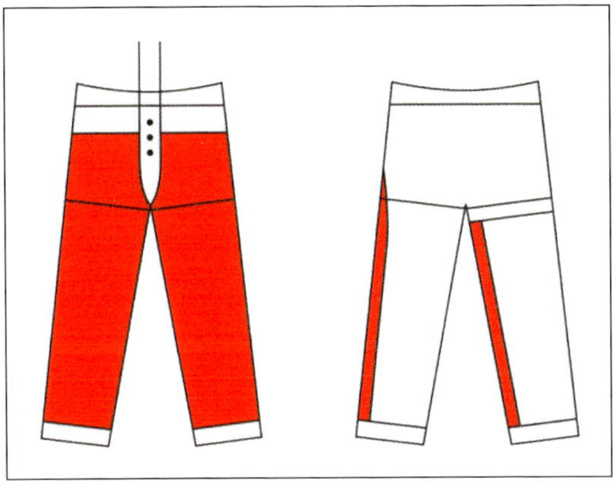

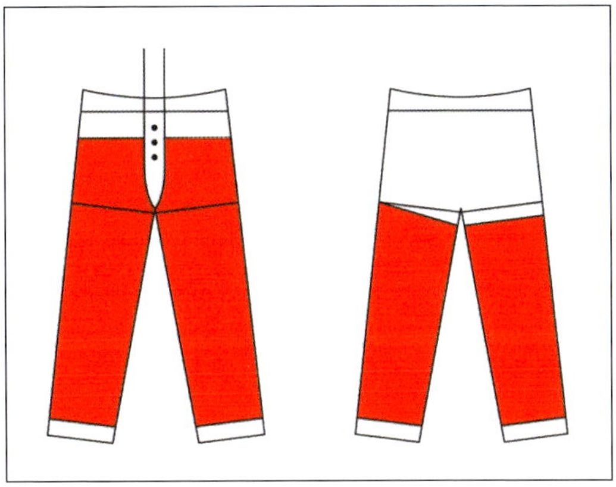

Abb. 106 und 107: Schutzbereiche nach DIN EN 381-5. (Quelle: DIN EN 381-5)

Jacken

Zum Schutz des Oberkörpers bietet der Handel Jacken mit verschiedenen Schnittformen, Farben und Schutzbereichen an. Die praktisch zur Drucklegung noch gültige DIN EN 381-11 beschreibt noch als Mindestschutz für diese Jacken den Brustbereich sowie die Oberseite der Arme und einen Teil des Rückens.

Die EN ISO 11393 beschreibt auch hier 2 verschiedene Designs:

- Schnittschutzjacken Design A bieten Schutz an Brust, Armen, Hals und Schulterbereich.
- Schnittschutzjacken Design B gemäß EN ISO 11393 bieten Schnittschutz wie Design A, zusätzlich wird aber noch der Bauch geschützt.

Schnittschutzjacken werden für die 2. Einsatzkraft im Rettungs- bzw. Arbeitskorb eines Hubrettungs- bzw. -arbeitsgerätes empfohlen, vgl. HFUK-NORD, 2022.

Stiefel

Um den Gefahren des Arbeitseinsatzes gerecht zu werden, wird im Forstbetrieb ein besonderes Arbeitsschuhwerk eingesetzt. So finden sich hier neben den klassischen Schnürschuhen auch Gummistiefel, die neben besonders rutschfesten und durchtrittsicheren Sohlen auch über Schutzkappen und Schnittschutzeinlagen verfügen. Je nach Ausführung wird üblicherweise ein Schnittschutz der Klasse 1 oder 2 erreicht. Diverse Hersteller bieten Schuhwerk mit diesen Eigenschaften auch als Feuerwehrstiefel an.

Üblicherweise wird der Feuerwehrschutzstiefel als ausreichend betrachtet, weil die Schnittschutzhose weit nach unten auf den Stiefel geht und dieser auch eine Schutzkappe vorn haben muss. Der verbleibende „ungeschützte“ Bereich ist (relativ) klein. Einsatzkräfte der Gefahrenabwehr werden dazu noch nicht dauernd mit Motorsägen eingesetzt und schon gar nicht für Aufgaben, die häufiges Querstellen der Sägen erfordert, wie z.B. beim Entasten am Boden liegenden Holzes.

Handschuhe

Handschuhmodelle, die gegen Schnitte einer handgeführten Kettensäge schützen sollen, werden als Kettensägen-Schutzhandschuhe bezeichnet. Da alle Kettensägen für den rechtshändigen Gebrauch konstruiert sind, sind diese Schutzhandschuhe ebenfalls für den rechtshändigen Gebrauch ausgelegt. Bei einem linkshändigen Gebrauch kann die Schutzfunktion daher unzureichend sein (vgl. hierzu auch Vorwort der DIN EN 381-7).

Kettensägen-Schutzhandschuhe nach DIN EN 381-7:1999 werden in den Formen A und B hergestellt. Form A bezeichnet 5-Finger-Handschuhe mit einem Schnittschutz im Bereich des Handrückens zwischen Handgelenk und Fingern, Form B Fingerhandschuhe oder Fäustlinge mit einem Schnittschutz auch im Fingerbereich. Bei beiden Formen wird der Daumenbereich ausgeschlossen und ein Schutz der rechten Hand nicht gefordert.

Kettensägen(schnitt)schutzhandschuhe werden für die 2. Einsatzkraft im Rettungs- bzw. Arbeitskorb eines Hubrettungs- bzw. -arbeitsgerätes empfohlen, vgl. HFUK-NORD, 2022.

Waldarbeiterhelme

Eine gute Möglichkeit den Kopfbereich umfangreich und komfortabel zu schützen, ist die Nutzung von Waldarbeiterhelmen (vgl. auch Abb. 108 und 109). Diese verbinden den mechanischen Kopf- mit einem angebauten Gehörschutz. Das angebaute Gittervisier schützt vor Splittern und kann im Gegensatz zum Visier der Feuerwehrhelme nicht beschlagen.

Abb. 108 und 109: Forstschutzhelme mit Splitterschutzvisieren zur Komplettierung der Schnittschutzkleidung, in Abb. 108 kombiniert mit Sprechfunkgarnitur für Betriebsfunk. In Abb. 109 ist das KWF-Logo deutlich zu erkennen. (Fotos: Dr. Cimolino/3M)

Empfehlungen

Neben der nach der UVV Feuerwehren geforderten „normalen" Feuerwehrschutzkleidung fordern die Unfallkassen bei besonderen Gefahren die Nutzung einer speziellen Schutzausrüstung (vgl. hierzu DGUV Vorschrift 49, § 14). Sensibilisiert durch Unfälle der letzten Jahre haben diverse Feuerwehr-Unfallkassen Empfehlungen zur Schutzausrüstung herausgegeben, um bestehende Unklarheiten zum Umfang ausräumen. So wird als Mindestausstattung für den Kettensägenführer allgemein durch die Unfallversicherer die Nutzung von

- Gesichtsschutz,
- Gehörschutz und
- Schon länger Beinschutz mit rundum laufenden Schnittschutzeinlagen (Form C nach DIN EN 381-5)

Gefordert, vgl. KUVB, 2021. Der Gesichtsschutz kann durch die Nutzung des Visiers am Feuerwehrhelm, der Gehörschutz durch Gehörschutzstöpsel erfolgen. Als besonders geeignete Schutzkleidung wird jedoch schon lange die Nutzung von Waldarbeiterhelmen gem. UVV Forsten empfohlen (vgl. hierzu bereits Feuerwehr-Unfallkasse Niedersachsen, 2007).

Bei Arbeiten im Rettungskorb der Drehleiter gelten für den Sägeführer grundsätzlich zunächst die gleichen Anforderungen. Befindet sich im Ausnahmefall ein zweiter FA im Rettungskorb, so sollte dieser zusätzlich durch eine Schnittschutzjacke mit Schnittschutzeinlage im Brust- und Bauchbereich[1] sowie Stulpenhandschuhen mit Schnittschutzeinlagen für beide Hände[2] geschützt werden. Wechseln sich die beiden FA bei den Arbeiten ab, so müssen beide über die zusätzliche Jacke und Handschuhe verfügen (vgl. Feuerwehr-Unfallkasse Niedersachsen, 2006 bzw. HFUK-NORD, 2022).

Heutige Feuerwehrfahrzeuge verfügen nach Norm seit einigen Jahren immer über zwei Sätze Schnittschutzkleidung für eine Kettensäge. Dies wurde über einen Einspruch bzw. Änderungsantrag der Unfallkassen im zuständigen Normenausschuss erreicht, weil es häufig Verletzungen nicht (nur) beim Kettensägenführer, sondern (auch) bei der ihn unterstützenden Einsatzkraft gab. Arbeiten daher zwei Einsatzkräfte in einem Team, der eine mit der Säge, der andere als Helfer, sind beide mit der Schnittschutzkleidung auszurüsten.

Schnittschutz im Brandeinsatz

Neben der Nutzung bei unwetterbedingten Sägearbeiten kommen Kettensägen, hier verstärkt die sogenannten Rettungssägen, auch im Brandfall zum Einsatz. Hier werden dann z.B. Blechtore oder Dächer mit diesen Sägen geöffnet.

Schutzkleidungen für den Forst mit optimierten Schutzeigenschaften beim Einsatz von Kettensägen bieten keinen Schutz gegen Hitze, da sie grundsätzlich brennbar sind. Für den Einsatz im Gefahrenbereich einer Beflammung, Funkenbildung, oder gar Durchzündung sind diese Kleidungsstücke daher wenig oder gar nicht geeignet.

---

1 Das ist mehr als die DIN EN 381-11: 2002 forderte.
2 Das ist mehr als die DIN EN 381-7: 1999 forderte.

In diesen Fällen muss der Einsatz- bzw. Abschnittsleiter vor Ort entsprechend seiner Gefährdungseinschätzung bzw. -beurteilung über den Einsatz der passenden Schutzkleidung entscheiden.

Nutzungszeiträume

Schnittschutzkleidung unterliegt einer gewissen Alterung, die die Schnittschutzeigenschaften negativ beeinflusst. Neben einer altersbedingten Veränderung haben die Lager- und Nutzungsbedingungen maßgeblichen Einfluss auf die Materialveränderungen. So ist die Lagerung von Kettensägenkraftstoff zusammen mit der Schutzkleidung in einer dichtschließenden Kiste sicherlich nicht förderlich für die Haltbarkeit.

Die Hersteller der Schutzkleidung geben hier recht unterschiedliche Zeiträume vor. Die Vorgaben reichen entsprechend verschiedener Pflege- und Produktbeschreibungen vom Austausch nach 12–18 Monaten bis zum Ersatz nach 25–100 Wäschen. Diese Vorgaben beziehen sich aber auf die gewerbliche oder vergleichbare tägliche Nutzung (vgl. AK Technik, 2010).

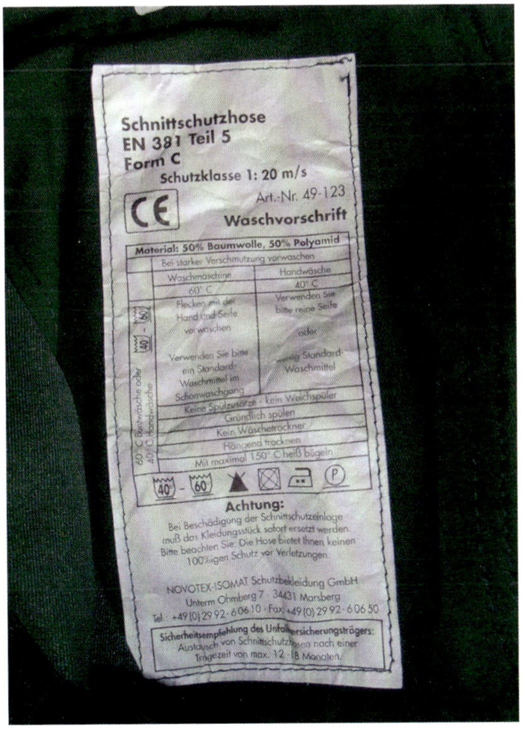

Abb. 110: Beispiel für eine Waschanweisung für Schutzkleidung als eingenähtes Etikett. (Foto: Fabrizio)

Da die Nutzung der Feuerwehr eher der Belastung im Hobby- oder Freizeitbereich entspricht, empfiehlt das KWF eine Nutzungsdauer von bis zu fünf Jahren (vgl. BOVELETT, 2010). Der AK Technik von AGBF und VdF NRW beschreibt bei einer gelegentlichen Nutzung einen Nutzungszeitraum von bis zu drei Jahren (vgl. AK Technik, 2010).

Da die Haltbarkeit von Schnittschutzkleidung maßgeblich von den Nutzungs- und Lagerbedingungen, einer geeigneten Pflege und Reinigung sowie den Angaben der Hersteller abhängig ist, kann eine pauschale Aussage zur Nutzungsdauer nicht abgegeben werden.

Abb. 111: PSA-Forst im Einsatz. (Foto: Konjer, Nordhorn)

Aktuelle Untersuchungen zeigen, dass auch viele alte Schnittschutzkleidungen noch einen guten Schutz bieten bzw. UV-Licht einen weit schädlicheren Effekt auf die Schnittschutzkleidung aufweist als das Alter (vgl. Maier, 2013). Schützen Sie daher die Schnittschutzkleidung durch geeignete Lager- bzw. Transporttaschen vor Transportschäden und UV-Licht.

3.6 Warnbekleidung, Kennzeichnung, Farbgebung und Sichtbarkeit

3.6.1 Warnschutz bei den Einsatzorganisationen, v.a. für die Feuerwehren

Einsatzkräfte werden in unterschiedlichen Verkehrssituationen und Umfeldern tätig. Aufgrund ihrer komplexen Tätigkeit ist es notwendig, dass der Warnschutz von vornherein zuverlässig ihren Bedürfnissen angepasst ist und sie bei ihrer Tätigkeit nicht behindert.

Als Warnschutz bezeichnet man das Kenntlichmachen von Personen für den Fahrer eines Kraftfahrzeuges. Das schnelle Erkennen von Personen im Straßenverkehr ist elementar, um Unfälle mit Personenschäden zu vermeiden.

Bei Tag muss die Kenntlichmachung mit fluoreszierendem Material geschehen und bei Nacht mit retroreflektierendem. Gültiger Stand der Technik war dafür vor 2013 die DIN EN 471. Die „neue“ Norm für Warnkleidung EN ISO 20471 wurde bereits am 28.06.2013 im EU-Amtsblatt veröffentlicht. Sie löst damit die vorher verwendete europäische Norm EN 471 ab.

Die DIN EN 469 stellt im Bereich Warnschutz eine Mindestanforderung dar und weist hierauf auf Seite 6, Abs. 7 ausdrücklich hin:

„Diese Europäische Norm legt daher die Mindestanforderungen an die Leistungsstufen fest. Gesetzgeber, Käufer oder Hersteller können jedoch über diese Mindestanforderungen hinausgehende Anforderungen an die PSA stellen.“

Dieser Satz ist grundlegend für das Verständnis der Möglichkeiten und Grenzen dieser Norm, nicht nur zum Thema Warnschutz. Es ist absolut notwendig, hier explizit zu fordern, was für den eigenen Einsatz darüber hinaus eventuell notwendig ist.

Mit der HuPF wurde deshalb der Ansatz verfolgt, eine universelle Bekleidung für die typischen Einsätze bei den deutschen Feuerwehren zu entwickeln, mit den Anforderungen, die hier typischerweise auftreten. In der HuPF sind dafür unter Berücksichtigung der typischen Einsatzlagen, unter Mitwirkung der Bundesländer, eine ganze Reihe von Prüfungen vorgeschrieben, die die Funktionsfähigkeit der Bekleidung sicherstellen – auch wenn mehrere Gefährdungen nacheinander, wie in der Realität zu erwarten, auf den Feuerwehrangehörigen einwirken.

Der für die Warnwirkung in der DIN EN 469 vorgesehene Anhang B ist nicht verpflichtend. Selbst wenn er erfüllt wird, ist es dem Anwender überlassen, ob er nur Reflexmaterialien oder zusätzlich fluoreszierende Materialien einsetzt. Hierbei zeigt sich klar, dass trotz des Einhaltens der DIN EN 469 keine ausreichende Tagessichtbarkeit sichergestellt werden kann, weil die hierfür jeweils notwendigen Komponenten ganz entfallen können. Außerdem ist die Anordnung der Reflexstreifen nur bedingt vorgegeben. Die Körperpositionen, wie sie bei verschiedenen Tätigkeiten der Feuerwehr eingenommen werden, werden hier nicht berücksichtigt.

In der HuPF wird hier ein anderer Ansatz verfolgt. Speziell für die Warnwirkung wird hier eine wissenschaftlich fundierte Anordnung der Reflexstreifen, die zu einer großen Warnwirkung und einer erheblich schnelleren Erkennbarkeit als Person führt, vorgegeben und die Verteilung nicht einfach nur dem Geschmack des Anwenders überlassen. Sie übertrifft die Warnwirkung einer klassischen Warnweste bei Nacht deutlich.

3.6.2 Erkennbarkeit bei Tag

Bei der Vielzahl der Eindrücke, die gerade bei Tag auf den Führer eines Kraftfahrzeuges einströmen, ist es äußerst schwierig, in einer komplexen Verkehrssituation die richtigen Entscheidungen über die Fülle der Informationen zu fällen. In wenigen Sekunden muss entschieden werden, welche die relevanten Informationen sind und in welcher Reihenfolge sie berücksichtigt werden müssen. Warnlampen, Blaulicht, Verkehrsschilder, andere Verkehrsteilnehmer, Ampeln, Werbetafeln etc. buhlen mit interessanten Bildern und hellen Farben um die Aufmerksamkeit des Kraftfahrers.

Um nicht in diesem Wirrwarr an Informationen unterzugehen, bedient sich die Warnwirkung nicht einfach einer hellen Farbe, denn diese hätte bei weitem nicht genug Wirkung. Das physikalische Phänomen der Fluoreszenz schafft hier Abhilfe. Bei dieser Art der Pigmentierung wird durch einen Teil des unsichtbaren Spektrums des Sonnenlichts das Pigment dazu angeregt, zusätzliches Licht im sichtbaren Bereich des Spektrums zu emittieren (abzustrahlen), sodass es zu einer deutlichen Farbverstärkung, die extrem auffällig ist, kommt. Die entstehende Farbe ist viel auffälliger als z.B. reines Rot oder Weiß, was einen nachweislichen Unterschied zu allen anderen, nicht fluoreszierenden Farben macht.

Allerdings funktioniert sie nicht mit herkömmlichem künstlichem Licht (i.d.R. Abblendlicht), da dieses keinen UV-Anteil besitzt, der für die Fluoreszenz notwendig ist. In der Praxis ist somit nur Sonnenlicht (UV-Strahlung) für diesen Effekt relevant. Hierfür reicht auch das Restlicht in der Dämmerung am Abend und Morgen aus. Bei Nacht verliert dieses Material somit seine Funktion und hat keine nennenswerte Wirkung (Sichtbarkeit unter 50 m, ähnlich der Farbe Weiß) mehr.

3.6.3 Erkennbarkeit bei Nacht

Bei Tag nimmt der Führer eines Kraftfahrzeuges 90 % der Verkehrssituation über die Augen auf. Bei Nacht hat er durch das fehlende Licht gerade noch 5 % der ursprünglichen Informationen zur Verfügung. Auf einer unbewussten Ebene löst das für viele Fahrer einen gewissen Stress aus und sie sind dankbar für jede Form eindeutiger Kennzeichnung, die sie sofort und klar erkennen können.

Die Natur hat unsere Wahrnehmung in der Dunkelheit grundsätzlich auf Schwarz- und Weißsehen eingeschränkt, wenn eine bestimmte Lichtmenge unterschritten wird. Wichtig sind in der Nacht deshalb starke Kontraste. Schwarz zu Weiß ist dabei der stärkste mögliche Kontrast, den silberne retroreflektierende Materialien (Glaskugel-Technologie) durch ihre weiße Rückreflexion nutzen.

Aber in der Nacht zählt nicht nur der Kontrast. Auch die Formerkennung bekommt eine immense nicht zu unterschätzende Wichtigkeit. Erst durch das Erkennen einer Form als Person wird eine frühzeitige Reaktion eines Kraftfahrers möglich.

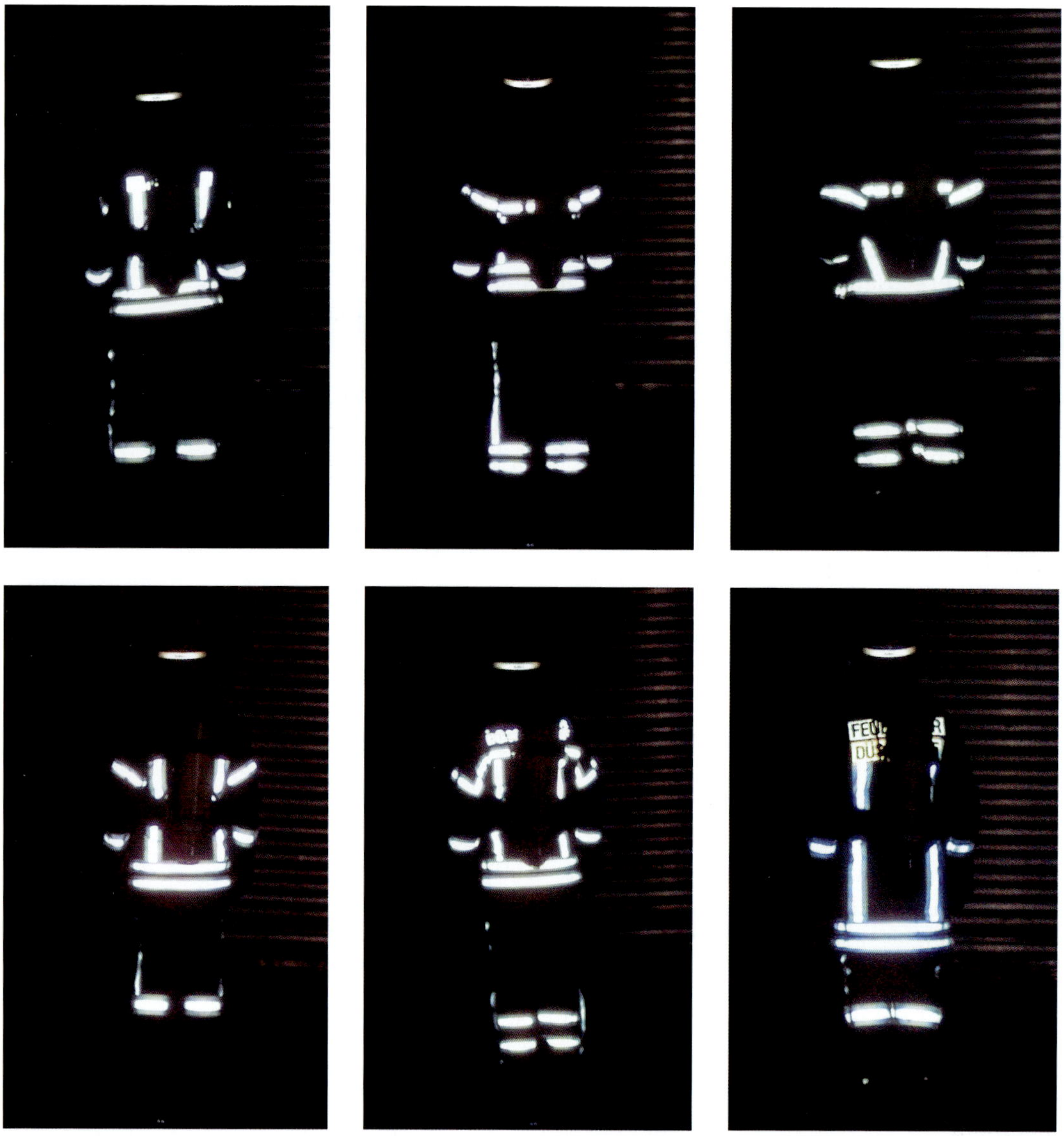

Abb. 112 bis 117: Verschiedene Schutzkleidungen nach DIN EN 469 und HuPF bei Dunkelheit im Vergleich (Fotos: Fabrizio)

Für diese schnellere Erkennbarkeit ist die Anordnung der Reflexstreifen von (extrem) hoher Bedeutung. Sehr wichtig ist dabei eine Rundumverteilung, die am besten an einem Modell, das es bei Herstellern für Reflexmaterialien gibt, vermessen wird. Außerdem hilft die sogenannte Bodylanguage (Körperkontur) eine sofortige Zuordnung zu einer menschlichen Kontur zu treffen, was wertvolle Sekunden bei der Reaktion auf einen, sich auf der Straße befindlichen Feuerwehrangehörigen bringt und somit Leben retten kann.

Viele Feuerwehrleute glauben, dass gerade im Einsatzbereich genug Licht vorhanden ist und man die Personen auf der Fahrbahn zur Genüge sieht. Leider ist es nachweislich anders. Je mehr Ablenkung von Blinklichtern oder anderen großen/hellen Lichteffekten vorhanden ist, umso mehr ist das Auge von den Personen abgelenkt. Gerade hier ist es elementar, die Personen durch die Kennzeichnung der menschlichen Kontur schneller erkennbar zu machen und so zu schützen.

Die HuPF-Bestreifung setzt das Bodylanguage-Konzept auf eine für die Feuerwehr geeignete Weise um.

3.6.4 DIN EN ISO 20471

Die DIN EN ISO 20471 wurde nicht für den Brandeinsatz entwickelt, sondern für den herkömmlichen Einsatz im Straßenverkehr.

Ihre elementaren Bausteine sind auf der einen Seite die Sichtbarkeit bei Tag durch die Verwendung von fluoreszierendem (Hintergrundmaterial-)Gewebe (i.d.R.) und auf der anderen Seite die Sichtbarkeit bei Nacht durch die Verwendung von retroreflektierenden Streifen. Des Weiteren gibt es in der Norm etliche Vorschriften über die Qualität der verwendeten Materialien und ihre Menge sowie Platzierung.

Wichtig ist hier, dass die DIN EN ISO 20471 drei „Bekleidungsklassen" vorsieht (alle Klassen mit den vorgeschriebenen Mengen an Material stehen in der DIN EN ISO 20471, Tabelle 1), wobei die Klasse 1 die geringsten Mengen von reflektierendem und fluoreszierendem Material aufweist, welche in Europa in der Regel nicht und in Deutschland gar nicht zum Einsatz kommt. Zum Erreichen der nächsthöheren Klasse 2 muss die Menge (0,13 m^2 Reflexmaterial/0,5 m^2 fluoreszierendes Material) der beiden Materialien, wie sie beispielsweise auf einer Warnweste ohne Schulterbänder verwendet wird, vorhanden sein. Die wichtigste Klasse für Berufsbekleidung in Deutschland stellt die Klasse 3 dar. Diese besteht mindestens aus den Mengen an fluoreszierendem Material (0,8 m^2), die für die Herstellung einer langen Hose plus Weste benötigt werden und je zwei Streifen Reflexmaterial um Bauch und Beine (0,2 m^2).

Eines sollte man nie vergessen: Normen brauchen Jahre, ehe sie überarbeitet werden und sie stellen immer einen Kompromiss zwischen allen beteiligten Parteien und Ländern dar. Sie stellen den Stand der Technik dar, aber nicht (zwingend) der Weisheit letzten Schluss. Es ist oft möglich einen weiter verbesserten Schutz zu erreichen.

3.6.5 Einsatz der DIN EN ISO 20471 in der Schutzkleidung

Die DIN EN ISO 20471 legte die Quantitäten, die Qualität und die Anordnung der Materialien für Warnkleidung fest. Eine umfassende Darstellung findet sich in der DGUV Information 212-016 Warnkleidung, vgl. DGUV, 2021.

3.6.6 Forderung an die Warnwirkung bei der Feuerwehr

Grundsätzlich gilt auch für Feuerwehrkräfte, die sich auf der Straße aufhalten, dass es zu Unfällen mit anderen Verkehrsteilnehmern kommen kann und deshalb mindestens Kleidung mit einer Warnwirkung entsprechend DIN EN ISO 20471 Stufe 2 getragen werden soll. Das gilt auch für den Einsatz auf einer Straße, die durch umfahrbare Absperrungen (wie z.B. Baken oder Leuchtkegel) abgesichert ist.

Die Feuerwehr (oder Polizei) verwendet zur Absperrung i.d.R. weder Absperrschranken noch Bauzäune. Somit befinden sich die Einsatzkräfte in einem nicht gesicherten Verkehrsraum und unterliegen zunächst grundsätzlich der Tragepflicht einer Warnbekleidung. Allerdings stehen je nach Alarm- und Ausrückeordnung dort mehrere Einsatzfahrzeuge, es müssen weitere Geräte (z.B. PA) oder funktionale Kleidung (Kennzeichnungswesten, vgl. CIMOLINO/WEICH-ARIN, Standardeinsatzregel zur Kennzeichnung,

2007) getragen werden, die sich mit reiner Warnkleidung nicht vertragen (vgl. Kap. 7.2).

Es ist also unabdingbar, dass auch die Feuerwehren dies in ihrer Gefährdungsbeurteilung entsprechend berücksichtigen.

Die Einsatzbekleidung (z.B. der Feuerwehr) kann bei entsprechender Ausführung die Warnwirkung der Warnwesten in etwa erreichen. Dies gilt nach KUVB, 2019, z.B. für

- Bayern 2000
- HuPF
- Bekleidung nach DIN EN 469, wenn entsprechende Warnmarkierungen angebracht sind.

Beispiele finden sich z.B. bei KUVB, 2019.

Für Einsatzkräfte mit verkehrssichernden oder gar -lenkenden[1] Aufgaben ist es dringend empfohlen spezielle Warnkleidung für den Einsatz im Straßenverkehr zu tragen.

3.6.7 Pflege

Für die Pflege der Schutzkleidung und damit auch für den Erhalt ihrer Warnwirkung gibt der Hersteller entsprechende Pflegehinweise heraus, an die man sich unbedingt halten sollte. Grundsätzlich sind die Materialien für die Warnwirkung allerdings konstruktionsbedingt besonders empfindlich, da sie i.d.R. über eine Oberfläche aus winzigen Glaskugeln und eine Aluminiumbeschichtung verfügen. Um die Haltbarkeit dieser Materialien drastisch zu verlängern ist es notwendig, sie nach jedem Einsatz bei dem sie durch Schadstoffe, insbesondere Schaummittel, kontaminiert wurden, unmittelbar zu waschen. Je mehr der Streifen durch chemische Einflüsse beschädigt wird, desto mehr kann seine Warnwirkung eingeschränkt werden.

Ähnliches gilt auch für die Streifen aus Kunststoff, weil dieses Material leicht durch äußere Einflüsse beschädigt werden kann. Der Kunststoff sollte möglichst vor zu hohen Temperaturen geschützt werden, um die Retroreflexion sicher zu erhalten.

---

1 In der Regel in Deutschland nicht Aufgabe der Feuerwehren, außer z.B. in Bayern! Trotzdem kommt es faktisch immer wieder dazu und sei es nur, weil Einsatzkräfte in direktem Kontakt bzw. Rat mit Autofahrern an Absperrungen auf Kreuzungen stehen.

Die eingeschränkte Funktion ist den Reflexmaterialien oft nicht anzusehen. Es ist deshalb sehr wichtig, dass die Funktionsfähigkeit der Materialien regelmäßig überprüft wird. Dafür bietet sich für die Reflexmaterialien das nachfolgend beschriebene Verfahren an.

3.6.8 Kennzeichnung von Funktionen

An großen Einsatzstellen kommen verschiedene Einheiten von Feuerwehr, Rettungsdienst, Hilfsorganisationen und Technischem Hilfswerk zusammen (vgl. Abb. 118).

Näheres zum Thema Kennzeichnung von Führungskräften, Plätzen, Räumen und Fahrzeugen finden Sie in der Reihe Standardeinsatzregel von CIMOLINO/WEICH-ARIN, 2009–2024.

Leider wird die Vielfalt der „offiziellen" Regelungen bzw. Empfehlungen durch eigene Kreationen verschiedener Einsatzorganisationen oder Standorte bzw. Personen noch weit übertroffen.

Abb. 118: Einsatzstelle mit einer Vielzahl von Einsatzkräften verschiedener Organisationen – Sammel- bzw. Bereitstellungsraum am Nürburgring für den Einsatz im Ahrtal im Sommer 2021. (Foto: Dangl, Sebastian, Feuerwehr Kelheim)

Vermeiden Sie jedes Begriffs- und Farbenchaos!

Vermeiden Sie das Vermischen von Einsatz- mit Verwaltungsfunktionen!

Verwaltungsfunktionen benötigen im Einsatz keine Funktionskennzeichnung, wenn sie keine Einsatzfunktion ausüben!

Allen dürften die Negativbeispiele mit einer Vielzahl von Kennzeichnungsvarianten und der Beschreibung Maschinist, (stellv.) Gruppenführer, (stellv.) Zugführer, (stellv.) Wehrführer, (stellv.) Kommandant, (stellv.) Ortsbrandmeister, Kreisbrandmeister, Ein-

Abb. 119: Heute werden z.T. (Warn-)Koller[1] in Farben von Führungskräftekennzeichnungen benutzt. Dies verschlechtert die Übersichtlichkeit der Funktions- oder Qualifikationskennzeichnung. Werden darüber dann noch Warnwesten getragen, wird das Durcheinander nur noch größer. (Foto: Lahmann, Hamburg)

1 Beachten Sie, dass Überbekleidung zur Brandbekämpfung z.B. im Innenangriff großer Verschmutzung ausgesetzt ist und regelmäßig gereinigt wird. Es ist fraglich, wie lange die „Warnfarbe" einer Überkleidung so erhalten bleibt.

Abb. 120: Koller und Westen z.T. mit Warnwesten getragen sind nicht einfach zu erkennen. (Foto: Feuerwehr Dietzenbach)

satzleiter in nahezu jeder beliebigen Kombination aus dem Internet und der Fachpresse bekannt sein.

Beschreiben Sie genau, was wie und wann benutzt werden soll. Dazu gehören auch die Fragen zur Übergabe der Einsatzleitung nach „oben“ wie nach „unten“, die immer einen Wechsel der Führungsebenen zur Folge haben.

In allen Fällen ist aber die regelrechte Übergabe der Funktion viel wichtiger als die Grundsatzfrage, „wer wann welche Weste tauscht“ (vgl. GRAEGER 2003–2009).

Wenden Sie Kennzeichnungen entsprechend konsequent im (alltäglichen) Einsatzgeschehen und bei allen Übungen an, um nicht im seltenen Fall einer Großschadenslage vor dem Problem der richtigen Anwendung zu stehen.

Abb. 121: Versuchen Sie zu vermeiden, dass verschiedene Organisationen verschiedene Farben für die gleichen Aussagen bzw. Führungsebenen benutzen und denken Sie daran, dass es an einer Einsatzstelle immer auch nur einen Einsatzleiter geben kann. In diesem Fall wäre der Einsatzleiter offensichtlich der Kollege der Wasserwacht. Er trägt aber für Bayern die falsche Westenfarbe – sie müsste gelb sein.
(Foto: Eichler, Bad Wörishofen)

Allgemeines zu Kennzeichnungssystemen

Ein Kennzeichnungssystem an Einsatzstellen dient in erster Linie zum Erkennen von horizontal vergleichbaren Führungsebenen innerhalb und zwischen verschiedenen Behörden und Organisationen mit Sicherheitsaufgaben. Weiterhin können mit einem solchen System auch spezielle Sonder- oder Führungsfahrzeuge bzw. Räume, Plätze und Wege bei Großeinsätzen kenntlich gemacht werden. Dies ist nicht nur für die organisationseigenen Kräfte am

Abb. 122: Besprechung von Führungskräften der Feuerwehr. (Foto: WF Weihenstephan)

Standort sowie organisations- oder standortübergreifende Unterstützungskräfte, sondern auch für Außenstehende wie Pressevertreter, politische Entscheidungsträger und ggf. Bürger[1] wichtig.

Jedes Kennzeichnungssystem muss für Haupt- und ehrenamtliche Kräfte technisch wie organisatorisch einheitlich gestaltet sein, wenn deren taktischer Einsatz gleich erfolgt.

Ein Kennzeichnungssystem kann schon für die Kennzeichnung der Führungskraft einer einzelnen selbstständigen Einheit (Gruppe oder Staffel)[2] genutzt werden. Spätestens ab dem Einsatz eines Zuges[3] mit der Möglichkeit des Einsatzes von zwei unabhängig voneinander arbeitenden Einheiten (z.B. „Löschgruppen“) sollte es ab der Ebene Fahrzeugführer durchgängig angewendet werden.

Jedes von Ihnen gewählte System muss dabei so gestaltet sein, dass es mit sich verändernden Lagen bis hin zur Katastrophe mit aufwachsen kann.

Farbsystematik der Kennzeichnung

Zur Unterscheidung der verschiedenen Führungsebenen bietet sich nach Cimolino, 1996 die Verwendung von verschiedenen und am besten in der Systematik generell bekannten Farben an. Analog zur Wertigkeit der Metalle Gold, Silber und Bronze z.B. im Sport oder für Auszeichnungen und analog deren Verwendung für die Qualifikations- bzw. Dienstgradkennzeichnung in den Bundesländern empfiehlt sich die Farbabstufung gelb, weiß, rot. Eine eindeutige und gut einprägsame Erkennbarkeit ist somit gewährleistet.

Eine weitere Unterteilung um eine zusätzliche Führungsebene, z.B.

- Einsatzleiter,
- Einsatzabschnittsleiter,
- Unterabschnittsleiter/Zugführer,
- Fahrzeugführer bzw. Staffel-/Gruppenführer[4]

ist möglich und sinnvoll. Als zusätzliche Farbe für die Fahrzeugführer mit Führungsfunktion über mehrere Trupps wird daher

[1] Zum Beispiel für die „Info“-Stellen.
[2] Vgl. SER zum Einsatz einer Staffel/Gruppe mit Löschgeräten in der Reihe Standard-Einsatz-Regeln, Cimolino 2005A.
[3] Vgl. SER zum Einsatz eines Zuges mit Löschgeräten in der Reihe Standard-Einsatz-Regeln, Cimolino 2005B.
[4] Truppführer von Truppfahrzeugen sollten nur in Ausnahmefällen gekennzeichnet werden. Ausnahmefall wäre z.B. Führer einer DLK führt dazu noch weitere Trupps.

von uns die Farbe Blau ergänzt, die einige Bundesländer für diesen Bereich bereits nutzen.

Diese grundsätzliche Einteilung gewährleistet, dass entsprechend der „2-bis-5-Regel“ bei richtiger Anwendung auch Einsatzstellen mit mehr als 600 Einsatzkräften erkennbar in Abschnitte gegliedert werden können. Jede Einsatzkraft kann damit klar die Führungsebenen und Zuständigkeiten erkennen.

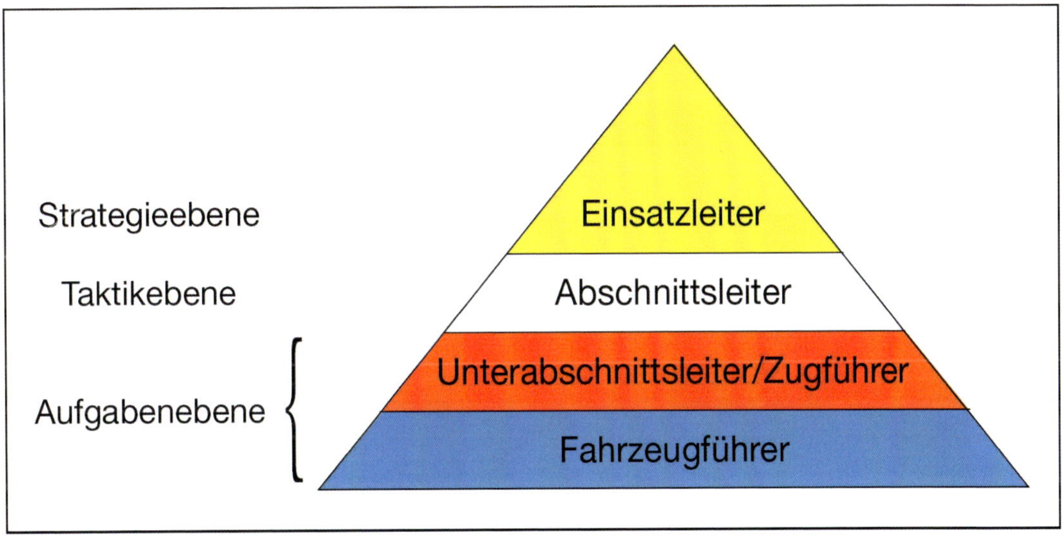

Abb. 123: Die grundlegenden Führungsebenen lassen sich in den Farben damit wie dargestellt abbilden. Abschnittsleiter = Einsatzabschnittsleiter nach FwDV 100. (Grafik: Graeger, 2003)

Westen, Koller usw.

Wahre Glaubenskriege wurden und werden um die Frage geführt, ob Westen oder Koller oder Sonstiges genutzt werden sollen. Nachfolgend eine Übersicht über die wesentlichen Unterschiede.

Beschriftung der PSA und Kennzeichnungswesten

Achten Sie auf die Möglichkeiten bzw. Bedingungen zur Wäsche/Reinigung sowie die grundsätzlichen Bedingungen zur Beschriftung der PSA bzw. Westen.

Tab. 2: Übersicht über Funktionalitäten der Ausführungen. (Tabelle: Dr. Cimolino)

Funktion	Weste	Koller	Armbinde	Helm
Große Fläche, tagsüber gut erkennbar?	++	+	–	–
Nachts gut erkennbar?	(++) abhängig von Reflexmaterial	(+(+)) abhängig von Reflexmaterial	–	–
Rundum sichtbar	++	+	0	++ (nur wenn er getragen wird!)[1]
Taschen für zwei Handfunkgeräte[2] vorhanden?	möglich	nicht möglich, Taschen der Einsatzjacken müssen/können genutzt werden	nicht möglich, Taschen der Einsatzjacke müssen/können genutzt werden	nicht möglich, Taschen der Einsatzjacke müssen/können genutzt werden
Befestigung für L-Lampe o.Ä. möglich?	möglich	nicht möglich, ggf. Nutzung der Möglichkeit der Jacke	nicht möglich, s.o.	nicht möglich, s.o.
Zwei Cliphalter für Handmonophone links und rechts vom Kragen möglich?	möglich	möglich	nicht möglich, s.o.	nicht möglich, s.o.
Stifthalter möglich?	möglich	möglich	möglich	nicht möglich, s.o.
Taschen für Notizblock möglich?	möglich	nicht möglich, s.o.	nicht möglich, s.o.	nicht möglich, s.o.
Ohne Helfer wechselbar?	ja	kaum	ja	ja

1 Es gibt bestimmte Einsatzlagen, bei denen nicht unbedingt der Feuerwehrhelm getragen wird, sondern ein anderer (z.B. Höhenretter-, Waldarbeiterhelm, leichter Helm für die Technische Hilfeleistung) und es gibt auch Einsatzlagen, bei denen i.d.R. kein Helm getragen wird (z.B. auch nicht bei der Arbeit in einem ELW).

2 Zwei Handfunkgeräte benötigen die Führungskräfte, auf deren Ebene die Kanaltrennung vorgenommen wird, das sind i.d.R. die Einsatzabschnittsleiter (vgl. Cimolino, 2000–2010, Graeger, 2003–2009)

Nähen oder kleben[3] Sie in keinem Fall „einfach so" Klettstreifen oder Namen auf die PSA auf, weil Sie diese damit ggf. unreparierbar zerstören können!

Sprechen Sie dies daher immer mit dem Hersteller ab, soweit es nicht vorgegebene Möglichkeiten (z.B. Klettstreifen) gibt.

3 Grundsätzlich gilt das auch für die Beklebung von Helmen mit Funktions- oder Qualifikationskennzeichnungen, Wachnummern usw. Vor allem bei Kunststoffhelmen kann der Kleber der „Sticker" zu Schäden am Helm führen.

Namenstreifen sind sinnvoll. Wenn sie verwendet werden, sollten sie immer in der gleichen Größe, Schriftart und an der gleichen Stelle an der PSA bzw. den Kennzeichnungswesten verwendet werden.

Insbesondere an weitläufigen Einsatzstellen steht die Farbe der Kennzeichnungsvariante (z.B. Weste) als Erkennungsmerkmal im Vordergrund, da sie auch auf einige Entfernung noch Unterscheidbarkeit ermöglicht. Nebenbei spricht dies für die Kennzeichnung von Funktionen über Westen, da dort die „wirksame“ Fläche am größten ist. Beschriftungen der Funktionen beispielsweise über Klettschilder o.Ä. hingegen sind hier nachrangig, da sie nicht auf größere Entfernung lesbar sind.

Für Lagebesprechungen und Hinweise auf einzelne Personen in einer mehrfach vorhandenen Funktion (i.d.R. Fahrzeugführer, Zugführer und Einsatzabschnittsleiter) bieten diese Schilder hingegen eine wichtige Hilfestellung, da sie in einer Gruppe „Gleicher“ Unterscheidungsmerkmale bieten, auch wenn man sich persönlich nicht kennt.

Außerdem bieten Beschriftungen mit der Organisation und dem Ortsnamen natürlich eine Identifikation mit der Organisation.

Vermeiden Sie für die Schilder und Beschriftungen

- wenig geläufige oder nur regional verwendete Abkürzungen,
- zu kleine Schriften,
- zu lange Bezeichnungen,
- abweichende Farbkreationen.

Achten Sie auch darauf, dass die Schriftarten und -größen gut lesbar sind (vgl. auch Abb. 124). Je nach Machart der Schilder sind

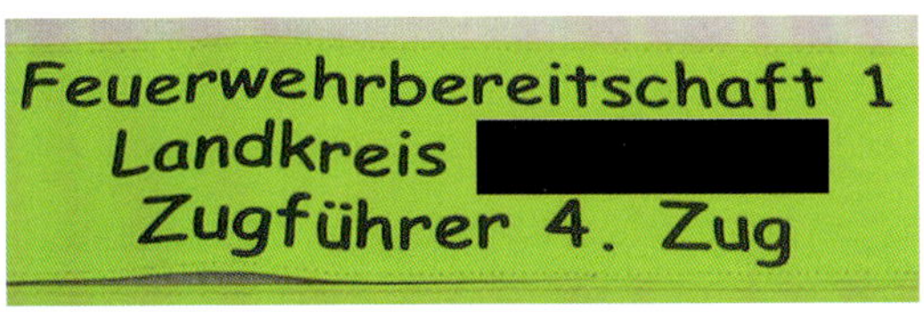

Abb. 124 und 125: Zu lange bzw. doppelzeilige oder wie hier sogar dreizeilige Beschriftungen (links) lassen sich nicht mehr auf etwas größere Entfernung lesen, schon gar nicht auf den viel kleineren Brustschildern. (Foto: Weich-Arin, Düsseldorf). Bestickte Rückenschilder sind etwas teurer, aber länger haltbar (rechts). (Foto: Dr. Cimolino)

die Aufschriften teilweise nicht sehr lange haltbar (vgl. auch Abb. 125). Klettbare Schilder müssen in Größe und „Klettstreifen“ zum „Gegen-Klettstreifen“ auf den Westen, Jacken oder Kollern passen. Sind die Schilder im Vergleich zum Gegen-Klettstreifen zu groß, dann biegen sie sich an den Ecken auf. Dies sieht nicht nur unansehnlich aus, sondern man bleibt damit auch ggf. hängen.

Sonstige Kennzeichnungen an der PSA

Auch weitere Kennzeichen können sinnvoll sein und am besten auf der PSA angebracht werden.

Organisation

Die Organisationszugehörigkeit kann man gut über die Schutzkleidungsart und ggf. die Aufschrift bzw. die Reflexbestreifung

Abb. 126: Feste Beschriftungen der Organisation und des Standortes sind natürlich möglich und auch sinnvoll, solange nicht die Jacken von mehreren Standorten aus einer Kleiderkammer bezogen werden sollen. Sie sind aber i.d.R. aufwändiger in der Herstellung und damit teurer. Achten Sie hier besonders auf die Qualität der Beschriftung, weil ein einfacher Ersatz hier nicht möglich ist! Dafür sind sie leichter und zusammen mit dem Unterstoff flexibler und bedecken nicht so viel Fläche. (Foto: Südmersen, Osnabrück)

Abb. 127 und 128: Feuerwehrangehörige sind auch an personalintensiven Einsatzstellen aufgrund der Art der Kleidung immer gut von anderen Einsatzkräften zu unterscheiden (hier: von der Polizei und im Hintergrund vermutlich von der Verkehrsgesellschaft) (links). (Foto: Feuerwehr Dortmund). Auch das THW ist immer eindeutig zu erkennen (rechts). (Foto: BRK Berchtesgadener Land)

erkennen. Selbst bei Warnfarbe der Schutzbekleidung in ähnlicher Farbe wie die (vorgeschlagenen) Kennzeichnungsfarben ist so noch eine deutliche Unterscheidung möglich.

Gemeinde und Standort bzw. Einheit

Nahezu weltweit ist bei der Feuerwehr und im Rettungsdienst die Kennzeichnung der genauen Herkunft bzw. des Standortes der Einheit üblich. Dies kann bei richtiger „Anwendung" zur Stärkung der Teambildung beitragen, allerdings auch den Ruf einer Einheit durch das Auftreten einzelner ruinieren.

Abb. 129 und 130: In Deutschland erfolgte lange die Beschriftung der Feuerwehrschutzkleidung mit Aufschrift und teilweise noch mit dem Stadt- bzw. Organisationswappen, wie hier am Einsatzleiter (gelbe Weste) Anfang der 2000er am linken Arm zu erkennen. Die entsprechende Kennzeichnung von Überjacken, vgl. auf der schon älteren Abb. 130 (rechts), ist dagegen eher unüblich. (Fotos: Dr. Cimolino und Graeger, Düsseldorf)

Abb. 131 und 132: Die Wachnummer oder sonstige Einheitsnummer ist eine einfache kurze, i.d.R. 1- bis 4-stellige Codierung, die feuerwehrintern verwendet werden kann, aber extern natürlich keinen Effekt erzielt. Außerdem muss sie groß genug sein, damit sie auch in nennenswerter Entfernung lesbar ist (links). (Foto: Dr. de Vries, Hamburg). Die Ausschreibung des Standortes im Klartext ist deutlicher als eine Nummer, passt aber nicht überall komplett ausgeschrieben auf den Helm. Wenn sie hinten angebracht wird, kann man sie auch von da lesen, wo normalerweise die Führungskräfte bzw. folgenden bzw. Sicherheits-Trupps stehen, nämlich hinter den Angriffstrupps! Die Feuerwehr Herrstein verwendet das System bereits seit Ende der 1990er-Jahre (rechts). (Foto: Wendel, Herrstein)

Dienstgrad- und „Verwaltungsfunktionsabzeichen“

Auf Uniformen sind Dienstgradabzeichen und je nach Bundesland ggf. auch „Verwaltungsfunktionsabzeichen“ (z.B. Wehrführer, Kreisbrandmeister usw.) üblich und in fast allen uniformtragenden Einheiten gebräuchlich.

Auf der Schutzkleidung haben diese Abzeichen keine sinnvolle Funktion. Auch auf der Überkleidung zur Brandbekämpfung ist die Anbringung solcher Abzeichen zwar möglich, aber praktisch nur durch den Hersteller korrekt anzubringen. Die nachträgliche (unautorisierte) Anbringung bzw. Veränderung der Abzeichen führt i.d.R. zum Zerstören der Membran(en) und damit zum Totalschaden an der Jacke.

Abb. 133: Dienstgradabzeichen auf spezieller Schutzkleidung (hier unautorisiert angebracht auf einer Überjacke der Feuerwehr Wuppertal) sind nicht sinnvoll und unnötig teuer. (Foto: Tremmel, Siegen)

Variantenvielfalt in den Bundesländern

Aufgrund der föderalen Struktur der Bundesrepublik Deutschland ist trotz gegenteiliger Bestrebungen (vgl. CIMOLINO, 1996 bzw. DFV-Empfehlung, 1999) nach einer bundesweiten Einheitlichkeit schon bei den Westen und Kollern eine immer größere Vielfalt verschiedener Kennzeichnungsvarianten zu finden (vgl. TREMMEL, 2007 bzw. CIMOLINO/WEICH-ARIN, 2009–2024). Daneben gibt es noch unzählige eigene Kennzeichnungsvarianten in den verschiedenen Gebietskörperschaften bzw. Organisationen.

3.7 Gehörschutz

Im Feuerwehreinsatz treten verschiedene Tätigkeiten auf, die mit einer erhöhten Lärmbelastung einhergehen. Üblicherweise ist ein Gehörschutz bei Tätigkeiten mit einem Schallpegel größer 80 dB(A) erforderlich. Gebräuchlich bei der Feuerwehr sind vorrangig zwei Ausführungen. Einerseits werden Kapselgehörschützer gemäß DIN EN 352-1 verwendet, die optisch einem Kopfhörer sehr ähneln und aus einem Kopfbügel mit zwei verstellbaren Ohrenkapseln bestehen. Diese Gehörschützer decken jeweils das komplette Ohr ab und sind besonders für hohe akustische Belastungen geeignet. Häufig werden Kapselgehörschützer beim Benutzen von Werkzeugen mit Verbrennungsmotoren (beispielsweise Motorsägen etc.) oder kreischenden Geräuschen (z.B. Kreissägen, Trennschleifer) benutzt.

Für weniger starke akustische Belastungen sind Gehörschutzstöpsel weit verbreitet. Grundanforderungen hierfür sind in der DIN EN 352-2 beschrieben. Die Gehörschutzstöpsel bestehen üblicherweise aus PU-Schaum und werden direkt in die Ohren geschoben. Aufgrund der (vergleichsweise) niedrigen Anschaffungskosten und der Universalität bietet es sich an, diese Gehörschützer möglichst in allen Einsatzfahrzeugen in ausreichender Anzahl mitzuführen.

Für Ausbildungszwecke bietet es sich an, die Kapselgehörschützer auch als Kopfhörer auszulegen und über Funk ansprechen zu können. Beachten Sie dabei, dass die bei den serienmäßigen Anschlüssen dieser Systeme verwendbaren Funkgeräte i.d.R. keine BOS-Geräte sind.

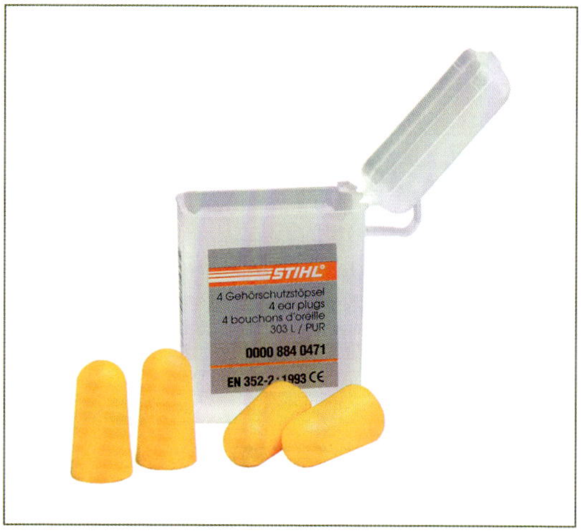

Abb. 134 und 135: Kapselgehörschützer (links) und Gehörschutzstöpsel (rechts). (Fotos: STIHL Vertriebszentrale AG & Co. KG)

3.8 Filtrierender Atemschutz

Der filtrierende Atemschutz spielte bei der Feuerwehr lange eine eher untergeordnete Rolle. Er hat aber Vorteile, die dieser in bestimmten Einsatzsituationen bringen kann. Hierbei sind insbesondere die oft längere Tragezeit, die nicht durch einen vordefinierten Luftvorrat begrenzt ist, und die teilweise deutlich geringere Belastung des Geräteträgers zu nennen, die sich in den deutlich geringeren gesundheitlichen Anforderungen (z.B. mit Atemanschluss = Vollmaske nach G 26.2; oder gar keinen bei gelegentlichem Gebrauch von FFP2- bzw. FFP3-Papiermasken) an diesen widerspiegelt.

Auf der anderen Seite jedoch ist der Einsatz von Filtergeräten an klare Bedingungen geknüpft. Die Art und Eigenschaften der Schadstoffe müssen bekannt sein, die zu erwartenden Luftkonzentrationen sollten bekannt sein und es ist zu berücksichtigen, dass ein Sauerstoffmangel nicht ausgeglichen werden kann (vgl. FwDV 7, Abschnitt 7.3).

Aufgrund der Vielzahl an filtrierenden Atemschutzgeräten, die meist nur industriell genutzt werden, sollen in diesem Kapitel nur die für die Feuerwehr vornehmlich interessanten Typen behandelt werden.

3.8.1 Normung und Zweck

Normativ muss man den filtrierenden Atemschutz von zwei Seiten betrachten: Auf der einen Seite die Art der Kombination von Filter und Atemanschluss und die daraus resultierende Leistungsfähigkeit und auf der anderen Seite die Leistungsfähigkeit des Filters gegen bestimmte, vorgegebene Schadstoffe.

Bei der Kombination von Filter und Atemanschluss unterscheiden die Normen Atemschutzgeräte ohne trennbare Filter und Atemschutzgeräte mit trennbaren Filtern. Besonders ist hierbei, dass es sich in der Regel um eine rein normative Unterscheidung handelt. Die Anforderungen an die Leistungsfähigkeit unterscheiden sich meist nicht oder nicht signifikant.

Als Beispiel soll hier der Vergleich einer partikelfiltrierenden Halbmaske (FFP3, DIN EN 149) und einer Halbmaske (DIN EN 140) mit Partikelfiltern der Klasse 3 (P3, DIN EN 143) dienen.

Beide Kombinationen dürfen bei dem Test der nach innen gerichteten Leckage (DIN EN 13274-1) nur eine maximale Gesamtleckage von 2 % aufweisen. Dies bedeutet, dass bei einer definierten Umgebungskonzentration eines Natriumchlorid-Aerosols (Kochsalz) die Konzentration innerhalb der Maske nur 1/50 der Außenkonzentration betragen darf. Das Wichtige an der Betrachtung der Gesamtleckage im Vergleich zur reinen Filterleistung ist, dass hierbei auch die Leckage, die durch den Atemanschluss verursacht wird, Berücksichtigung findet. Dies ist insbesondere bei Halbmasken, die systembedingt niemals so dicht auf einem Gesicht sitzen können wie Vollmasken, relevant.

Aus der Gesamtleckage ergibt sich auch der nominelle Schutzfaktor eines Atemschutzgeräts, der im o.g. Beispiel 50 beträgt und den höchsten mit Halbmasken erreichbaren Schutzfaktor darstellt.

NPF = nomineller Schutzfaktor (Nominal Protection Factor)

L_{ges} = Gesamtleckage

In der Praxis findet jedoch Berücksichtigung, dass dieser Schutzfaktor unter optimalen Laborbedingungen ermittelt wurde. Deshalb wird der NPF noch um einen gewissen Sicherheitsabschlag reduziert. Dieser Abschlag beträgt in dem o.g. Beispiel 20, woraus sich ein zugeordneter Schutzfaktor (APF, Assigned Protection Factor) von 30 ergibt (die Maske darf bis zu einer 30-fachen Grenzwertüberschreitung eingesetzt werden). Obwohl der APF nur in der DGUV Regel 112–190 (frühere BGR 190) festgelegt ist und diese nicht direkt auf die Feuerwehr Anwendung findet, ergeben sich hieraus in Ermangelung eigener feuerwehrspezifischer Regelungen die in Deutschland gebräuchlichen Schutzfaktoren (vgl. DGUV-Spitzenverband, 2009). Die Verwendung dieser Werte für die Feuerwehr stellt auch praktisch kein Problem dar, weil nicht zu erwarten ist, dass ein im Atemschutz geschulter Feuerwehrangehöriger einen schlechteren Dichtsitz erreicht als ein Atemschutzträger im gewerblichen Bereich.

Bei der Auswahl des geeigneten filtrierenden Atemschutzgeräts ist es dementsprechend notwendig, immer die Gesamtleistung des gewählten Systems zu betrachten, die sowohl aus der Leistungsfähigkeit des Filters als auch aus der des Atemanschlusses besteht.

Auf die Leistungsfähigkeit der einzelnen Atemanschlüsse und Filter wird in den jeweiligen, noch folgenden Abschnitten detailliert eingegangen.

Darüber hinaus wird normativ auch noch die Art der Atemluftzuführung abgebildet. Man unterscheidet hier Atemschutzgeräte mit Unterdruck (klassische Filtergeräte) und mit Überdruck (Gebläseatemschutzgeräte). Die sich aus der jeweiligen Bauart ergebenden deutlichen Unterschiede in den Atemwiderständen (gemessen nach DIN EN 13274-3) sind auch für die spätere Einstufung in die jeweilige arbeitsmedizinische Vorsorgeuntersuchung relevant. Während Gebläseatemschutzgeräte bei fehlendem Atemwiderstand von der G 26 befreit sind, fallen Atemschutzgeräte mit Unterdruck (filtrierend) in der Regel in die Gruppen G 26.1 und G 26.2.

Tab. 3: Gruppeneinteilung. (Tabelle: Lehmann)

Gruppe	1	2	3
Atemwiderstand (mbar) Atemwiderstand bei intermittierend sinusförmig 20 x 1,5 l/min oder kontinuierlich 95 l/min	bis 5	über 5	über 5
Gerätegewicht (kg)	bis 3	bis 5	über 5

3.8.2 Atemschutzmasken – Anforderungen und Ausführungen

In der Feuerwehr finden, neben der schon lange eingesetzten Vollmaske mit Kombinationsfilter (meist A2B2E2K2P3 oder A2B-2E2K2HgP3[1]), besonders auch die partikelfiltrierenden Halbmasken und teilweise auch Halbmasken mit verschiedenen Filterkombinationen Verwendung. Im folgenden Abschnitt werden die verschiedenen Vertreter dieser drei großen Gruppen behandelt.

■ Partikelfiltrierende Halbmasken

Dieser Maskentyp stellt einen einfachen, jedoch sehr wirksamen Atemschutz gegen Partikel und Aerosole aller Art dar. Er findet bei der Feuerwehr insbesondere Verwendung beim Schutz vor biolo-

[1] Häufig kurz als ABEK2P3 bzw. ABEK2HgP3 beschrieben, wobei sich in diesem Fall die Angabe der Klasse auf alle davorliegenden, nicht mit einer Klasse versehenen Filtertypen bezieht.

gischen Gefahren bzw. vor gefährlichen Stäuben bei der technischen Hilfeleistung (z.B. Glasstaub oder Ölbindemittelstaub).

Technisch gesehen handelt es sich hier um eine Atemschutzmaske, deren Maskenkörper gleichzeitig als Partikelfilter dient und nur durch wenige notwendige, stabilisierende Elemente, Dichtungen und Ventile ergänzt wird.

Im Rahmen der Zulassung werden die Masken durch Probanden mit einer definierten Gesichtsformverteilung getestet. Hierbei ist jedoch zu berücksichtigen, dass ein richtiger Dichtsitz nicht bei allen Gesichtsformen erreicht werden muss und in der Regel auch nicht wird. Jedoch zeigt die Praxis, dass gerade dieser Maskentyp oft als Universalmaske, ohne Rücksicht auf den jeweiligen Anwender, genutzt wird. Somit ist es nicht verwunderlich, dass gerade bei diesem Atemschutzgerät oft Formen eingesetzt werden, die für die entsprechende Gesichtsform völlig ungeeignet sind. Darüber hinaus ist gerade bei diesem Maskentyp besonders wichtig, dass er gemäß den jeweiligen Herstellerangaben angelegt wird. Dies legt deutlich nahe, dass hier oft keine ausreichende Schulung oder Unterweisung stattfindet. Gerade das korrekte Anlegen der Kopfbebänderung findet oft nicht statt, was in vielen Fällen zu hohen Leckagen und folglich zu einem nicht ausreichenden Schutz führen kann.

Vielen Anwendern ist darüber hinaus nicht bekannt, dass auch dieser Maskentyp nicht unbegrenzt haltbar ist. Die Haltbarkeit wird jedoch aufgrund der normativen Vorgaben in der Regel nicht auf der einzelnen Maske, sondern auf der Verkaufseinheit (Verpackung) angegeben und bezieht sich auch nur auf eine Lagerung der Masken in dieser Verpackung unter den dort angegebenen Lagerbedingungen (z.B. Luftfeuchtigkeit und Temperatur). Die begrenzte Haltbarkeit ist darauf zurückzuführen, dass auch bei partikelfiltrierenden Halbmasken die Kunststoff- bzw. Elastomerbestandteile einem Alterungsprozess unterliegen. Dies ist besonders relevant, weil der Filter selbst oft aus Kunststofffasern besteht. Außerdem kann eine Veränderung der Elastizität der Kopfbänder dazu führen, dass der Anpressdruck der Maske an das Gesicht nicht mehr ausreichend ist, um einen sicheren Dichtsitz zu gewährleisten.

Unterteilen kann man diesen Maskentyp in zwei Gruppen, vorgeformte Masken und faltbare Masken.

Der Vorteil der vorgeformten Masken liegt klar darin, dass sie leichter aufzusetzen sind als die faltbaren. Sie benötigen aber aufgrund ihrer starren Form mehr Stauraum. Gefaltete Masken passen sich oft besser der Gesichtsform des Trägers an. Insbesondere horizontal gefaltete Masken erleichtern dabei das Sprechen, weil sie aufgrund ihrer Flexibilität weniger zum Verrutschen neigen. Egal welche Form gewählt wird, es ist empfehlenswert, den Dichtsitz der Maske beim Anwender vor der ersten Nutzung zu überprüfen. Am einfachsten gelingt dies mit einem Dichtsitztest (Fit-Test), indem der Dichtsitz mit dem Aerosol eines Geschmacksstoffes (z.B. Süßstofflösung) überprüft wird.

Neben der Form ist auch die Luftführung ein Unterscheidungsmerkmal. Bei einigen Masken wird durch das Filtermaterial nicht nur ein-, sondern auch ausgeatmet. Dies führt nicht nur zu einem erhöhten Ausatemwiderstand, sondern auch zu einem erhöhten Wärme- und Feuchtigkeitsstau in der Maske. Aus diesem Grund finden heutzutage im gewerblichen Bereich hauptsächlich Masken mit Ausatemventil Verwendung. Besonders hilfreich ist es bei körperlich schweren Tätigkeiten, wenn das Ventil so angeordnet ist, dass es in Hauptrichtung des Ausatemstoßes liegt und somit die warme, feuchte Ausatemluft direkt ausgestoßen werden kann.

Partikelfiltrierende Halbmasken sind als Einwegmasken ausgelegt und sollten nur von einer Person verwendet werden. Einige Modelle sind zwar wiederverwendbar, was nach Norm bedeu-

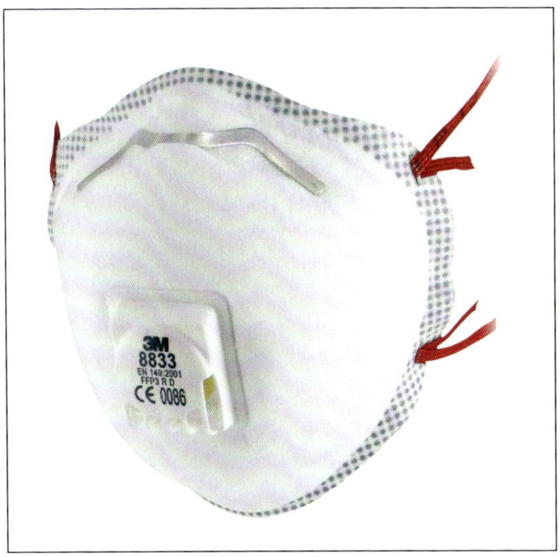

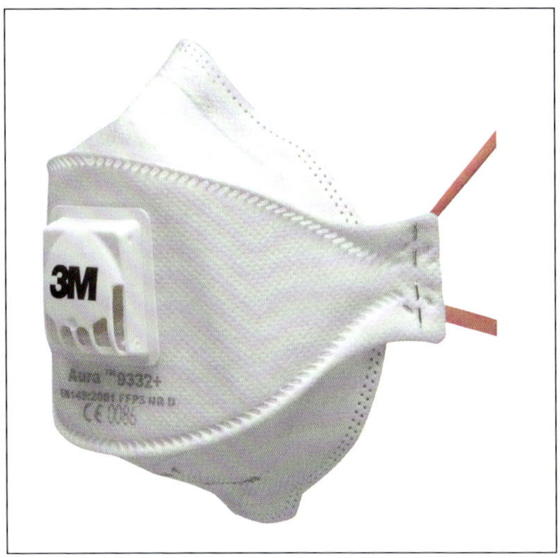

Abb. 136 und 137: Vorgeformte (links) und faltbare Maske (rechts). (Fotos: 3M)

tet, dass sie nach einer definierten Belastung mit Ölnebel nach 24 Stunden Lagerung immer noch die geforderten Anforderungen erfüllen. Ein zeitlich darüber hinausgehender Test erfolgt nicht. Außerdem sind diese Masken zwar bedingt zu reinigen, aus hygienischen Gründen ist aber auch hier von einer längeren Nutzung abzuraten. Aufgrund der unregelmäßigen Nutzung und der Personenbindung kann eine solche Maske bei der Feuerwehr eigentlich nur als Einwegprodukt betrachtet werden, das nach einem Einsatz entsorgt wird. Ob eine Maske grundsätzlich wiederverwendbar ist oder nicht, erkennt man an den Kennbuchstaben **R** (reusable) für wiederverwendbare bzw. **NR** (non reusable) für nicht wiederverwendbare Masken, die hinter der Angabe der Schutzstufe auf der Maske zu finden sind. Die frühere Kennzeichnung S und L für Masken, die für feste bzw. flüssige Aerosole geeignet sind, findet keine Verwendung mehr, weil heutzutage

Abb. 138: Einsatzkräfte im Rettungsdienst nutzen seit vielen Jahren Einmalmasken für den Patienten- bzw. Eigenschutz. Im Rahmen der Corona-Pandemie haben auch praktisch alle Einsatzkräfte der anderen Gefahrenabwehrorganisationen damit zu tun bekommen. Sei es zum Eigenschutz auf der Anfahrt, oder vor Ort im Einsatz – auch zur Unterstützung des Rettungsdienstes. (Foto: Feuerwehr Düsseldorf)

alle partikelfiltrierenden Halbmasken auf den Schutz vor beiden Aerosolarten getestet werden. Ein erhöhtes Staubaufnahmevermögen wird im sogenannten Dolomitstaubtest, der für wiederverwendbare Masken verpflichtend ist, nachgewiesen. Der Staub des Dolomitgesteins „verstopft" Partikelfilter besonders schnell, sodass dieses Material sich besonders gut für diesen Test eignet. Die bestandene Dolomitstaubprüfung erkennt man an dem Kennbuchstaben **D**.

Eingeteilt werden partikelfiltrierende Halbmasken in drei Schutzstufen: FFP1, FFP2, FFP3, wobei sich die Abkürzung FFP in zwei Komponenten teilt. FF für **F**iltering **F**ace **P**iece (Atemanschluss mit integriertem Filter) und P für die Art der gefilterten Schadstoffe, in diesem Fall Partikel. Die angehängte Zahl gibt die jeweilige Leistungsklasse an. Die Leistungsklasse steht nicht im Zusammenhang mit der gefilterten Partikelgröße, wie viele oft irrtümlich meinen.

Tab. 4: Einteilung der partikelfiltrierenden Halbmasken. (Quelle: Verfasser)

Partikelfiltrierende Halbmaske nach EN 149	Nominaler Schutzfaktor	Vielfaches des Grenzwertes
FFP1	4,5	4
FFP2	12,5	10
FFP3	50	30

Aufgrund der unklaren Schadstoffkonzentrationen im Feuerwehreinsatz und Einschränkungen der Leistungsklassen 1 und 2 beim Einsatz zum Schutz vor **k**anzerogenen, **m**utagenen und **r**eproduktionstoxischen Stoffen (CMR-Stoffe) bzw. bestimmten Risikogruppen von biologischen Arbeitsstoffen, kommt bei der Feuerwehr in der Regel nur die Verwendung von Masken der Schutzstufe FFP3 in Frage.

Halbmasken

Halbmasken führen im Feuerwehralltag eher ein Schattendasein. Sie finden eher im Bereich der Wartung, Pflege und Desinfektion Verwendung als im Einsatzgeschehen. Die einzige Ausnahme hiervon bilden Halbmasken mit integrierten Filtern, die bei einigen Feuerwehren als Selbstschutz für die Fahrzeugbesatzungen vor unerwarteten Schadstoffexpositionen, wie dem Wechsel der Windrichtung bei einem Brand, vorgehalten werden. Für die Vegetationsbrandbekämpfung werden seit Jahren auch Kombinationen aus Halstüchern bzw. Kopf-/Flammschutzhauben mit Halbmasken verwendet.

Ggf. können Halbmasken auch im Rettungsdienst verwendet werden. Grundsätzlich ist zu berücksichtigen, dass bei der Verwendung von Halbmasken ggf. auch ergänzende geeignete Schutzbrillen vorhanden sein müssen, um die Schleimhäute entsprechend zu schützen.

Halbmasken können mit einer Vielzahl an verschiedenen Filtern ausgestattet werden. Die einzelnen Filtertypen werden in Kapitel 3.8.4 noch behandelt. Hierbei ist jedoch wichtig zu wissen, dass maximal ein Schutz bis zu einer 30-fachen Grenzwertüberschreitung erreicht werden kann. Bei der Kombination einer Halbmaske mit Gasfiltern bzw. Partikelfiltern führt dies, analog zu den partikelfiltrierenden Halbmasken, zu folgenden Einsatzgrenzen (APF):

Abb. 139: Schutzhaube mit Halbmaske für die Vegetationsbrandbekämpfung. Beachten Sie die dazu getragene Schutzbrille. (Foto: Südmersen, Osnabrück)

- P1 4-facher Grenzwert
- P2 10-facher Grenzwert
- P3 30-facher Grenzwert
- Gasfilter 30-facher Grenzwert

Bei der Auswahl der Filter für Halbmasken ist jedoch zu beachten, dass ein Filtergewicht von maximal 300 g nicht überschritten werden darf, weil ansonsten die Gefahr besteht, dass die Bebänderung der Halbmaske aufgrund des hohen Gewichts der Kombination zu schwach ist, um einen ausreichenden Dichtsitz zu erreichen. Dies ist besonders eine Gefahr bei der Verwendung von Halbmasken mit trennbaren Filtern (DIN EN 140), die mit einem DIN-Rundgewinde ausgestattet sind und mit den meist zu schweren Feuerwehrstandardfiltern fälschlicherweise ausgestattet werden können.

Die Verwendung von Halbmasken ohne trennbare Filter (DIN EN 405) zum Schutz vor Gasen oder Dämpfen und Partikeln bietet den Vorteil, dass diese in der Originalverpackung meist mehrere Jahre wartungsfrei gelagert werden können. Bei Bedarf sind die Filter nicht erst zu montieren, sodass die Anwendung auch etwas ungeübteren Feuerwehrangehörigen recht leicht fällt weshalb sie sich, wie oben beschrieben, zum Selbstschutz gut eignen.

Ihre Schutzwirkung, wird wie bei einzelnen Filtern durch einen Buchstabencode, der später noch beschrieben wird, angegeben, dem die Buchstaben FF für **F**iltering **F**ace Piece (Atemanschluss mit integriertem Filter) vorangestellt werden.

Zu beachten ist, dass man bei entsprechender Rauch-/Schadstoffbelastung ohne dichtschließende Schutzbrille schnell nichts sieht und ggf. auch über die Augen Schadstoffe aufnehmen kann!

Vollmasken

Vollmasken stellen den Atemanschluss dar, mit dem die meisten Einsatzkräfte der Feuerwehr am besten vertraut sind. Den meisten ist jedoch die Vielzahl an Vollmaskentypen, die es neben den üblicherweise in der Feuerwehr verwendeten gibt, nicht bekannt. Bei den in der Feuerwehr verwendeten Atemschutzvollmasken handelt es sich um Masken der Klasse 3.

Klassen Vollmasken:

- 1: Leichte Einsätze
- 2: Normale Einsätze
- 3: Spezielle Einsätze

Klasse 3 bedeutet hier insbesondere, dass über die schon recht anspruchsvollen Prüfungen der Klasse 2, zu denen beispielsweise die definierte Beflammung mit mehreren Bunsenbrennern gehört, zusätzlich die Beständigkeit gegen Wärmestrahlung geprüft wird. Nach der Bestrahlung muss die Dichtigkeit der Maske erneut nachgewiesen werden. Wichtig ist hier jedoch zu wissen, dass die Dauer der Prüfung einer gewissen Varianz unterliegt. In der Regel dauert die Bestrahlung 20 Minuten. Sie kann jedoch so weit verkürzt werden, bis eine Einschränkung der Sicht oder ein anderes Anzeichen des Versagens auftritt, das vom Benutzer bemerkt werden kann, wobei zu dieser Zeit noch eine weitere Minute addiert wird.

Insoweit ist es auch bei Vollmasken sehr wichtig zu prüfen, für welche Anwendungsbereiche diese vorgesehen sind, und es sollte bei der Verwendung verschiedener Maskentypen und -klassen ausgeschlossen werden, dass es zu Verwechslungen kommt. Dies kann in der Regel nur durch die Verwendung eines anderen Filteranschlusses als einem Rundgewinde sicher geschehen, wobei dann zu prüfen ist, inwieweit dies wirtschaftlich sinnvoll ist. Ein anderes Argument für Masken mit einem anderen Filtersystem kann jedoch auch sein, dass bei diesen der Atemwiderstand teilweise mit einem klassischen „Feuerwehrfilter“ A2B2E2K2-P3-Filter[1] unter 5 mbar (95 l/min kont.) liegen (vgl. Tab. 3).

Bei der Kombination einer Vollmaske mit Gasfiltern bzw. Partikelfiltern führt dies zu folgenden Einsatzgrenzen (APF):

- P1 4-facher Grenzwert
- P2 15-facher Grenzwert
- P3 400-facher Grenzwert
- Gasfilter 400-facher Grenzwert

1 Oft auch kurz nur als ABEK2P3-Filter bezeichnet, wobei sich in diesem Fall die Angabe der Klasse auf alle davorliegenden, nicht mit einer Klasse versehenen Filtertypen bezieht.

3.8.3 Pflege

Die Pflege und Wartung von Atemschutzgeräten ist vom jeweiligen Gerät abhängig. Somit gilt auch hier, dass Sie den Wartungs- und Pflegehinweisen in der Informationsbroschüre des Herstellers folgen sollten. Trotzdem sollen in diesem Abschnitt eine praktische Hilfe und grundsätzliche Hinweise gegeben werden. Die Angaben des Herstellers haben jedoch in jedem Fall Vorrang.

Wichtig ist bei allen Maskentypen die Lagerung. Bei Nichtbenutzung sollten alle Masken trocken, bei gleichbleibender Temperatur und vor Sonnenlicht geschützt gelagert werden. Sie sollen nicht in Kontakt mit Öl oder anderen Schadstoffen gelangen.

Am einfachsten in der Pflege sind Einwegmasken, wie beispielsweise partikelfiltrierende Halbmasken. Diese können, bis auf ggf. die Reinigung der Dichtlippe, nicht weiter gereinigt werden. Sie dürfen auf keinen Fall mit Druckluft ausgeblasen werden. Dies beschädigt nur das Filtermaterial und die Maske wird unbrauchbar. Die Haltbarkeitsdaten der Masken sind unbedingt zu beachten und sind in der Regel nur auf der Verpackung zu finden.

Die Wartung, Reinigung und Desinfektion von Atemschutzgeräten sollte nur durch eine befähigte Person, z.B. den Atemschutzgerätewart, erfolgen. Die Befähigung kann beispielsweise an einer Feuerwehrschule, Hauptstellen für das Grubenrettungswesen oder bei den Herstellern von Atemschutzgeräten erworben werden.

Halb- und Vollmasken sollen nach jedem Gebrauch gereinigt und bei Verwendung durch einen anderen Anwender desinfiziert werden.

Als Reinigungsmittel bieten sich spezielle Maskenreiniger bzw. milde Reinigungsmittel an. Von aggressiven, lösemittel- bzw. ölhaltigen Reinigungsmitteln ist abzuraten.

Gerade bei der Desinfektion sind beim Hersteller die geeigneten Desinfektionsmittel zu erfragen bzw. den Produktinformationen des Herstellers zu entnehmen. Besonders bei empfindlicheren Teilen, wie z.B. den Ventilscheiben, kann die Verwendung eines falschen Desinfektionsmittels Schäden verursachen. Gebräuchlich sind hier aldehydhaltige bzw. auf quartären Ammoniumverbindungen basierende Desinfektionsmittel.

Tab. 5: Wartungsintervalle. (Tabelle: Lehmann)

Atemanschluss	Durchzuführende Arbeiten	Vor Gebrauch	Nach Gebrauch	Halb-jährlich	2 Jahre	4 Jahre	6 Jahre
		Maximale Fristen					
Vollmasken	Reinigung/ Desinfektion		■	■ *	*		
	Sicht-/Funktionsprüfung		■	■ *	*		
	Wechsel Ausatemscheibe					■	
	Wechsel Sprechmembran						■
	Kontrolle durch Geräteträger	■					
Halbmasken/ Viertelmasken	Reinigung/ Desinfektion		■	■ *	*		
	Sicht-/Funktionsprüfung		■	■ *	*		
	Wechsel Ausatemscheibe					■	
	Kontrolle durch Geräteträger	■					

* bei luftdicht verschlossenem Gerät 2 Jahre

Nach jeder Manipulation des Atemschutzgeräts sollte eine Sicht-, Dicht- und Funktionsprüfung stattfinden. Der Aufwand hierfür steigt mit der zunehmenden Komplexität des Atemschutzgeräts. So kann für eine Halbmaske, aufgrund ihrer ohnehin hohen Gesamtleckage, eine Sichtprüfung aller relevanten Bauteile (z.B. Maskenkörper, Ventile, Filteranschlüsse, Bebänderung) ausreichend sein, während bei einer Vollmaske eine Dichtprüfung, z.B. mit Unterdruck, unerlässlich ist.

Bei Nichtbenutzung sind Atemschutzmasken alle sechs Monate einer Prüfung, Reinigung und Desinfektion zu unterziehen, bei luftdichter Verpackung alle zwei Jahre. In der ungeöffneten Originalverpackung gilt hier die Herstellerangabe, die ein längeres Intervall vorgeben kann. Ausatemventilscheiben sind alle vier Jahre und Sprechmembrane alle sechs Jahre zu wechseln. Einatemventile sollen spätestens nach vier Jahren visuell inspiziert werden.

3.8.4 Atemschutzfilter

Während filtrierender Atemschutz in der Industrie die häufigste Form des Atemschutzes ist, finden Filter bei der Feuerwehr nur wenig Verwendung. Dies liegt mit Sicherheit an den größeren Einschränkungen, denen Filter unterliegen. Fragt man jedoch unter Feuerwehrangehörigen, stellt man sehr schnell fest, dass vielen nicht einmal die Grundbegriffe des filtrierenden Atemschutzes, wie z.B. die Filtertypen und -klassen wirklich bekannt sind. Die daraus auch bei Führungskräften resultierende Unsicherheit führt oft dazu, dass ein taktisch sinnvoller Einsatz von Filtergeräten unterbleibt.

In diesem Abschnitt soll ein Einblick in die Einteilung und Funktionsweise von Atemschutzfiltern gegeben werden, um dem Feuerwehrangehörigen das notwendige Wissen für den erfolgreichen Einsatz von Atemschutzfiltern zu vermitteln.

Von ihrer Funktionsweise her ist die wichtigste Unterscheidung von Filtern die zwischen Partikelfiltern und Gasfiltern. Es ist wichtig zu verstehen, dass Partikelfilter keine Gase und Dämpfe filtern, während Gasfilter keinen Schutz vor Stäuben bzw. Aerosolen jedweder Art bieten. Aus diesem Grund gibt es auch sogenannte Kombinationsfilter, die nichts anderes sind als ein hintereinandergeschalteter Partikel- und ein Gasfilter, sozusagen zwei Filter in einem Gehäuse.

Partikelfilter

Um Partikelfilter richtig zu verstehen, muss man sich zuerst von der Vorstellung verabschieden, dass es sich hierbei um so etwas Ähnliches wie ein Sieb handelt.

Partikelfilter sind KEIN Sieb!

Partikelfilter bestehen aus einem Filtervlies, bei dem die Fasern (Glas- oder Kunststofffasern) recht ungeordnet in sehr vielen Schichten übereinanderliegen. Sie fungieren als sogenannte Tiefenfilter, d.h. die Aerosole werden über die gesamte Filtertiefe abgeschieden und nicht nur an der Oberfläche. Trägheitsabscheidung spielt hier eine entscheidende Rolle. Die Partikel sind aufgrund ihrer Massenträgheit nicht in der Lage, den unzähligen Filterfasern auszuweichen und dem Luftstrom zu folgen und treffen somit auf die Oberflächen der Fasern auf, an denen sie haften bleiben. Dieser Effekt nimmt mit immer kleiner werdenden Partikeln ab. Man würde somit erwarten, dass Partikel, je kleiner sie sind, umso schlechter filtrierbar wären. Jedoch kommt hier noch ein zweiter Effekt hinzu. Mit abnehmender Partikelgröße gewinnt die Brown'sche Molekularbewegung an Relevanz. Kleine Partikel fliegen nicht mehr auf einer geradlinigen Partikelbahn, sondern diese schwankt statistisch um die Stromlinie (eine Art Zick-Zack-Bewegung). Damit nimmt die Wahrscheinlichkeit, dass ein Partikel eine Filterfaser berührt wieder zu, was zu dem für viele unerwarteten Effekt führt, dass für kleinste Teilchen im Nanobereich die Filterleistung mit abnehmender Größe wieder zunimmt. Aus diesem Grund werden Partikelfilter auch mit einem Kochsalzaerosol getestet, dessen Partikelgrößen zwischen 0,02 µm (20 nm) und 2 µm liegen, wobei der mittlere Durchmesser auf die Masse bezogen bei 0,6 µm (600 nm) liegt. Der mittlere Durchmesser liegt im Bereich der Partikelgröße, die am schlechtesten zu filtern ist (Most Penetrating Particle Size).

Dennoch werden Partikelfilter in drei Klassen eingeteilt, die nicht mit der Größe der abgeschiedenen Partikel in Korrelation stehen. Sie geben den Abscheidegrad an.

- P1 geringes Abscheidevermögen (80 %)
- P2 mittleres Abscheidevermögen (94 %)
- P3 hohes Abscheidevermögen (99,9 %)

In Praxis ergibt sich hieraus in Kombination mit dem jeweiligen Atemanschluss aufgrund der Gesamtleckage ein dementsprechender Schutzfaktor.

Die Kennfarbe für Partikelfilter ist Weiß.

■ Gase- und Dämpfefilter

Filter zum Schutz vor Gasen und Dämpfen sind in der Regel Aktivkohlefilter. Aktivkohle eignet sich aufgrund ihrer enormen Oberfläche als Filter. Gasmoleküle können an ihrer Oberfläche adsorbiert werden. Je nach Schadstoffart und -klasse, kann dies rein physikalisch (Physisorption) oder chemisch (Chemiesorption) erfolgen. Um eine gute Chemiesorption zu erreichen, wird die Aktivkohle zusätzlich chemisch behandelt, woraus sich die verschiedenen Typen an Filtern für die einzelnen Schadstoffklassen ergeben.

Die Filtertypen sind, je nach der Schadstoffklasse, für die sie vorgesehen sind, an ihren Kennbuchstaben und Kennfarben zu erkennen. Darüber hinaus gibt es noch innerhalb des Typs bei den meisten Filtern drei verschiedene Klassen. Sie geben die Aufnahmekapazität des Filters an, aus der sich auch die höchstzulässige Einsatzkonzentration ergibt. Aus diesem Wert und der jeweils für den Atemanschluss spezifischen maximalen Grenzwertüberschreitung ergibt sich die Einsatzgrenze eines Filtergeräts. Es gilt jeweils der niedrigere Wert. Gasfilter der Klasse 3 spielen wegen ihres hohen Gewichts in der Praxis keine Rolle.

Hier ein Beispiel aus der Praxis: Soll eine Vollmaske mit einem B2 (anorganische Gase, Klasse 2) zum Schutz vor Chlorgas (Arbeitsplatzgrenzwert 0,5 ppm bzw. mg/m^3) eingesetzt werden, ist von Seiten des Filters die maximale Einsatzkonzentration auf 5.000 ppm begrenzt. Vollmasken dürfen jedoch mit Gasfiltern nur bis zu einer 400-fachen Grenzwertüberschreitung eingesetzt werden, sodass sich hierdurch eine maximale Einsatzkonzentration von 200 ppm ergibt (400 x 0,5 ppm).

Im Alltag der Feuerwehren sind die Schadstoffkonzentrationen jedoch meist nicht genau bekannt, sodass sich der Einsatz von Filtern oft auf den Einsatz im Freien bei einer sehr niedrigen zu erwartenden Schadstoffkonzentration beschränkt.

Wie in Tabelle 6 zu erkennen ist, sind neben den bekannten Filtern A B E und K noch weiter Spezialfilter genannt. Hierzu zählen der AX-Filter, der NO-Filter und der CO-Filter.

Tab. 6: Filterfarbkennungen und Farben nach EN 14387. (Tabelle: Dr. Cimolino)

Kennfarbe	Filtertyp	Hauptanwendungsbereich
braun	AX	Gase und Partikel von organischen Verbindungen, Siedepunkt <= 65 °C
braun	A	Gase und Partikel von organischen Verbindungen, Siedepunkt > 65 °C
grau	B	Anorganische Gase und Dämpfe, z.B. Chlor, Schwefelwasserstoff, Cyanwasserstoff (Blausäure)
gelb	E	Schwefeldioxid, Chlorwasserstoff
grün	K	Ammoniak
schwarz	CO	Kohlenstoffmonoxid
rot	Hg	Quecksilber-Dampf
blau	NO	Nitrose Gase, einschließlich Stickstoffmonoxid
orange	Reaktor	Radioaktives Jod, einschließlich radioaktives Iodmethan
weiß	P	

Filter zum Schutz vor Kohlenstoffmonoxid (CO) bzw. nitrosen Gasen (NOX) gehören zu den katalytischen Filtern. Bei ihnen wird der Schadstoff durch einen Katalysator in eine besser filtrierbare bzw. in eine harmlosere Verbindung durch eine chemische Reaktion umgewandelt. Insbesondere beim CO-Filter wird hierbei eine nicht unerhebliche Menge Sauerstoff verbraucht, um das Kohlenstoffmonoxid in das weit harmlosere Kohlenstoffdioxid zu überführen. Aus diesem Umstand ist für diese Filter auch ein erhöhter Mindestsauerstoffgehalt von mindestens 19 % zur sicheren Verwendung notwendig. Die Empfindlichkeit der Katalysatoren begrenzt die Nutzungsdauer dieser Filter deutlich. So liegt sie bei NO-Filtern in der Regel bei 20 Minuten und bei CO-Filtern zwischen 20 und 180 Minuten. Wichtig ist hier die genaue Beachtung der Herstellerangaben.

3.9 Wasserrettung

Abhängig vom geplanten bzw. erwarteten Einsatzort gibt es bei der Wasserrettung teils erheblich unterschiedliche Anforderungen an die Schutzausrüstung. Eine ausführliche Beschreibung finden Sie im Buch zur Wasserrettung in der Reihe Standard-Einsatz-Regeln (Cimolino, 2011; Bartmann/Cimolino, 2025).

Die Einsätze bei den Fluten nach Starkregenlagen (z.B. Simbach/Inn, 2016; Herrstein, 2018 und Ahr/Erft, 2021) haben gezeigt, dass praktisch alle Bereiche in hügeligen Gebieten in Deutschland von schnell ansteigenden Gewässern niedrigerer Ordnung und in der Folge großen überfluteten Gebieten betroffen sein können. Der Einsatz an und in diesen Gewässern ist hochriskant und erfordert besondere Taktik, Ausrüstung, Ausbildung und eine gute Koordination, vgl. CIMOLINO, 2022.

Gerade bei längeren Einsätzen muss der Einsatzleiter bzw. jeweilige Führer einer Einheit auf die physiologischen Rahmenbedingungen der Einsatzkräfte im Einsatz achten und ggf. rechtzeitig für Ablösung und Erholung der Einheiten sorgen.

Vor dem Einsatz sollten die Einsatzkräfte die Vollzähligkeit und richtige Verwendung der PSA gegenseitig überprüfen. Aus dem Tauchwesen ist hier der Begriff „Buddy-Check" bekannt.

Abb. 140: Der Wasserretter rüstet sich vor einem Bootseinsatz vollständig mit seiner PSA und dem Zubehör an den immer gleichen Stellen aus. Anschließend wird bei einem Partner-Check die Vollständigkeit und der korrekte Sitz der Schutzkleidung überprüft. (Foto: Dr. Cimolino)

Als Wasserretter tätig zu sein heißt, sich gefährlichen Herausforderungen zu stellen.

Eine gute Ausbildung, körperliche Fitness und eine hochwertige Persönliche Schutzausrüstung (PSA) bilden die Grundlage für einen erfolgreichen Einsatz.

Jeder Wasserretter muss bei seiner Tätigkeit die komplette PSA tragen, die für diese Lage notwendig ist, um Unfälle zu verhüten.

Es reicht nicht aus, dass die Schutzkleidung nur gefährdungsorientierten Schutz bietet. Ebenso wichtig sind Aspekte wie Bewegungsfreiheit beim Schwimmen, Handhabung und Pflege.

Achten Sie bei der Auswahl der jeweiligen PSA-Teile wie immer auf die wechselseitigen Beeinflussungen (z.B. Neoprenanzug mit Helm) und die persönliche Passform!

Wenn die PSA bei jedem Wasserretter identisch mit Zubehör (z.B. Lampe, Kappmesser/-schere an den immer gleichen Stellen) ausgestattet ist, ermöglicht dies leichter die gegenseitige Hilfe bei Problemen (vgl. Abb. 140 und 143).

Viele Bestandteile der PSA unterliegen regelmäßigen Prüfungen (z.B. Rettungswesten) oder haben ein „Ablaufdatum" (beispielsweise i.d.R. die Kunststoffhelme).

Es liegt in der Verantwortung der Leitung der Wasserretter dafür zu sorgen, dass die notwendigen Prüfungen rechtzeitig und qualifiziert durchgeführt werden bzw. für Ersatz gesorgt wird.

In hiesigen Breitengraden kommt praktisch nur der Neoprenoverall (mit oder ohne Kapuze) in Frage. Trockentaucheranzüge werden in der Oberflächen-Wasserrettung nur noch selten verwendet, sie verbreiten sich aber zunehmend, weil sie insbesondere bei Flutlagen mehr Schutz vor kontaminiertem Wasser bieten.

Bootsbesatzungen sollten bei kalter Witterung ggf. entsprechende Schutzanzüge (= Überlebensanzüge) tragen, die nicht nur gegen das „Wetter", sondern auch bei einem Sturz ins kalte Wasser gut schützen. Diese Überlebensanzüge eignen sich auch für die Eisrettung.

Anzüge der Schwimmretter

Neoprenoverall

Der Neoprenoverall nach DIN EN 14225-1 ist i.d.R. aus 6 mm Neopren mit Außenkaschierung gefertigt. Signalfarben (z.B. rot) als Grundfarbe des Overalls und Kontrastfarben (z.B. gelb auf der Rettungsweste) sorgen für eine gute Erkennbarkeit des Wasserretters (vgl. Abb. 140 und 143).

Die Belastungszonen sind zusätzlich mit PU verstärkt. Innenseitig eingearbeitete Verstärkungen im Bereich der Schienbeine und Unterarme erhöhen die Sicherheit zusätzlich. Der Frontreißverschluss mit Neoprendichtlippe ermöglicht ein schnelles Anziehen des Anzugs. Die separate Kopfhaube erlaubt es, je nach Jahreszeit auf eine leichtere Unterziehhaube umzusteigen. Durch Manschettenabschlüsse an den Armen und Beinen wird der Wasseraustausch im Anzug vermindert. Ein dünner Wasserfilm zwischen Anzug und Haut wird vom Körper erwärmt und sorgt für zusätzliche Isolation.

Der Anzug muss wie eine zweite Haut anliegen, um einen optimalen Kälteschutz zu gewährleisten.

Zu weite Anzüge sorgen für ein Kälteproblem, zu enge Anzüge behindern die Beweglichkeit!

Überlebensanzüge

Abb. 141 und 142: Überlebensanzüge schützen vor Kälte und dem Ertrinken, behindern aber die Beweglichkeit. Sie sind gut geeignet zur Eisrettung. (Fotos: Adam, Feuerwehr Unterdürrbach)

Überlebensanzüge sind nicht für die direkte Rettung im Wasser geeignet, weil man damit zu unbeweglich ist. Sie sind aber als Schutz für z.B. Bootsbesatzungen geeignet und je nach Einsatzgebiet, Auftrag und Witterung auch zwingend erforderlich. Außerdem eignen sie sich gut zur Eisrettung.

Sie ersetzen die Rettungsweste, da sie über den nötigen Auftrieb verfügen und den Verunfallten auch in eine ohnmachtssichere Lage bringen. Sie erleichtern dessen Rettung.

Rettungswesten

Für den Feuerwehreinsatz erwähnt die UVV Feuerwehren (DGUV Information 49) im § 22 Auftriebsmittel für den sicheren Einsatz auf und am Wasser. Die Erläuterungen der Unfallkassen präzisieren dies in Rettungswesten gemäß DIN EN ISO „Persönliche Auftriebsmittel – Teil 2: Rettungswesten, Stufe 275“. Dies bezieht sich auf die Sicherung von FA mit Feuerwehreinsatzkleidung und z.B. Atemschutzgerät oder Wathose, vgl. FUK, 2015.

Wird spezielle Schutzausrüstung, z.B. für Rettungsschwimmer mit/ohne Neoprenschutzanzüge verwendet, muss dies angepasst werden, weil der hohe Auftrieb der „Feuerwehrschwimmweste“ hier ungeeignet ist.

Achten Sie bei den Rettungswesten auf die ggf. erforderlichen Prüfungen bzw. Ablegefristen!

Wildwasser-Schwimmweste

Die „Wildwasserweste“ nach DIN EN ISO 12402-5 (bis 2007 DIN EN 393) ist eine Unterart der Festkörperschwimmweste, aber für einen sehr spezialisierten Anwendungsbereich. Sie hat einen Mindestauftrieb von 50 N und schützt vor dem Untergehen. Die Bewegungsfreiheit beim Schwimmen wird dabei nicht eingeschränkt.

Sie ist für geübte Schwimmer konzipiert, die sich gegenseitig schnell zur Hilfe kommen können.

Die „Wildwasserweste“ ist nicht ohnmachtssicher!

Abb. 143: Neoprenoverall mit Wildwasserweste nach EN 393 mit Cowtail und Karabiner. Die Weste ist ausgestattet mit Kappmesser, Kappschere, Signalpfeife, Signalblitz und einem wasserdichten Erste-Hilfe-Set in der Fronttasche. Außerdem ist der Wildwasserhelm gut zu sehen. (Foto: Baumgartner, Buchloe)

Die Wildwasserweste hat einen umlaufenden Gurt, der vor der Brust mit einer Klappschnalle verschlossen wird. Im Panikfall kann der Verschluss unter Belastung mit einer Griffkugel blitzschnell geöffnet werden. Auf diese Weise entsteht ein lösbares System für Notsituationen. Am Rücken wird in den Gurt ein Metallring mit einem Cowtail (dehnbare Leine) zur Zugentlastung befestigt. Das andere Ende des Cowtails ist mit einem speziellen Karabiner ausgestattet. Der Cowtail wird für die Eigensicherung bei der Rettung verwendet, z.B. beim „gesicherten Anschwimmen" wenn schnell in einen Wurfsack eingehakt werden muss. Ein weiterer Vorteil an diesem System ist, dass sich der Wasserretter immer selbst in eine Sicherung ein- und aushängen kann.

Der Karabiner wird an der Vorderseite der Schwimmweste in einem speziellen D-Ring mit Schnellauslösung bereitgehalten, aus dem man ihn im Bedarfsfall mit einem Ruck schnell herauslösen kann. Mehrere Einstellmöglichkeiten sorgen für eine gute Passform der Weste. Durch Schaumstoffeinlagen in der Weste wird ein gewisser Prallschutz erzielt.

Festkörperschwimmwesten

Handelsübliche Festkörperschwimmwesten sind (relativ) preiswert und können z.B. von unterstützenden Bootsbesatzungen getragen werden. Sie behindern allerdings relativ stark beim Arbeiten und stellen nicht mehr den Stand der Technik dar.

Selbst aufblasende Rettungswesten

Sich selbst beim Kontakt mit Wasser aufblasende Rettungswesten gibt es in verschiedenen Ausführungen und Auftriebsstärken (vgl. DIN EN ISO 12402-2, -3, -4; entsprechen der früheren DIN EN 365, 396, 399).

Reicht für den „normalen Wasserretter" auf Booten bzw. am Ufer ggf. im Sommer noch eine Schwimmweste Typ 100 (100 N Auftrieb), so sollte bei etwas mehr Schutzkleidung (Kälteschutz) in jedem Fall mindestens eine Typ 150 (150 N Auftrieb) gewählt werden.

Bei luftundurchlässiger Einsatzkleidung ist zu beachten, dass durch Lufteinschlüsse die Drehung in eine ohnmachtssichere Rückenlage verhindert werden kann. Dem kann mit Rettungs-

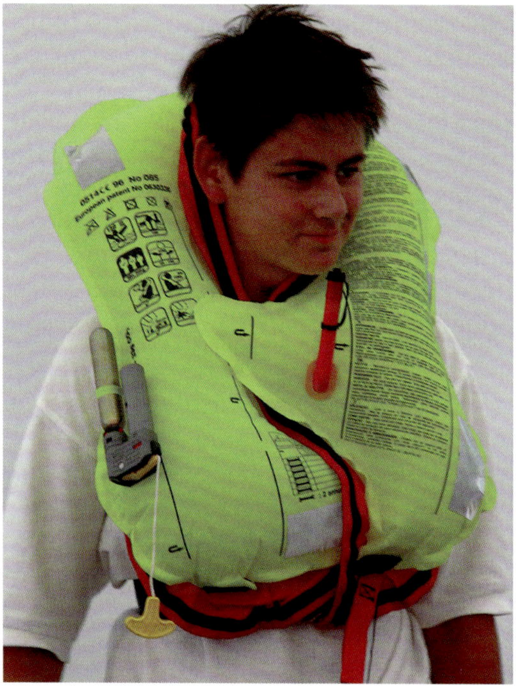

Abb. 144: Nur eine fest am Körper sitzende Rettungsweste kann eine Person in eine ohnmachtssichere Lage drehen. Beachten Sie, dass der Abstand zwischen Körper und Brustgurt maximal nur ca. 2 cm (zwei Finger) beträgt. (Foto: Baumgartner, Buchloe)

westen vom Typ 275 (275 N Auftrieb) begegnet werden. Auch Feuerwehrkräfte, die zusätzlich Brandschutzaufgaben übernehmen müssen, benötigen mindestens eine Schwimmweste Typ 275[1]. Müssen Brandbekämpfungsaufgaben wahrgenommen werden, sollten entsprechend dafür geeignete Schwimmwesten ausgewählt werden.

Aufgrund der Verwechslungsgefahr im Einsatzfall ist ggf. zu überlegen, ob nicht nur Rettungswesten vom Typ 275 vorgehalten werden.

Helme

Das Arbeiten am oder auf dem Wasser erfordert im Regelfall keinen Feuerwehrhelm. Er kann sogar behindern oder eine weitere Gefahr darstellen. Der Feuerwehrhelm sollte aber überall da getragen werden, wo Risiken der Kopfverletzung bestehen.

Abb. 145: Beim Einsatz von Kränen am Wasser ist ein Helm auch auf dem Wasser natürlich obligatorisch. (Foto: Adam, Feuerwehr Unterdürrbach)

[1] vgl. FUK, 2015.

Bei der Wasserrettung aus Schluchten, in stark fließenden Gewässern, zwischen Hindernissen und bei Unterstützung „von oben“ (von Brücken, Hubrettungsfahrzeugen oder Hubschraubern) empfehlen wir eher spezielle Helme z.B. aus dem Bereich der professionellen Wasserrettung oder des Berg- bzw. Wassersports, weil diese auf die dort herrschenden Bedingungen optimiert sind.

Der entsprechende Helm wie auch ggf. sonstige notwendige PSA (Rettungsweste) ist bei entsprechenden Gefahren grundsätzlich im bzw. auf dem Wasser und auch im Uferbereich zu tragen!

Beim Bekleben der Helme mit Reflexstreifen sind unbedingt die Herstellerangaben zu beachten. Lösungsmittel im Kleber können die Helmschale angreifen und deren Stabilität beeinträchtigen. Dies gilt auch für den Anbau von Stablampen. Hierbei dürfen Veränderungen am Helm nur nach Maßgabe der Hersteller vorgenommen werden.

Die rote oder gelbe Signalfarbe des Helms ist ein wichtiger Sicherheitsfaktor, um den Wasserretter beim Schwimmen zu erkennen.

Wildwasserhelm

Der Wildwasser- bzw. Kanuhelm nach EN 1385 ist so konzipiert, dass er vor einem direkten Aufprall mit dem Kopf schützt. Er umschließt die Ohren und die Schädelbasis. Ein Kletterhelm

Abb. 146: Wildwasserhelm (Foto: Baumgartner, Buchloe)

hingegen schützt in erster Linie gegen Steinschlag von oben. Der Schutzhelm muss ggf. auch mit Neoprenhaube (je nach Anzug) noch stabil und bequem sitzen. Durch den Stirngurt ist eine schnelle Größenanpassung möglich.

Belüftungsöffnungen im Helm sorgen beim Sprung ins Wasser für den nötigen Luftaustritt und beim Aufenthalt im Wasser für ein Durchströmen des Helms, um die Zug- bzw. Druckkräfte vom Helm auf den Kopf zu minimieren.

Kletterhelm

In Einsatzbereichen, in denen Wasserretter Einsatztechniken der Absturzsicherung anwenden müssen, oder Gefahr durch Steinschlag von oben auftreten kann, kommen auch Kletterhelme mit Luftlöchern zum Einsatz. (Anmerkung: Dies kann z.B. auch bei Nachlöscharbeiten im Rahmen der Vegetationsbrandbekämpfung in Steilhängen sinnvoll sein.)

Abb. 147: Wasserretter haben ein Fahrzeug zur Bergung vorbereitet. Die Helfer im Uferbereich tragen zusätzlich zur Einsatzkleidung eine automatische Rettungsweste und einen Kletterhelm (Gefahr von oben durch den Kranbetrieb). (Foto: Baumgartner, Buchloe)

Schuhe und Neoprensocken

Sicherer Halt, Schutz vor Verletzungen und Tragekomfort sind Anforderungen an einen Einsatzschuh. Dies gilt auch für den Bereich Fließwasserrettung. Selbstverständlich reicht für die Arbeit z.B. im Uferbereich auch ein üblicher (Feuerwehr-)Schutzschuh.

Canyoningschuhe

Aus dem Extremsport Canyoning stehen spezielle Schuhe zur Verfügung, die natürlich auch für die Rettung aus engen wasserführenden Schluchten („Canyons“) eingesetzt werden können. „Canyoningschuhe“ aus Neopren mit einer griffigen Sohle und einer Verstärkung im Knöchelbereich werden dieser Forderung am ehesten gerecht. Mit diesen Schuhen kann auch geklettert und weite Strecken gelaufen werden. Die Größe ist so zu wählen, dass auch noch 3 mm Neoprensocken zum Kälteschutz getragen werden können.

Trekkingschuhe

Trekkingschuhe mit einem hohen Textilanteil stellen eine kostengünstigere Alternative dar. Sie sollten mindestens knöchelhoch sein, um besseren Knickschutz zu bieten. Wenn Trekkingschuhe mit Schnürsenkeln verwendet werden, müssen diese doppelt geknotet werden, um ein Lösen zu vermeiden.

Abb. 148 und 149: Canyoningschuhe (links) verfügen über eine Abflussmöglichkeit für eingedrungenes Wasser. Hierdurch wird der Tragekomfort deutlich erhöht. Bei Trekkingschuhen (rechts) mit Schnürsenkel müssen diese doppelt geknotet werden, um ein Lösen zu vermeiden. (Fotos: Baumgartner, Buchloe)

Handschuhe

Da in der Fließwasserrettung viel mit dem Wurfsack, Seilen und Karabinern gearbeitet wird, sind neben dem Kälteschutz und der Robustheit auch Fingerspitzengefühl und hohe Griffsicherheit gefordert. Eine Kombination aus 3 mm Neopren und einem Lederbesatz an der Handinnenfläche stellt die dauerhafteste Lösung dar.

Abb. 150: Beispiel für verschiedene Handschuhe im Bereich der Wasserrettung. Es ist zu beachten, dass Neoprenhandschuhe ohne Lederbesatz beim Durchrutschen eines Seils durchschmelzen. Hierbei besteht eine erhebliche Verletzungsgefahr. (Foto: Baumgartner, Buchloe)

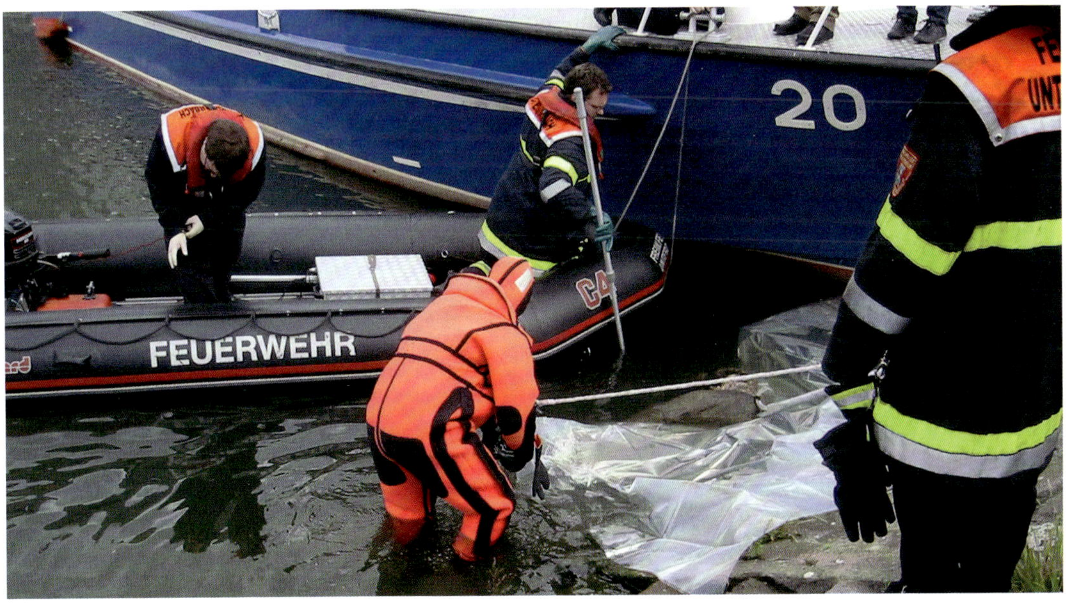

Abb. 151: Beim Umgang mit Patienten oder natürlich auch mit Toten[1] ist das Tragen von entsprechenden stabilen Einwegschutzhandschuhen obligatorisch. (Foto: Adam, Feuerwehr Unterdürrbach)

---

1 Denken Sie daran, dass Wasserleichen je nach Wassertemperatur bereits nach wenigen Tagen beim Bergen im wahrsten Sinne auseinanderfallen können. Sorgen Sie durch rechtzeitigen Einsatz von Folien und geeigneter Schutzkleidung vor (vgl. BGI 5026).

Ein Klettverschluss am Handgelenk verhindert, dass der Handschuh bei Schwimmen in der Strömung verrutschen kann. Beim Arbeiten mit Seiltechnik unterliegen Handschuhe einem besonders hohen Verschleiß.

Zubehör an PSA

Kappwerkzeug

Der Wasserretter ist bei der Eigen- oder Fremdrettung ohne Kappwerkzeug häufig hilflos. Es ist so an der Ausrüstung, am besten also an der Wildwasserweste unterzubringen, dass es mit jeder Hand leicht erreicht werden kann. Eine einfache Einhandbedienung auch mit Handschuhen ist ein weiterer Aspekt bei der Auswahl. Kappmesserklingen mit Wellenschliff erleichtern das Durchtrennen von Seilen und Bandmaterial deutlich.

Der Einsatz eines Messers unter Zeitdruck bei unübersichtlichen Bedingungen kann schnell zu Verletzungen führen. Eine Kappschere stellt hier eine sichere Alternative dar. Ambossscheren haben eine sehr hohe Schneidleistung auch bei Bandmaterial. Beachten Sie, dass das Kappwerkzeug gegen Verlust an der Wildwasserweste gesichert wird.

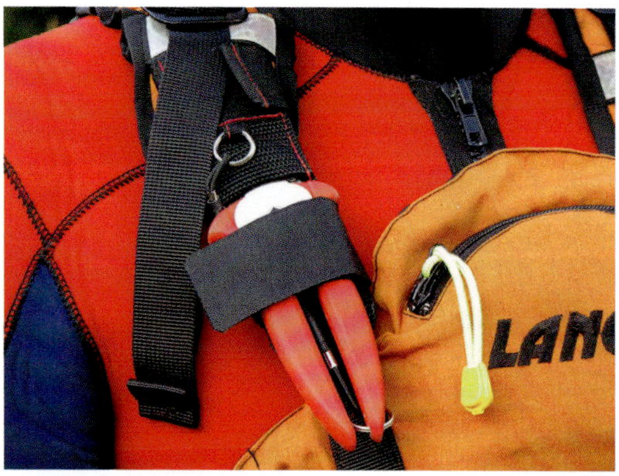

Abb. 152 und 153: Die Kappschere ist griffbereit in einem Holster an der Wildwasserweste untergebracht, zusätzlich ist sie durch eine Gummischnur gegen Verlust gesichert. Dies ist bei jeder Schwimmweste identisch ausgeführt (links). Kappwerkzeuge in unterschiedlicher Form: Rettungsschere, Ambossschere und ein Kappmesser. Allen gemeinsam ist die Einhandbedienung (rechts). (Fotos: Baumgartner, Buchloe)

Signalpfeife

Die Signalpfeife ist für Situationen mit eingeschränktem Sicht- und Rufkontakt. Es können Kommandos übermittelt und ein Notsignal gegeben werden. Mit der Signalpfeife muss auch im nassen Zustand noch ein lauter Pfiff erzeugt werden können. Sie ist so an der Wildwasserweste unterzubringen, dass sie mit jeder Hand leicht erreicht werden kann.

Lampe

Wasserretter müssen bei Dunkelheit auch außerhalb der Einsatzstellenbeleuchtung eingesetzt werden können. Dies ist nur möglich, wenn jeder Wasserretter mit einer wasserdichten Lampe ausgestattet ist. Lampen zur Befestigung am Helm haben den Vorteil, dass die Hände freigehalten werden.

Persönliche Lampen werden umso wichtiger, je weniger eine Umfeldbeleuchtung an den genutzten Booten zur Verfügung steht, oder der Aufbau einer richtigen Einsatzstellenbeleuchtung aufgrund der Umgebung (z.B. Schlucht) nicht schnell genug möglich ist.

Abb. 154: Kopflampe seitlich am Helm des Wasserretters im Boot. Durch ein chemisches „Knicklicht" am Helm (hier des Retters im Wasser) kann die Erkennbarkeit eines Wasserretters in der Dunkelheit zusätzlich erhöht werden. Auch ein Wurfsack, an dem ein solches Licht befestigt ist, kann von einer zu rettenden Person besser wahrgenommen werden. (Foto: Baumgartner, Buchloe)

Erste-Hilfe-Set

Ein kleines Erste-Hilfe-Set, das wasserdicht verpackt in der Wildwasserweste mitgeführt wird, ermöglicht es dem Wasserretter vor Ort, eine Minimalversorgung einzuleiten. Das Set sollte mindestens Verbandsmittel, eine Rettungsdecke, Infektionsschutzhandschuhe und eine Beatmungshilfe umfassen. Darauf kann verzichtet werden, wenn die Uferbereiche gut mit Fahrzeugen/ zu Fuß erreichbar sind bzw. auf den parallel eingesetzten Booten

Abb. 155: Wurfsack (Hinweis: Ein am Wurfsack befestigter Karabiner kann durch den hohen Zeitund Leistungsdruck bei einer Personenrettung leicht übersehen werden. Für die zu rettende Person besteht hierdurch eine erhebliche Verletzungsgefahr. Sollte ein (zusätzlicher) Karabiner benötigt werden, sollte dieser daher an der Rettungsweste der Retter befestigt werden. Der Markt bietet mittlerweile Wurfsackmodelle an, die mit einer gepolsterten Karabinertasche ausgestattet sind (z.B. Fa. Langer). (Foto: Baumgartner, Buchloe)

Abb. 156 und 157: Einsatzbereit ausgerüstete Einsatzkraft für die Wasserrettung mit kompletter PSA, der Wurfsack wird griffbereit hier am unteren Rücken mitgeführt (links). (Foto: Dr. Cimolino). Im Wasserrettungseinsatz kann auch eine Absturzsicherung nötig sein. Hier ist die Wasserretter-PSA mit einem Abseilgurt und einem Kletterhelm kombiniert. Aus Sicherheitsgründen muss der Abseilgurt unter der Wildwasserweste[1] getragen werden (rechts). (Foto: Baumgartner, Buchloe)

[1] Das gilt (natürlich) auch für die Verwendung von Absturzsicherungsgurten zusammen mit normalen bzw. selbst aufblasenden Schwimmwesten. Der Absturzsicherungsgurt ist immer unter der Schwimmweste zu tragen (vgl. Werft/Cimolino, 2009).

entsprechende (bzw. bessere) Ausrüstung verfügbar ist. Darauf sollte nicht verzichtet werden, wenn der Wasserretter u.U. zuerst aufgrund schlechter Erreichbarkeit des Gewässers längere Zeit auf sich allein gestellt ist, bis der Verunglückte gerettet ist oder weitere Einsatzkräfte vor Ort eingetroffen sind.

Wurfsack (oder andere Kleinwurfmittel)

Ein geeignetes Kleinwurfmittel ist mit zur erweiterten Persönlichen Schutzausrüstung des Wasserretters zu zählen, da es immer schnell greifbar sein muss. Er ist das universellste Rettungsgerät in der Fließwasserrettung. Der klassische Wurfsack ist ein Nylonbeutel mit einer konischen Form und einem Auftriebselement, mit 20 m schwimmfähigem Seil. Die Bodenschlaufe des Wurfsacks muss so klein sein, dass man mit der Hand nicht mehr durchkommt. Am Seilende darf kein Knoten sein. Zum Sichern des Wasserretters wird der Wurfsack direkt am Cowtail der Schwimmweste eingehängt. All diese Sicherheitsmaßnahmen werden als „Clean Line“ bezeichnet und verringern das Risiko von Verklemmungen oder Verwicklungen des Seils. Zum Transport wird der Wurfsack mit der Wurfschlaufe in den Brustgurt der Schwimm-

Abb. 158: Wasserretter-Trupp beim Absuchen einer Wehranlage. Die Sicherung erfolgt über den Wurfsack der direkt am Cowtail der Schwimmweste eingehängt ist. Beide Einsatzkräfte tragen die komplette spezielle PSA für einen Wasserrettungseinsatz. (Foto: Baumgartner, Buchloe)

weste eingeklinkt. Dies hat den Vorteil, dass man ihn im Notfall über den Panikverschluss abwerfen kann.

3.10 Reflektierende Schutzkleidung – Hitzeschutzkleidung

Die DIN EN 1486 beschreibt „Schutzkleidung für die Feuerwehr – Prüfverfahren und Anforderungen für reflektierende Kleidung für die spezielle Brandbekämpfung". Umgangssprachlich ist diese Kleidung auch bekannt als „Hitzeschutzkleidung", obwohl der Begriff fachlich falsch ist, weil die Bekleidung nicht vor Hitze, sondern vor Wärmestrahlung schützt. Charakteristische Merkmale sind die silbern-reflektierende Außenschicht sowie die goldfarbigen Sichtscheiben in den Anzügen.

Neben Anforderungen an den grundsätzlichen Aufbau der Kleidung (beispielsweise Sichtfeld, Festigkeit, Schutzbereich und mechanische Eigenschaften) finden sich in der DIN EN 1486 auch spezielle Kriterien für den Hitze- und Flammenschutz. So sind z.B. bestimmte Mindestvorgaben bezüglich der begrenzten Flammenausbreitung, des Wärmedurchgangs oder des Wärmewiderstands enthalten.

Für bestimmte Einsatzszenarien im Industriebrandschutz, im Zusammenhang mit speziellen Brandlasten (beispielsweise Metallbrände größeren Ausmaßes) oder bei Tankbehältern und -fahrzeugen sind Tätigkeiten denkbar, bei denen vergleichsweise nahe an mit relativ hohen Temperaturen und relativ großer Strahlungswärme an stattfindende Brände herangegangen werden muss. Denkbar ist dies beispielsweise zum (Um-)Setzen eines tragbaren Werfers oder zum Bedienen von Absperrvorrichtungen[1]. Insbesondere die bei derartigen Szenarien möglicherweise auftretende Wärmestrahlung kann höher sein als die entsprechende Schutzwirkung „regulärer" Brandbekämpfungskleidung nach DIN EN 469 bzw. nach HuPF 1/4. Die DIN EN 1486 enthält eben für diese Bereiche höhere Anforderungen an den Schutz vor Wärmestrahlung. „Durch‘s Feuer gehen" sollte man jedoch auch mit Kleidung nach DIN EN 1486 nicht – ein entsprechender Warnhinweis

[1] Da grundsätzlich bei diesen Lagen die Gefahr von Durchzündungen oder Explosionen nicht unwahrscheinlich ist, sollte primär z.B. mit fernbedienbaren und leistungsfähigen Geräten gearbeitet werden, die die Annäherung von Einsatzkräften in Zeit und Nähe auf ein absolutes Minimum reduzieren.

findet sich auch im Anhang B der Norm. Durch das reflektierende Obermaterial ist vorrangig ein Schutz vor Strahlungswärme gegeben – bei längerer direkter Flammeneinwirkung besteht die Gefahr, dass die hohe Wärmekapazität der reflektierenden Außenschicht durch die direkte Flammenbeaufschlagung auch eine gewisse Wärmemenge in weiter innen liegende Kleidungsschichten übertragen kann.

Neben der reflektierenden Schutzkleidung, die üblicherweise aus einer Kombi oder Jacke und Bundhose, Kopfschutzhaube, Handschuhen und (Überzieh-)Stiefeln besteht, sind jeweils darunter noch umluftunabhängiger Atemschutz, „leichte" Schutzkleidung (beispielsweise entsprechend HuPF 2/3) sowie ein Feuerwehrhelm zu tragen.

Grundsätzlich sind die Beanspruchungen für einen Träger von derartiger Hitzeschutzkleidung sehr hoch – ungefähr so wie mit Chemikalienschutzanzügen oder sogar darüber hinaus, sodass

Abb. 159 und 160: Einsatzkraft in reflektierender Schutzleidung (links). (Foto: Kontex GmbH). Reflektierende Schutzkleidung im Einsatz (rechts). (Foto: Konjer, Nordhorn)

hier mit deutlich kürzeren Einsatzzeiten als mit herkömmlicher Brandschutzkleidung und Atemschutz vorzugehen ist. Es empfiehlt sich bei derartigen Einsätzen, eine ähnliche Logistik wie auch beim Gefahrguteinsatz vorzuhalten. Ein kontrolliertes Anlegen und Ausziehen der reflektierenden Schutzkleidung ist durch den Trupp allein nur unter erheblichen Anstrengungen möglich, sodass möglichst ein weiterer Trupp (neben dem obligatorischen Sicherheitstrupp) außerhalb des direkten Einsatzbereichs für unterstützende Tätigkeiten zur Verfügung stehen sollte.

Die mancherorts noch vorhandenen reflektierenden Schutzkleidungen nur für Teile des Körpers (beispielsweise Mantel ohne Hose oder Handschuhe und Kopfhaube) sind schon einige Jahre aus der Norm entfernt worden. Benutzt werden dürfen diese Bestände selbstverständlich weiterhin, bei Neubeschaffungen ist jedoch auch bei dieser PSA der jeweils aktuelle Stand der Norm zu berücksichtigen.

3.11 Repräsentationskleidung und Brandsicherheitswachen

Neben der reinen Einsatzkleidung verfügen die allermeisten Feuerwehren auch über Kleidung für Repräsentationszwecke. Üblicherweise gibt es hierzu mehr oder weniger verbindliche und detaillierte Regelungen auf Länderebene.

Außer der reinen „Ausgehuniform" für repräsentative Anlässe haben mehrere Bundesländer in Zeit Erlasse zur Einführung von kombinierten bzw. Multifunktionskleidungen formuliert, die nicht nur repräsentativen Zwecken dienen, sondern teilweise auch die Tagesdienstkleidung für hauptamtliches Personal ergänzen oder ersetzen sollen.

Es handelt sich also einerseits um Arbeitskleidung, andererseits finden sich auch repräsentative, reflexstreifenfreie Farbzusammenstellungen und Dienstgradabzeichen an Ärmeln und auf den Schultern, wie sie bisher vorrangig an Uniformen verwendet wurden.

Es sollte allerdings beachtet werden, dass die Erlasse teilweise keine besonderen Anforderungen an das Material der Repräsentationskleidung stellen. Dies ist insbesondere relevant, wenn gewisse Einsatztätigkeiten bzw. Brandsicherheitswachdienste mit repräsentativer Kleidung versehen werden. Im Gegensatz zu den ebenfalls für diese Zwecke verwendeten HuPF 2/3-Garnituren (entsprechend z.B. DIN EN ISO 11612) ergibt sich so ggf. ein Defizit bezüglich der grundsätzlich geforderten Mindestanforderungen an den Schutz vor Flammen und Wärme (vgl. Kap. 2.2). Je nach Gefahrenpotenzial ist dann ggf. ergänzend zusätzliche Feuerwehrschutzkleidung mitzuführen oder anzuziehen, falls grundsätzlich mit einem erhöhten Brandrisiko – beispielsweise durch die Verwendung von Pyrotechnik – zu rechnen ist.

Bekleidung für Brandsicherheitswachen sollte grundsätzlich für einfache Einsätze geeignet sein, weil sie auch ein Feuerwehrschutzanzug nach UVV Feuerwehr, § 14 (1) sein muss. Dazu sollte es möglich sein, ggf. auch weitere Schutzbekleidung darüber zuziehen (z.B. Schutzbekleidung zur Brandbekämpfung im Innenangriff nach DIN EN 469 bzw. HuPF 1 und 4) und Pressluftatmer zu tragen. Schulterklappen sind dann kontraproduktiv!

Schulterklappen reduzieren den „Betriebsaufwand" für die Uniform der Einsatzkraft, weil die Näharbeiten bei Dienstgradwechsel entfallen. Ähnliches gilt für Ortswappen auf Einknöpfschildern statt aufgenähter Abzeichen auf Hemden o.Ä., oder Namensschilder auf Klettbändern für Einsatzkleidung bzw. Aufsteck- oder Klemm- bzw. Magnetplatten statt entsprechender eingestickter oder aufgenähter Beschriftung.

4 Allgemeine Trageeigenschaften und negative Auswirkungen von PSA

von M. Fabrizio und U. Cimolino

Bei der Benutzung von handelsüblicher PSA gibt es verschiedene Aspekte, die zusätzlich zum jeweiligen Produkt als solchem zu beachten sind. In einigen Fällen helfen auch Anwendertests (s. Kap. 5), um etwaige Fragen bereits vor einer (flächendeckenden) Beschaffung klären zu können.

Grundsätzlich gibt es für jede PSA bestimmte Einsatzgrenzen. Es ist empfehlenswert, diese im Rahmen der Ausbildung den jeweiligen Anwendern nahezubringen, damit sie nicht im Einsatz plötzlich und unvorbereitet wahrgenommen werden.

Ein Beispiel hierfür ist die schrittweise Realbrandausbildung (vgl. Cimolino et al., 1999–2011 und Ridder et al., 2013), mit der auch das Verhalten der Brandschutz-PSA im Innenangriff entsprechend trainiert werden sollte. Als Schlagworte seien hier die Wahrnehmung der Außenbedingungen (auch durch PSA eingeschränktes Sicht- und Hörvermögen) oder die Auswirkungen von hohen Außentemperaturen auf die PSA bzw. deren Träger genannt. Hierbei ist es auch wichtig zu vermitteln, dass die bessere Schutzwirkung moderner PSA nicht dazu genutzt werden darf, sich dauerhaft in höheren Temperaturbereichen aufzuhalten, sondern diese als Schutz v.a. für eine Flucht aus dem unmittelbaren Gefahrenbereich vor etwaigen plötzlichen Gefahren (beispielsweise Stichflammenbeaufschlagung nach einem Flashover etc.) dient.

Darüber hinaus gibt es auch diverse weitere beachtenswerte Merkmale im Zusammenhang mit verschiedener PSA und der jeweiligen Ergonomie:

- Bei bestimmten Helmen (insbesondere mit integrierten Visier- bzw. Brillensystemen) kann es bei Brillenträgern bzw. Menschen mit ausgeprägten Gesichtszügen (v.a. lange Nasen) zu Anpassungsschwierigkeiten kommen, da beispielsweise der integrierte Augen- und oder Gesichtsschutz zu eng am jeweiligen Gesicht anliegt, so dass darunter keine Brille mehr getragen werden kann bzw. die Nase im Weg ist.
- Bei Helm-Masken-Kombinationen kann es bei Brillenträgern bzw. Menschen mit ausgeprägten Gesichtszügen (v.a. lange Nasen, ausgeprägte Wangenknochen, „kantige“ Gesichtsformen) zu Anpassungsschwierigkeiten und Undichtigkeiten kommen, die nicht zu beheben sind.
- Auch bei Vollmasken mit klassischer 5-Band-Kopfspinne (Atemanschluss für Pressluftatmer) kann es bei sehr schmalen Gesichtern bzw. kleinen Köpfen dazu kommen, dass die Standardmasken beim Träger nicht dicht zu bekommen sind. Hier muss dann zwingend auf persönlich angepasste Masken ausgewichen werden.
- Für bestimmte PSA (beispielsweise aus dem Bereich ABC-(CBRN-)Schutz oder bei standardmäßig auf Fahrzeugen vorgehaltenen Gummistiefeln, Wathosen etc.) werden oft Einheitsgrößen verwendet, die den Trägern nicht persönlich zugeordnet sind. Dementsprechend haben Einsatzkräfte, die deutlich kleiner oder deutlich größer sind als die jeweiligen Einheitsgrößen ggf. Schwierigkeiten mit der Passform bzw. den Konfektionsgrößen dieser PSA. Eine mögliche Lösung ist hier die Vorhaltung von z.B. Stiefeln in abgestimmten Größen, passend zum größten Querschnitt der Träger, z.B. 41, 43 und 45[1], oder 42, 44 und 46. Zu wenige und daher zu große Sprünge sind nicht sinnvoll, weil dann die Passgenauigkeit zu schlecht ist und insbesondere längeres Tragen zu großen Problemen (Druckstellen, Reibstellen, Blasenbildung) führen wird.

[1] Normativ sind z.B. in der Fahrzeugbeladung i.d.R. nur zwei Paar vorgegeben. Es ist nicht verboten, die Zahl zu erweitern. Es ist sinnvoll, diese Größen auf allen entsprechenden Fahrzeugen gleich zu haben und auch eindeutig erkennbar auf den Stiefeln (bzw. Handschuhen) bzw. deren Verpackung leicht lesbar darzustellen. Dies erleichtert die Auswahl im Einsatz und die Arbeit bei der Wiederherstellung der Einsatzbereitschaft, also der Bestückung.

- Für verschiedene PSA werden unterschiedliche Größenvarianten und/oder Einstellmöglichkeiten angeboten. Ähnlich wie bei dem oben skizzierten Fall kann es jedoch vorkommen, dass es für besonders große oder besonders kleine Einsatzkräfte nicht uneingeschränkt viele Konfektionsgrößen gibt. Dies ist bereits bei der Auswahl und der Beschaffung von PSA entsprechend zu berücksichtigen (vgl. Kap. 5). Dies ist insbesondere bei der Poolbildung von Einsatzkleidung (grundsätzlich oder „nur" zur Reinigung) problematisch, weil man dann oft auf nicht genau passende Kleidung ausweichen muss.

Achten Sie bei der Konfektionierung bzw. Beschaffung auch auf unterschiedliche Größenproportionen der Einsatzkräfte. Abgesehen von den unterschiedlichen Körperstaturen (groß-schlank vs. klein-untersetzt mit allen Zwischenstufen, männlicher vs. weiblicher Körper) haben einige Menschen überdurchschnittlich lange Oberkörper (umgangssprachlich als „Sitzriesen" bezeichnet), andere haben im Verhältnis zum Oberkörper sehr lange Beine. Schutzjacken und -hosen sollten daher immer einzeln angepasst werden!

Bei Schuhen kann man heute neben der „Größe" oft auch die Weite angepasst zum Träger wählen.

Eine angenehm zu tragende, gut passende und ergonomisch vorteilhafte Persönliche Schutzausrüstung ist Voraussetzung für eine hohe Akzeptanz. PSA, die nicht richtig passt und/oder nicht richtig angelegt wird, hat eine schlechtere oder schlimmstenfalls gar keine Schutzwirkung.

5 Anwendertests

von M. Fabrizio

Grundsätzlich bieten sich vor einer Beschaffung Anwendertests an, damit die Persönliche Schutzausrüstung für das Einsatzpersonal differenziert ausgewählt und gegebenenfalls beschafft werden kann. Generelle Anregungen, vor einer Beschaffung Tragetests durchzuführen, finden sich in Anhängen verschiedener Normen für PSA, unter anderem in der EN 443 für Feuerwehrhelme, Anhang C oder im Anhang D der DIN EN 469 („Überprüfung der grundlegenden ergonomischen Merkmale von Schutzkleidung – Praktische Leistungsprüfungen“).

Bei diesen (informativen) Normanhängen werden, wie auch beispielsweise in der DGUV Information 205-114, verschiedene mögliche Testszenarien skizziert. Ziel ist hierbei, den jeweiligen Ausrüstungsgegenstand im Rahmen der Beschaffung bestimmten, einsatzrelevanten Überprüfungen zu unterziehen. Es geht hierbei nicht darum, die verschiedenen Prüfungen der jeweiligen Norm selbst „nachzubauen“ (die Normanforderungen muss genormte PSA im Rahmen des Zertifizierungsverfahrens sowieso erreichen), sondern die tatsächliche Praxistauglichkeit des jeweiligen PSA-Bestandteils bewerten zu können. So wird beispielsweise vorgeschlagen, im Rahmen des Trageversuchs die jeweilige PSA in verschiedenen (Fort-)Bewegungsarten (Gehen, Kriechen, Überkopfarbeiten etc.) auszuprobieren oder die Größenstimmigkeit sowie etwaige Scheuereigenschaften zu überprüfen.

Über diese Vorschläge hinaus können vor einer Beschaffung jedoch auch eigene Konzepte für den Test von PSA entwickelt und umgesetzt werden.

Im Vordergrund sollten hierbei die folgenden Fragestellungen stehen:

- Ist ein ehrlicher Vergleich überhaupt gewollt, oder gibt es (hoffentlich nicht!)
- „gesetzte" Kandidaten/Gewinner?

Was soll getestet werden?

- Wie läuft das Testverfahren ab?
- Wer testet?
- Wie ist der Vergleichsmaßstab? Soll eine Bezugnahme auf bisher vorhandene PSA stattfinden?
- Wie wird der Test dokumentiert, um anschließend vergleichen zu können?

Wie an anderer Stelle bereits erwähnt, ist es in den meisten Fällen weder sinnvoll noch mit den üblichen technischen Gegebenheiten (genau genug) möglich, die Normanforderungen selbst zu prüfen (beispielsweise Beflammung oder Reißfestigkeit). Vielmehr sollte es bei durch den Beschaffer vorgenommenen Testverfahren um die Einsatz- bzw. Alltagstauglichkeit sowie um die Akzeptanz der (potenziell) zum Kauf anstehenden PSA gehen. Um hierbei möglichst objektive Ergebnisse zu bekommen ist es sinnvoll, sich eines einheitlichen Fragebogens und idealerweise auch eines standardisierten Testverfahrens zu bedienen. Hierbei werden idealerweise standardisierte Verfahren gewählt. Beispiele hierfür finden sich in den beiden Ablaufdiagrammen.

Darüber hinaus ist nach Möglichkeit auf eine funktions-, dienstgrad-, geschlechts-, größen- und altersgruppenübergreifende Zusammensetzung der Probanden zu achten.

Es bietet sich insbesondere an, Tragetests in einem gestuften Verfahren sowohl unter Ausbildungs- als auch unter Einsatzbedingungen vorzunehmen. Die Praxiserprobung von PSA während des Ausbildungsbetriebes hat mehrere Vorteile:

- Im Gegensatz zum Einsatzgeschehen sind im Ausbildungsbetrieb die Gefahren überschaubar. Dementsprechend haben die Probanden eher die Möglichkeit, sich mit der jeweiligen PSA auseinanderzusetzen und auf etwaige Unterschiede im Vergleich zur bisher getragenen Schutzausrüstung zu achten.
- Viele Teilbereiche der Ausbildung können standardisiert bzw. in Modulen ablaufen – unabhängig vom Einsatzaufkommen und der Organisationsform der jeweiligen Feuerwehr.

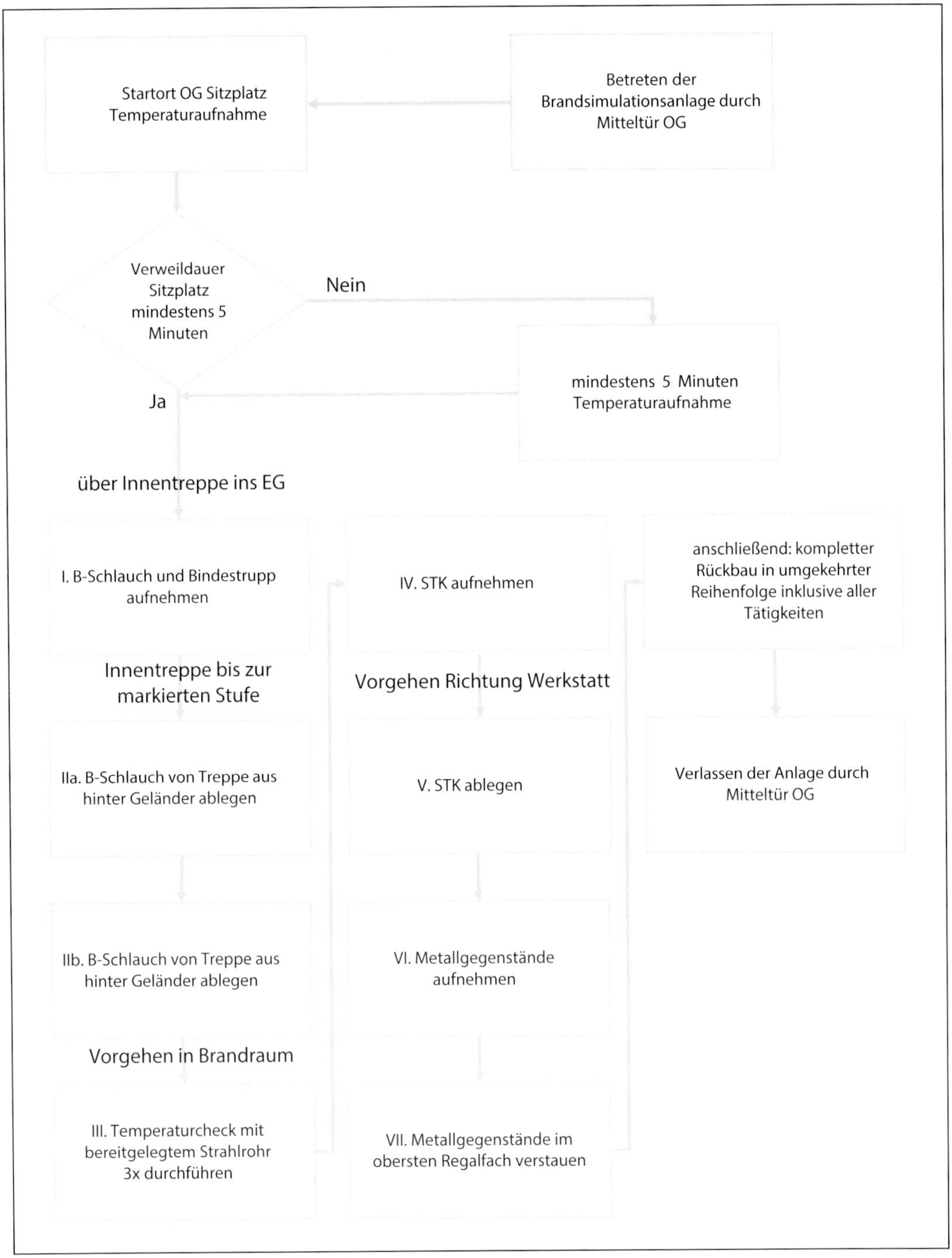

Abb. 161: Ablaufschema Helmtest mit Brandbekämpfungs-Schwerpunkt. (Grafik: Fabrizio)

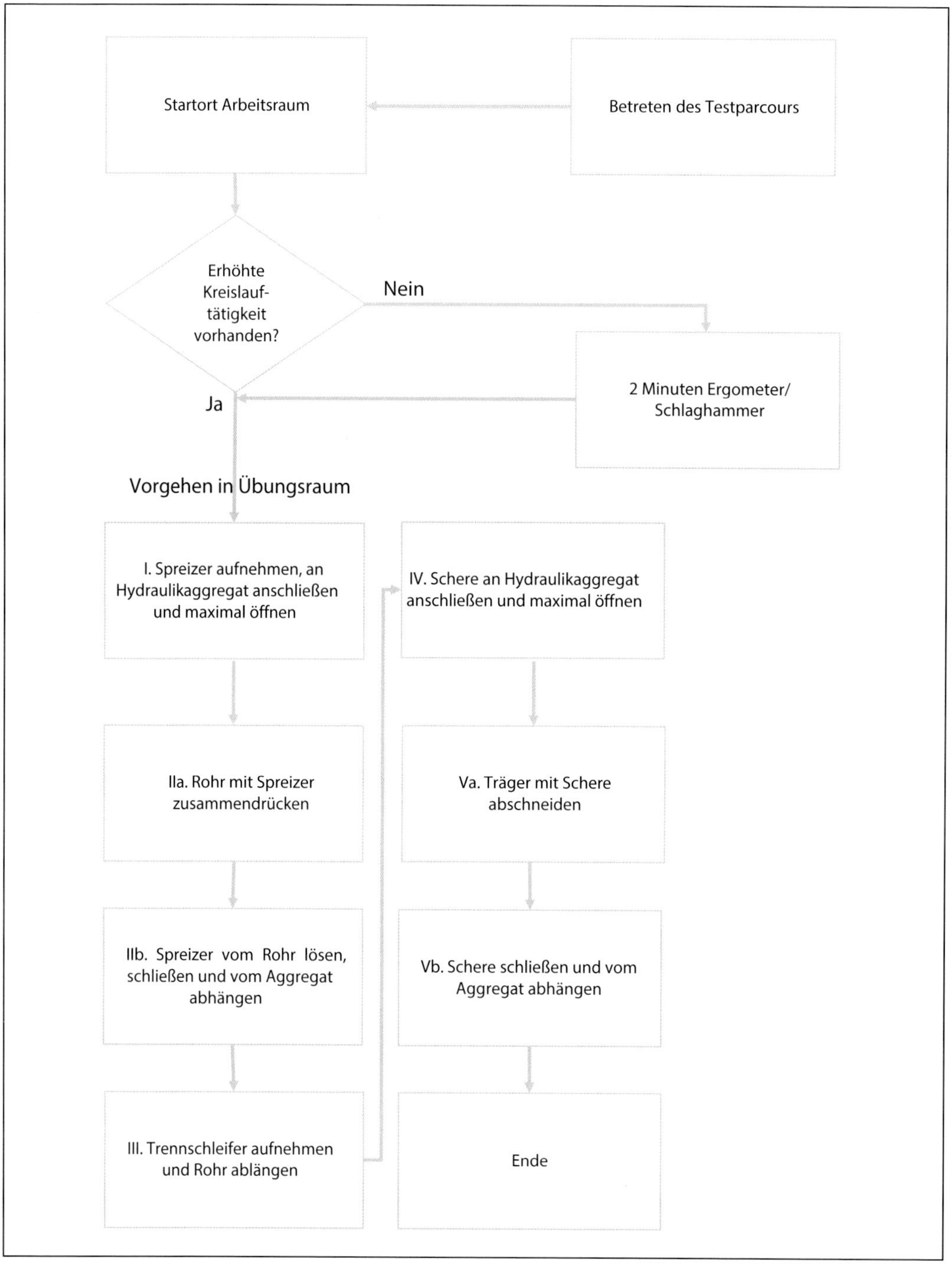

Abb. 162: Ablaufschema Helmtest mit THL-Schwerpunkt. (Grafik: Fabrizio)

Da sich sowohl für die Ausbilder als auch für die auszubildenden bzw. übenden Feuerwehrkräfte dementsprechend wiederholbare und (zumindest überwiegend) vergleichbare Situationen schaffen lassen, können so unterschiedliche Probanden zu annähernd gleichen Bedingungen die entsprechenden Tragetests durchführen. Dies gilt beispielsweise auch für Durchgänge mit mehreren Trupps bei der Realbrandausbildung, da hier in aller Regel mit verschiedenen Trupps dieselben Abläufe geübt werden.

- Es bestehen Möglichkeiten, sich in Ruhe vor und nach dem Ausbildungsbetrieb mit der jeweiligen (zu testenden) PSA zu beschäftigen und ggf. Besprechungsrunden durchzuführen, Beurteilungsbögen auszufüllen oder dergleichen.
- Die Test-PSA kann mit verschiedener Bestands-PSA zusammen kombiniert werden und spezifische Trageeigenschaften, auch nicht ganz alltäglicher Kombinationen, können evaluiert werden.

Anwendertests unter Einsatzbedingungen haben allerdings ebenfalls spezifische Vorteile. Die dort vorherrschenden Rahmenparameter bieten folgende Möglichkeiten:

- Einsätze kommen üblicherweise auch morgens um 3 Uhr bei strömendem Regen und 3 °C Außentemperatur vor. Es finden sich so teilweise Umgebungsbedingungen, die während der Ausbildung nicht zwingend vorgefunden werden.
- Teilweise treten im Einsatzbetrieb Situationen auf, die nicht in den jeweiligen (für den Test herangezogenen) Ausbil-

Abb. 163: Helmtest mit mehreren Stationen, hier unter Verwendung eines Visiers mit dem Trennschleifer. (Foto: Lange-Hegermann)

dungsmodalitäten eingebaut worden sind. Dementsprechend können hier ggf. zusätzliche Erkenntnisse gewonnen werden, wie das Verhalten der jeweiligen PSA unter Einsatzbedingungen ist.

Es muss jedoch bei Anwendertests von PSA insbesondere im Einsatzbetrieb ausgeschlossen sein, dass eine etwaige zusätzliche Gefährdung von der zu prüfenden PSA ausgeht und die Probanden negativ beeinträchtigt!

Um die Nachvollziehbarkeit und die Vergleichbarkeit einzelner Testsituationen möglichst gut darstellen zu können, ist eine gute Testdokumentation von Vorteil. Neben standardisierten Fragebögen zur jeweiligen Einschätzung der PSA macht es auch Sinn, möglichst viele Rahmenbedingungen mitzudokumentieren. Dies können beispielsweise Temperaturmessungen direkt auf der PSA sein (z.B. mit Messstreifen oder mit Fernthermometern), aber auch Notizen zum jeweiligen Wetter, zu den Uhrzeiten oder zu den Außentemperaturen. So kann einerseits im Nachhinein festgestellt werden, welche Randbedingungen insgesamt bereits abgedeckt wurden, anderseits können so mögliche Ursachen für außergewöhnliche Beurteilungen besser geprüft werden.

Abb. 164 und 165: Truppweises Testen von Schutzkleidung, hier ergänzt mit einem Fernthermometer (links). Temperaturmessstreifen an einem Helm im Rahmen eines Tragetests (rechts). (Fotos: Fabrizio)

Insgesamt lässt sich feststellen: Je besser und neutraler das Testverfahren vorbereitet und je gründlicher und neutraler es durchgeführt wird, desto valider sind die Eindrücke, die Sie von der zu testenden PSA gewinnen können und desto fundierter sind die Erkenntnisse, die Sie für die Beschaffung nutzen können.

6 Die Zukunft, einige kritische Anmerkungen und Versuch eines Schlussworts

von CH. PANNIER

Die Persönliche Schutzausrüstung der Feuerwehren hat in den vergangenen Jahrzehnten einen tiefgreifenden Wandel, verbunden mit einer immensen technischen Weiterentwicklung erlebt. Speziell die Abkehr von starren Ausführungsnormen, die kleinste Details beschrieben aber eine stetige technische Weiterentwicklung eher behinderten, hin zu flexibleren Anforderungsnormen, die lediglich ein (Mindest-)Ziel definieren und verschiedene Wege dorthin zulassen, hat in dieser Zeit viele Neuigkeiten hervorgebracht. Eine moderne Feuerwehrschutzbekleidung nach EN 469 hat nichts mehr gemein mit den alten, einlagigen Baumwollanzügen die noch Anfang bis Mitte der 1990er-Jahre zur Brandbekämpfung getragen wurden. Wir haben heute die Auswahl aus einer Vielzahl verschiedener Feuerwehrhelme in unterschiedlichen Formen und Farben, der alte Rohrführerhandschuh aus Rindsleder wird heute bei vielen Feuerwehren bestenfalls noch für einfache Arbeitsdienste genutzt und ist im Einsatzdienst modernen, mehrlagigen Handschuhen mit Nässesperre und ggf. zusätzlichen Handschuhen zur Technischen Hilfeleistung gewichen. Schnürstiefel, noch vor 25 Jahren im Feuerwehrwesen gänzlich unbekannt, entwickeln sich immer mehr zum Standard – falls sie es nicht schon sind. Das Rad der Zeit und des technischen Fortschritts hat sich schnell gedreht in den letzten Jahren – und wird es auch zukünftig tun. Die Frage ist, in welche Richtung es sich bewegt.

Auch wir Autoren dieses Buchs, die wir uns entweder beruflich oder als Beschaffer oder Anwender mit einem gewissen Enthusiasmus dem Thema PSA für Feuerwehren widmen, können natürlich nicht in die Zukunft schauen. Wir wissen nicht, wie Feuerwehren in 20 Jahren ausgestattet sein werden. Dennoch wollen wir einen Blick in die Zukunft wagen, inklusive einiger kritischer Anmerkungen, die ggf. helfen können, (kostspielige) Fehlentwicklungen zu vermeiden.

Normseitig geht die Entwicklung klar zu internationalen, globalen Standards (ISO-Normen). Die Entwicklung mit beispielsweise der EN ISO 11612 (in Europa als Nachfolgenorm der EN 531) oder in der EN ISO 20471 (als Nachfolger der EN 471) verdeutlichen dies. Weitere Bereiche werden folgen.

Normseitig wird die Herausforderung darin liegen, die bislang unterschiedlichen Anforderungen an PSA der Feuerwehren zu harmonisieren. So absurd es klingt, aber die simple Feststellung, ob ein Material brennt oder nicht, wird für einen Feuerwehrhandschuh mit einer anderen Prüfmethode bestimmt als für den Feuerwehrschutzanzug. Für den Feuerwehrhelm wiederum gibt es ein drittes Prüfverfahren. Alle drei werden aber anschließend zusammen von einem Feuerwehrangehörigen im Einsatz getragen, daher wäre es nur logisch, dass sowohl die Prüfmethode wie auch die Leistungsanforderungen identisch sind.

Wir werden vermutlich einen Trend zu noch mehr technischer Performance bei immer leichteren Gewichten sehen. Das ist einerseits gut, auf der anderen Seite muss herstellerseitig auf die Kosten geachtet werden. Der beste High-Performance-Feuerwehrschutzanzug in Superleicht-Ausführung ist nutzlos, wenn ihn niemand bezahlen kann. Anwenderseitig wird darauf zu achten sein, neue Entwicklungen diesbezüglich kritisch zu hinterfragen. Nicht alles, was neu ist, ist gut und man sollte durchaus überlegen, warum neue Feuerwehrschutzanzüge mittlerweile bis zu zwölf Taschen haben (die alle bezahlt werden müssen und mit mehr oder weniger sinnvollem Inhalt gefüllt werden), wo doch noch vor wenigen Jahren vier Taschen scheinbar völlig ausreichend waren. Wir sollten uns fragen, ob wir wirklich beschichtete Besätze auf Knien, Ellenbogen, Arm- und Beinsäumen, den

Schultern und neuerdings sogar Taschenpatten brauchen. Gibt das Schadensbild bisheriger Schutzkleidung eine Notwendigkeit hierfür und welchen Sinn macht die teure, „super-atmungsaktive“ Membrane, wenn man anschließend fast ein Drittel der Oberfläche von Jacke und Hose mit Reflexbestreifung und Besätzen luftdicht versiegelt?

Einer der letzten Megatrends im Bekleidungsbereich hieß „Smart Clothing“, intelligente Bekleidung, die mit elektrischen Geräten, Funktionen und Sensoren ausgestattet ist. Allein in Europa arbeiteten daran mehrere Forschungsvorhaben – nicht selten in (nationaler) Eitelkeit jeder für sich, aber letztlich alle am Gleichen – daran, das Modell der Freizeitjacke mit integriertem iPod auf Feuerwehrschutzkleidung zu übertragen. Die Einsatzjacke mit integriertem Funkgerät ist technisch längst machbar. Wenn sie allerdings kaputtgeht, kann man das integrierte Funkgerät (zumindest teilweise) gleich mitentsorgen – und umgekehrt.

Im Forschungsdrang sind einige Entwickler aber schon längst weiter: Prototypen von Einsatzbekleidung mit integrierter Sensorik zur Messung von Körpertemperatur und Herzfrequenz werden auf Messen und Kongressen stolz präsentiert. Dass man so – nach derzeitiger Rechtslage – die Persönliche Schutzausrüstung ganz nebenbei zum Medizinprodukt mit all seinen Anforderungen und (nutzerseitigen!) Verpflichtungen macht, wird von einigen gerne übersehen. Auf die Frage, welchen Mehrwert das konkret im Einsatzfall bringt, haben wir bis heute keine schlüssige Antwort gefunden. Stellen Sie sich als Leser vor, Sie bekommen als Einheitsführer online (nachdem die datenschutzrechtlichen Fragen auch geklärt sind) und in Echtzeit die Körpertemperatur und Herzfrequenz ihrer Atemschutztrupps auf ein Display übermittelt. Vielleicht sind Sie Arzt oder Notfallsanitäter und können mit diesen Informationen etwas anfangen. Vermutlich sind Sie aber eher Feuerwehrbeamter, Versicherungsangestellter, Ingenieur, Tiefbauer oder Metzger. Dann stellt sich die Frage, was ein medizinischer Laie mit diesen Informationen anfangen soll. Das wiederum mündet in die Frage, was die ganze Erfassung medizinischer Daten über Sensoren in der Bekleidung überhaupt an Mehrwert bringt und ob hier nicht sehr viel Geld für eine Entwicklung von fragwürdigem Nutzen ausgegeben wird. Das soll die Sensorik/intelligente PSA nicht verteufeln – ganz im Gegenteil: Wir werden höchstwahrscheinlich wenigstens in neueren Gebäuden absehbar in der Lage sein, mit Hilfe von Sensoren den

Standort eines Atemschutztrupps in einem verrauchten Einkaufszentrum, Keller oder Tunnel auf den Meter genau zu ermitteln, nicht nur zwei-, sondern dreidimensional. Diese Informationen können in einem Atemschutznotfall die entscheidenden Minuten zwischen Leben und Tod bedeuten.

Dabei dürfen aber zwei Dinge nicht vergessen werden:

- Erstens macht die beste Schutzkleidung nicht unverwundbar. Es ist zu einem großen Teil immer noch der Mensch der – angefangen bei der Planung, Beschaffung und der anschließenden Ausbildung an und mit Persönlicher Schutzausrüstung – mit darüber entscheidet, ob ein Unfall letztendlich zu einem Körperschaden führt oder nicht.
- Und zweitens (und das ist mindestens genauso wichtig) darf Persönliche Schutzausrüstung niemals das Ergebnis finanzieller Möglichkeiten sein. Die Frage darf nicht lauten „Was können wir uns (finanziell) leisten?“ sondern „Was müssen wir uns (angesichts der Gefährdungen) leisten?“. Hier zeichnet sich leider in den letzten Jahren ein bedrohlicher Trend ab: Während die ersten Feuerwehren mittlerweile die vierte Generation moderner, mehrlagiger Schutzausrüstungen beschaffen, haben andere – sei es aus finanziellen oder ideologischen Gründen – noch nicht einmal die Notwendigkeit einer (aus unserer Sicht) Mindestausstattung von Atemschutzgeräteträgern mit Überhosen und Feuerschutzhauben erkannt. Waren früher alle Feuerwehren eines Bundeslandes mehr oder weniger gut (oder schlecht) mit PSA ausgestattet, so droht der Schutz des Feuerwehrangehörigen vor den Gefahren des Einsatz- und Übungsdienstes zu einer Frage der örtlichen Verhältnisse zu werden. Die Schere zwischen denen, die gute und moderne Schutzausrüstung haben und denen, die sie nicht haben, droht immer weiter auseinanderzugehen.

Auch in der Zukunft, welche Entwicklungen sie auch mit sich bringen mag, muss gewährleistet sein, dass ein definierter Mindestschutz für jeden Feuerwehrangehörigen konsequent eingehalten wird. Das bedeutet nicht, dass jeder Feuerwehrangehörige bundesweit die gleiche Ausstattung an PSA erhalten muss. Im Gegenteil, wir haben in den vorherigen Kapiteln gezeigt, dass dies oftmals weder nötig noch zweckmäßig ist. Aber es gilt für die Zukunft definierte Schutzniveaus in der Fläche (und das bedeutet bundesweit) und nicht nur lokal durchzusetzen. Hier ist und wird jeder gefordert. Die Hersteller von PSA, die bei ihren

Entwicklungen deren Sinnhaftigkeit und vor allem Bezahlbarkeit nicht aus den Augen verlieren dürfen. Die Kommunen, die ausreichende Finanzmittel bereitzustellen haben; wir reden hier nicht von Wünschen der Feuerwehr, sondern schlichtweg von Notwendigkeiten. Die Leiter der Feuerwehren, die diese Finanzmittel mit Nachdruck einfordern müssen und ggf. auch vor den notwendigen Konsequenzen (das bedeutet letztendlich: Wenn eine bestimmte PSA nicht vorhanden ist, dann kann eine bestimmte Tätigkeit nicht durchgeführt werden) nicht zurückschrecken. Die Beschaffer von PSA, die sich immer fragen sollten „Was brauchen wir (wirklich)?“ und nicht „Was können wir uns leisten?“ oder „Was gibt es denn schönes Neues?“. Und letztendlich jeder Feuerwehrangehörige, der erkennen muss, dass eine PSA ebenso stetige Ausbildung und Übung erfordert wie ein technisches Einsatzmittel.

Wir hoffen, mit diesem Buch einen kleinen Beitrag dazu geleistet zu haben, all dies zu erreichen.

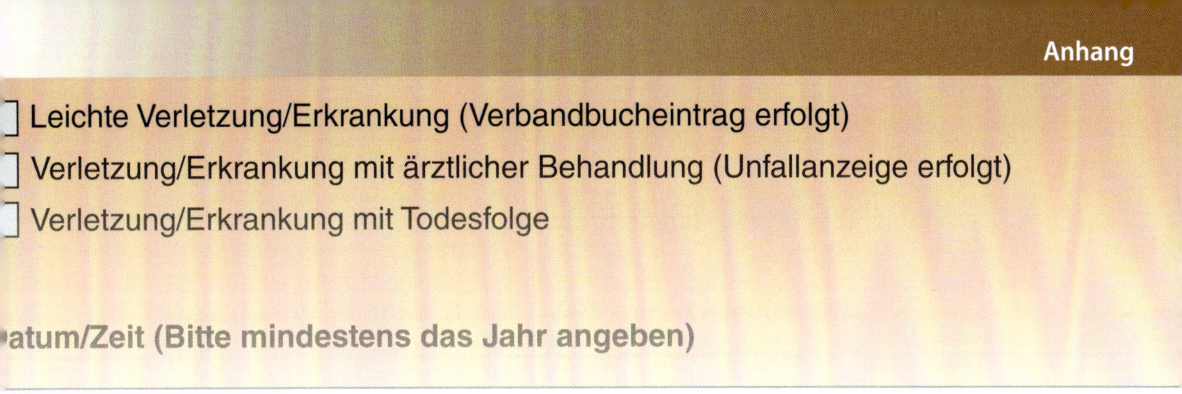

7 Anhang

von U. Cimolino und M. Fabrizio
unter Mitarbeit von D. Aschenbrenner, F. Besch und B. Lüssenheide

7.1 Einsatzstellenhygiene

Vgl. siehe Einsatzleiter-Handbuch Feuerwehr: CIMOLINO, 2025

Allgemeines

Zum Schutz des Einsatzpersonals vor Kontamination und Inkorporation mit bzw. von Schadstoffen an Einsatzstellen ist die Einhaltung grundlegender Hygienemaßnahmen erforderlich. Diese Maßnahmen sollen eine Verschleppung von Schadstoffen von der Einsatzstelle in die Feuerwehrgerätehäuser bzw. -wachen und von dort ggfs. in die private Umgebung verhindern. Verantwortlich für die Durchführung von Hygienemaßnahmen ist der jeweilige Einsatz- bzw. Abschnittsleiter, aber auch jeder Fahrzeugführer für seine Einheit.

Die nachfolgend beschriebenen Hygienemaßnahmen sind grundsätzlich an jeder Einsatzstelle, wo mit dem Auftreten von Schadstoffen (z.B. Bränden) gerechnet werden muss, anzuwenden. Besondere Einsatzlagen (z.B. ABC-Einsatz vgl. → 3 GSG ..., 3 DEKONTAMINATION) können für (bestimmte) Personengruppen bzw. eingesetztes Gerät weitere spezielle Maßnahmen erfordern.

Hygienesets aus enganliegender Schutzbrille, FFP3-Maske und Einmalhandschuhen sollten allen Einsatzkräften als persönliche Ausstattung zugeordnet werden. Diese Hygienepacks können in der persönlichen Ausrüstung mitgeführt werden, mindestens aber ihre Bestandteile aber zur festen Ausstattung der Fahrzeuge gehören.

Maßnahmen an der Einsatzstelle während des Einsatzes

- Möglichst wenig Privatkleidung unter der Persönlichen Schutzausrüstung (PSA) tragen.
- Private Gegenstände (z.B. Schmuck, Uhr, Geldbörse, Tabakwaren, Smartphone etc.) möglichst vor dem Einsatz ablegen.
- Inhalation von Schadstoffen (auch im Freien!) bei Bedarf rechtzeitig durch das Tragen geeigneter Atemschutzgeräte vermeiden.
- Einsatzkräfte im Gefahrenbereich (Bereich, in dem mit dem Vorhandensein von Schadstoffen gerechnet werden muss) auf das erforderliche Mindestmaß reduzieren.
- Für den Brandeinsatz: Während der Brandbekämpfung und während der Aufräumungsarbeiten – solange die Brandstelle „warm" ist (ca. 1–2 h nach „Feuer aus"!) – ist grundsätzlich geeigneter Atemschutz zu tragen.
- Brandrauch ist gefährlich → 3 BRANDRAUCH-...!
- Einsatzdauer im Gefahrenbereich auf das notwendige Maß beschränken.
- Vor Ablegen des Atemanschlusses ist auf jeden Fall dafür zu sorgen, dass die Feuerschutzbekleidung gut durchlüftet ist, um vor Ablegen ausgasen zu können, oder der Atemanschluss verbleibt am Gesicht, während der PA und danach die Überbekleidung (z.B. PSA für den Brandeinsatz in Gebäuden) abgelegt wird – erst danach wird auch der Atemanschluss abgelegt.
- Hautkontakt mit Schadstoffen (z.B. Ruß, Brandgase) vermeiden.
- Gefährdungsabschätzung hinsichtlich der auftretenden Schadstoffe vornehmen (z.B. Informationen über gelagerte Stoffe, Einsatzpläne, → 3 PCB(-haltige) Kondensatoren, 3 ASBEST sowie nicht ganz so gefährlich alte Mineralwolle oder GFK).
- Ggf. zusätzliche PSA tragen (z.B. Kontaminationsschutzanzug, CSA).
- Fahrzeugaufstellung beachten. Möglichst mit dem Wind und bei flüssigen Gefahrstoffen im Gefälle von oben anfahren.
- Das Eindringen von Schadstoffen in die Mannschaftskabinen verhindern!
- Fenster schließen

- Türen schließen
- Lüftung ausschalten (wenn der Fahrzeugmotor Pumpen oder Aggregate betreibt, wird sonst Luft angesaugt und ins Fahrzeug geblasen).
- Bei notwendigen Aufräumungsarbeiten in schadstoffbelasteten Bereichen ist unbedingt geeigneter Atemschutz (umluftunabhängiger Atemschutz oder wenn aufgrund der Umgebungsbedingungen möglich auch Filter A2B2E2K2 – P3) zu tragen. Ferner ist darauf zu achten, dass möglichst wenig Staub aufgewirbelt wird.
- Kontaminierte Einrichtungsgegenstände sollten nicht in saubere Bereiche gebracht werden.
- Essen, Trinken und Rauchen sind im Gefahrenbereich generell untersagt und sollten außerhalb des Gefahrenbereichs erst nach Abschluss von Hygienemaßnahmen (mind. hygienische Reinigung der Hände und des Gesichtes) gestattet werden.

Maßnahmen an der Einsatzstelle im und nach dem Einsatz

- Einsatzstelle gegen Betreten durch Unbefugte sichern.
- Körperhygiene auch im Einsatz (z.B. bei Pausen oder Verpflegung) nach Bedarf. In jedem Fall vor dem Genuss von Lebensmitteln oder Getränken, d.h. Hände und ggf. Gesicht waschen. Je nach Verschmutzung geeignete Reinigungsmittel verwenden (bei Verschmutzung mit PAK seifenfreie Reinigungspasten verwenden)! Hände etc. trocknen (z.B. Papierhandtüchern).
- Nach Beendigung der Einsatztätigkeit sind sämtliche durch Schadstoffe kontaminierte Gerätschaften an der Einsatzstelle grob mit fließendem Wasser zu reinigen (örtliche Einleitbestimmungen beachten, ggf. Abwasserrückhaltung). Zur Endreinigung im Feuerwehrgerätehaus oder -wache, sind die Gegenstände mit einem gesonderten Fahrzeug zu transportieren.
- PSA (z.B. Helm, Atemschutzgerät, Stiefel) ist ebenfalls unter fließendem Wasser zu reinigen (örtliche Einleitbestimmungen beachten, ggfs. Abwasserrückhaltung).
- Die Schutzkleidung kann – falls vorhanden und erforderlich – mit einem Staubsauger von Brandruß oder schädlichen Stäuben gereinigt werden. (Der Einsatz von Druckluft „am Mann" ist verboten!)
- Die textile PSA sollte auch nicht vor Ort abgewaschen werden, weil nasse Kleidung jede Folgenutzungsmöglichkeit (Folge-

einsatz) verhindert und einfaches Abwaschen auch für eine effektive Reinigung von Stoffen unzureichend ist!

- Ergibt die Gefährdungsabschätzung den Hinweis auf besonders gefährliche Schadstoffe, so ist eine → 3 DEKONTAMINATION, evtl. sogar unter geeignetem Atemschutz, vor Ort durchzuführen.
- Kontaminierte Gerätschaften und Schutzkleidung sind geeignet zu verpacken und bei Bedarf zu kennzeichnen → 7-2.20 KONTAMINATIONSANHÄNGEKARTE und einer fachgerechten Reinigung zuzuführen. Die Überbekleidung für den Brandeinsatz kann auch direkt in Waschsäcke verpackt werden, um ein Umpacken vermeiden zu können.
- Über die → 3 DEKONTAMINATION ist ein schriftlicher Nachweis anzufordern.
- Kontaminierte Gegenstände nicht in Mannschaftsräumen/Führerhäusern transportieren!
- Fahrzeuge, die mit Schadstoffen kontaminiert wurden, sind vor Ort grob mit fließendem Wasser zu reinigen (örtliche Einleitbestimmungen beachten, ggfs. Abwasserrückhaltung).

Maßnahmen am Standort

- Schaffung von „Schwarz/Weiß-Bereichen“ in jedem Feuerwehrgerätehaus bzw. in jeder Feuerwache. Das Betreten von Aufenthalts- und/oder Sozialräumen sowie das Verlassen des Gerätehauses bzw. der Feuerwache mit verschmutzter Einsatzkleidung sind zu unterbinden.
- Erneute Stiefelreinigung vor dem Betreten des Gebäudes.
- Nach jedem Einsatz, bei dem von einer entsprechenden Schadstoffkontamination ausgegangen werden muss, ist von den betroffenen FA die komplette betroffene Kleidung zu wechseln.
- Die Einsatzkleidung ist fachgerecht zu säubern.
- Die betroffenen Feuerwehrangehörigen müssen sich nach dem Einsatz geeignet säubern bzw. u.U. duschen und Hautpflege betreiben.
- Einsatz-, Dienst- und Privatbekleidung sind zu trennen.
- Fachgerechte (Fein-)Reinigung der eingesetzten Gerätschaften (örtliche Einleitbestimmungen beachten, ggf. Abwasserrückhaltung).
- Kontaminierte Kleidung bzw. Ausrüstung getrennt verpacken und kennzeichnen → 7-2.20 KONTAMINATIONSANHÄNGEKARTE.

- Für längere Einsätze ggf. abgepackte Päckchen mit Seife, Toilettenpapier, Waschkanister, Papierhandtücher o.Ä. in einem Alarmgerätelager einlagern.
- Ggf. einfache Ersatzkleidung (preiswerte Trainingsanzüge oder Einmalkleidung) vorhalten. Ggf. bereits verpackt, um einfach zur Einsatzstelle gebracht werden zu können.
- Regelmäßige Reinigung von (Arbeits-)Räumen.
- Mittel zur Wundversorgung sind bereitzustellen.

Benachrichtigen

- Ggf. Umweltamt
- Ggf. Gesundheitsamt
- Ggf. Arbeitsmedizinischer Dienst
- Ggf. Verleihfirma von Miettoiletten

7.2 Zusatzausrüstung für den überörtlichen Einsatz

Allgemeines

Überörtliche Einsätze, die sich zum Teil über mehrere Tage erstrecken, erfordern zusätzliche Ausrüstung.

Es kann und darf nicht sein, dass ein Helfer den Großteil der Ausrüstung für überörtliche Einsätze selbst beschafft und bei sich zu Hause lagert!

Lagern Sie die Zusatzausstattung so ein, dass es jederzeit möglich ist sie auszugeben. Außerdem sollte das Material regelmäßig auf Vollständigkeit und Zustand überprüft werden! Dabei helfen ggf. Packtaschen bzw. -kisten, die verschlossen und versiegelt werden können, weil dann nicht jedes Kleinteil einzeln immer wieder neu geprüft werden muss. Wird dies so umgesetzt, ist sicherzustellen, dass die Ablauf-/Verbrauchfristen überprüft und eingehalten werden können – z.B. indem immer die nächste Ablauffrist eines Teils außen auf der versiegelten Packung beschrieben wird.

Auch nach Gebrauch muss sichergestellt werden, dass das Material geprüft, gereinigt[1] und repariert wird.

Achten Sie bei der Beschaffung darauf, dass Sie Material kaufen, das mehr als einen Einsatz überlebt! Als Richtschnur lässt sich (durchaus) der Militärstandard empfehlen! Auch ist es von Vorteil, wenn Inhalte und Rucksäcke oder Daypacks bzw. Packkisten bereits festgelegte Maße haben. Damit ist klar, dass die komplette Ausrüstung verladen werden kann.

Ein Rucksack, der nicht da ist, nutzt ihnen genau so viel wie ein Rucksack, der nach einmaligem Benutzen kaputt ist oder im Alarmfall erst gekauft werden muss!

Es ist unerlässlich, bereits im Vorfeld Packlisten zu erstellen, um im Einsatzfall nichts zu vergessen.

Verteilen Sie die Packlisten bereits im Vorfeld an die Einsatzkräfte!

Prüfen und überarbeiten Sie Ihre Packlisten nach jedem Einsatz!

Beschaffen Sie diese Ausrüstung für die Anzahl der Helfer, die fest für ein entsprechendes Kontingent geplant sind. Gibt es keine vorgeplante Stärke, wird empfohlen, für mindestens eine Gruppe entsprechende Ausrüstung zu beschaffen.

Die Zusatzausrüstung gliedert sich in folgende Bereiche:

- Grundsätzliche Ausrüstung
- Persönliche Ausrüstung: wird am Mann oder im sogenannten „Daypack“ mitgeführt
- Reisegepäck: wird mit einem Logistik-Lkw o.Ä. mitgeführt und während der Einsatzstunden in der Unterkunft gelassen
- Fahrzeugbeladung: zusätzliche Beladung pro Einsatzfahrzeug
- Persönliche Schutzausrüstung
- Allgemeine und persönliche Körperpflege
- Reiseapotheke

[1] Ggf. auch desinfiziert, z.B. Schlafsäcke.

Grundsätzliche Ausrüstung

Jede Einsatzkraft braucht ein Feldbett, einen Schlafsack, eine Reisetasche und einen Rucksack. Darüber hinaus sollten ausreichend Zelte (mit Beleuchtung und ggf. Heizung) und Sitzmöglichkeiten für Ihre Einheit mitgenommen werden, wenn die Unterbringung nicht eindeutig geklärt ist. Auch zerlegbare Müllbeutelhalter erleichtern vieles.

Persönliche Ausrüstung „am Mann"

Die persönliche Ausrüstung „am Mann" wird von den Einsatzkräften in den Taschen der Einsatzkleidung oder in einem sogenannten „Daypack" (Paket für einen Tag) mitgeführt.

Tab. 7: Persönliche Ausrüstung am Mann

Bezeichnung	benötigt	gepackt
Ersatzbrille		
Sonnenbrille		
Brillenband/Schlüsselband/Schlüsselrolle/Verlustsicherung		
Taschenmesser/Multitool		
Trillerpfeife		
Taschenlampe/Kopflampe		
Essbesteck		
Plastikteller/Essgeschirr		
Trinkflasche (mindestens 1 Liter, jeden Tag bzw. nach Verbrauch bei nächster Gelegenheit mit frischem Trinkwasser füllen)		
Insektenschutz (soweit nicht Fahrzeugzusatzbeladung)		
Sonnenschutz (soweit nicht Fahrzeugzusatzbeladung)		
Persönliche Dokumente (Personal-/Dienstausweis, Führerschein(e), wasserdicht verpackt bzw. besser Kopien, Originale am Standort bzw. zu Hause)		
Notizbuch und Dauerschreiber		
Wachskreide/Permanentmarker		
Ersatzbatterien/Akkus mit Ladegerät für Taschenlampe/Kamera		
Kleine Müllbeutel		
einen Satz Unterwäsche und ein Handtuch, wasserdicht verpackt		

Tab. 7: Persönliche Ausrüstung am Mann

Bezeichnung	benötigt	gepackt
Sonnenschutz		
Mückenschutz		
Mütze/Haube (bei Kälte/Wind)		
Handschuhe (bei Kälte/Wind)		

Reisegepäck

Das Reisegepäck wird in der Regel in der Unterkunft gelassen.

Gelegenheit macht Diebe! Schließen Sie Ihre Tasche ab. Wenn möglich, ketten Sie Ihre Taschen aneinander oder an einen Festpunkt.

Tab. 8: Reisegepäck

Bezeichnung	benötigt	gepackt
Ausreichend Socken und Unterwäsche zum Wechseln (Faustregel: Anzahl = Einsatztage + 3)		
Badelatschen		
Handtücher		
Schlafanzug		
Sport- und Badebekleidung		
Freizeit-/Privatbekleidung		
Dreifachstecker (soweit nicht Fahrzeugzusatzbeladung)		
Schlafmaske/Gehörschutzstöpsel		
Wäschesack/Wäscheklammern/Kleiderbügel		
Ladegeräte für Fotoapparat/Mobiltelefon/Tablet/ Laptop		
Mindestens zwei Sätze Arbeitsbekleidung, witterungsangepasst		

Ergänzende Fahrzeugbeladung

Tab. 9: Ergänzende Fahrzeugbeladung

Bezeichnung	benötigt	gepackt
Fernglas		
Kompass		
Kartenmaterial (kein Navigationsgerät kann eine entsprechende Karte ersetzen)		
Schreibmaterial		
Kabelbinder/Klebeband		
Müllbeutel		
Handy mit Ladekabel (soweit das Fahrzeug auch „offiziell" über Mobiltelefon erreichbar sein soll, sonst Telefonlisten mit den privaten Telefonen)		
Flaggensatz		
Hygienekiste, sofern kein Hygieneboard verladen ist[1]		
Toilettenpapier		

Persönliche Schutzausrüstung

Grundsätzlich sollte für Feuerwehreinheiten der komplette Einsatzanzug nach UVV Feuerwehr (z.B. HuPF 2 und 3) bzw. landesrechtlicher Regelung und mindestens ein Satz Feuerwehrschutzkleidung nach HuPF 1 und 4 oder EN 469[2] mitgeführt werden. Zusätzlich sollten ein geeigneter Sonnenschutz und eine Atemschutzmaske mit Filter (Fluchtgerät) ausgegeben werden.

1 Mit Seife, Händedesinfektion Papiertücher und z.B. einem Übergangsstück Storz – Gardena.

2 Auch dann, wenn Ihre Einheit z.B. zu einem Hochwasser angefordert wird. Es kann (durchaus) sein, dass Sie auf der Anfahrt mit einer entsprechenden Lage konfrontiert oder als Einheit zur Stellung der Grundsicherung eingeteilt werden.

Tab. 10: Persönliche Schutzausrüstung

Bezeichnung	benötigt	gepackt
Feuerwehrhelm		
HuPF 2 + 3		
HuPF 1 + 4		
Feuerwehrhandschuhe Brand		
Feuerwehrhandschuhe TH		
Ggf. spezielle Arbeitshandschuhe (z.B. mit Kälteschutz)		
Sicherheitsgurt		
Feuerwehrstiefel		
Sonnenschutz (Mütze)		
Atemschutzmaske mit Filter		

Ergänzend je nach Einsatzlage sollte mitgeführt werden:

Tab. 11: Ergänzung zur Persönlichen Schutzausrüstung

Bezeichnung	benötigt	gepackt
Gummistiefel		
Regenschutz		
Dichtschließende Schutzbrille		
FFP 3 Maske		
Auffanggurte (z.B. für Dacharbeiten)		
Zusätzliche Wathosen		
Zusätzliche Schwimm- und Rettungswesten		
Zusätzliche Schnittschutzhosen		

Bei längeren Einsätzen ist es unverzichtbar, Schuhe und Hosen zum Wechseln mitzunehmen.

Körperpflege

Hier wird mitgeführt, was auch jeder mit in den Urlaub nehmen würde.

Tab. 12: Körperpflege

Bezeichnung	benötigt	gepackt
Kulturbeutel mit den nötigen persönlichen Bestandteilen für zwei Wochen		
Persönliche Medikamente		
Kontaktlinsenpflege/Brillenputztücher/Ersatzbatterien Hörgerät		
Hygieneartikel		
Badelatschen		
Handtücher/Waschlappen		

Reiseapotheke für die Einheit

Die Reiseapotheke sollte nicht von den einzelnen Einsatzkräften separat mitgeführt werden. Vielmehr bietet es sich an, eine Zug- bzw. Gruppenapotheke mitzuführen, die dann von einem medizinisch ausgebildeten FA betreut wird.

Persönliche Medikamente werden dann nur für den individuellen Bedarf[1] oder bei Allergien auf die vorgehaltenen Medikamente benötigt.

Von Vorteil an dieser Zug-Apotheke ist, dass keine unkontrollierte Einnahme stattfinden kann.

Beispiel: Ein FA ist seit mehreren Tagen erkrankt. Er versucht, sich mittels seiner Reiseapotheke zu kurieren, um nichts vom Einsatzgeschehen zu verpassen. Dabei kommt es zu einer Verschlimmerung der Symptome und zu einem Ausfall des FA.

Die Medikamente sind bei dem System immer vollzählig vorhanden und ausreichend haltbar. Hier bietet es sich an, mit Krankenhäusern eine Vereinbarung zu treffen, dass erst im Alarmfall die Medikamente bereitgestellt werden.

1 Zum Beispiel Allergiemedikamente oder krampflösende Medikamente für Frauen.

Tab. 13: Reiseapotheke für die Einheit

Bezeichnung	benötigt	gepackt
Schmerzmittel (z.B. Ibuprofen)		
Mittel gegen Durchfall (Loperamid)		
Lutschtabletten gegen Halsweh		
Wunddesinfektion (z.B. Octenisept)		
Blasenpflaster		
Zeckenzange		
Pinzette (steril verpackt)		
erweiterte Erste-Hilfe-Ausrüstung		
Mückenschutz		
Sonnenschutz		
Fieberthermometer		

Lassen Sie sich bei der Zusammenstellung der Materialliste von einem Arzt bzw. Apotheker beraten. Beachten Sie dabei auch die besonderen Bedingungen jeder Einsatzlage bzw. -umgebung.

Denken Sie an die erforderliche Dokumentation der Behandlung!

7.3 Muster-Fragebogen zur Durchführung von Helm- und Schutzkleidungstests

Beispielhaft finden Sie nachfolgend zwei Muster-Fragebogen, die bei der Beurteilung von PSA durch Probanden ausgefüllt werden können. Anpassungen und Änderungen sind selbstverständlich möglich und sinnvoll. Wichtig ist (s. Kap. 5), dass Praxistests wohlüberlegt durchgeführt werden und eine entsprechende Vor- und Nachbereitung stattfindet.

Muster-Fragebogen zur Beurteilung von Feuerwehrhelmen

Testdatum:
Hersteller:
Typ:
Getestet wurde von:
Vorhandener Helm (Typ, Baureihe/Alter):

Erläuterung:
Das Benotungssystem ist so zu verstehen, dass die ***Note 3*** mit der Qualität und Ausstattung der aktuellen Feuerwehrhelme ***gleich***zusetzen ist.
Die ***Note 1*** steht für ***viel besser***, die ***Note 2*** für **besser**, die ***Note 4*** für ***schlechter*** und die ***Note 5*** für ***viel schlechter***.

Hinweis:
Wenn durch die Fragestellung nicht eindeutig oder vollständig erfasst, bitte bei Vergabe der Noten 1 und 2 zur besseren Nachvollziehbarkeit eine zusätzliche Begründung abgeben.

Bei den folgenden Punkten bitte Zutreffendes ankreuzen.

1 Testbedingung

1.1 weitere PSA benennen

Einsatzhose (HuPF schwer)	❐
Einsatzjacke (HuPF schwer)	❐
Diensthose (HuPF leicht)	❐
Dienstjacke (HuPF leicht)	❐
Atemschutzgerät	❐
Atemschutzmaske	❐
Flammschutzhaube	❐

Handschuhtyp ______________________________

Sonstiges ______________________________

1.2 Testumstände

Tätigkeiten des Probanden

spezifischer Helmtest ❒
Realbrandausbildung ❒
technische Hilfeleistung ❒
andere Tätigkeit ❒
Sonstiges ____________________

Typ der Realbrandanlage

Feststoffbefeuerung ❒
Gasbefeuerung ❒

Testdauer

„heiß" ca. ________ min
(Bitte nicht addieren, sondern beispielsweise „2 x 5" Minuten vermerken, falls mehrere Durchgänge in den Realbrandanlagen stattgefunden haben.)
„kalt" ca. ________ min

Temperaturen

Realbrandanlage am Probandenstandort ca. ________ °C bis ca. ________ °C ca.
Außentemperatur ________ °C
Helmoberflächentemperatur ca. ________ °C

Tragehäufigkeit

Wie oft wurde dieser Helm schon von **diesem** Testträger getragen? _____ mal

2 Konstruktion und Funktionsgruppen

2.1 Innenkonstruktion

2.1.1 Kinngurt

Größe/Länge	Note	1 ❒	2 ❒	3 ❒	4 ❒	5 ❒
Funktionalität/Verstellbarkeit	Note	1 ❒	2 ❒	3 ❒	4 ❒	5 ❒
Anordnung/Platzierung	Note	1 ❒	2 ❒	3 ❒	4 ❒	5 ❒
Verschluss	Note	1 ❒	2 ❒	3 ❒	4 ❒	5 ❒
Verarbeitung	Note	1 ❒	2 ❒	3 ❒	4 ❒	5 ❒
benötigte Zeitdauer zur Verstellung	Note	1 ❒	2 ❒	3 ❒	4 ❒	5 ❒
Einklemmgefahr	Ja ❒	Nein ❒				
Auch mit angelegten Handschuhen verstellbar?	Ja ❒	Nein ❒				

Anmerkung

____
____
____

2.1.2 Kopfring

Größe	Note	1 ❒	2 ❒	3 ❒	4 ❒	5 ❒
Funktionalität/Verstellbarkeit	Note	1 ❒	2 ❒	3 ❒	4 ❒	5 ❒
Anordnung/Platzierung	Note	1 ❒	2 ❒	3 ❒	4 ❒	5 ❒
Kopfringverstellung	Note	1 ❒	2 ❒	3 ❒	4 ❒	5 ❒
Verarbeitung	Note	1 ❒	2 ❒	3 ❒	4 ❒	5 ❒
benötigte Zeitdauer zur Verstellung	Note	1 ❒	2 ❒	3 ❒	4 ❒	5 ❒
Auch mit angelegten Handschuhen verstellbar?	Ja ❒	Nein ❒				

Anmerkung

____
____
____

2.1.3 Polsterung Größe

Stärke	Note	1 ❐	2 ❐	3 ❐	4 ❐	5 ❐
Anordnung/Platzierung	Note	1 ❐	2 ❐	3 ❐	4 ❐	5 ❐
Anzahl	Note	1 ❐	2 ❐	3 ❐	4 ❐	5 ❐
Verarbeitung	Note	1 ❐	2 ❐	3 ❐	4 ❐	5 ❐
	Note	1 ❐	2 ❐	3 ❐	4 ❐	5 ❐

Anmerkung

____
____
____

2.2 Verarbeitung des Feuerwehrhelmes

Gesamteindruck 3 ❐ Note 1 ❐ 2 ❐ 4 ❐ 5 ❐

Anmerkung

____
____
____

2.3 Sichtbarkeit

Hier beispielsweise Menge und Anordnung der Reflexstreifen, Erkennbarkeit der Konturen, Farbwahl und -gestaltung sowie Nachleuchtverhalten des Feuerwehrhelmes berücksichtigen.

Wahrnehmbarkeit Note 1 ❐ 2 ❐ 3 ❐ 4 ❐ 5 ❐

3 Trageverhalten

3.1 Sitz/Passform/Bewegungsfreiheit

Hier auch Trageverhalten des Feuerwehrhelmes beim Knien, Kriechen, Steigen auf Treppen und Leitern sowie beim Heben beider Hände über den Kopf etc. mit berücksichtigen.

Gesamteindruck Tragekomfort	Note	1 ❐	2 ❐	3 ❐	4 ❐	5 ❐
Stimmigkeit der Konfektionsgröße Verstellbereich	Note	1 ❐	2 ❐	3 ❐	4 ❐	5 ❐
der Bebänderung Anpassungsfähigkeit an	Note	1 ❐	2 ❐	3 ❐	4 ❐	5 ❐
Kopfform	Note	1 ❐	2 ❐	3 ❐	4 ❐	5 ❐
Arbeiten im Überkopfbereich	Note	1 ❐	2 ❐	3 ❐	4 ❐	5 ❐
Gewicht (subjektiv)	Note	1 ❐	2 ❐	3 ❐	4 ❐	5 ❐
Verrutschen des Helms bei Beugebewegungen	Ja ❐	Nein ❐				
Engegefühl am Hals	Ja ❐	Nein ❐				
Druck-/Scheuerstellen	Ja ❐	Nein ❐				
falls ja: Wo?						

Anmerkung

____
____
____

3.2 Klima: Speziell Realbrandanlage

Isolation/Wärmeempfinden	Note	1 ❐	2 ❐	3 ❐	4 ❐	5 ❐
Atmungsaktivität	Note	1 ❐	2 ❐	3 ❐	4 ❐	5 ❐
Nässeschutz bei Bewässerung des Helmes	Note	1 ❐	2 ❐	3 ❐	4 ❐	5 ❐
(Simulation des Schlauchplatzers) Erhöhter Wärmedurchschlag?	Ja ❐	Nein ❐				
falls ja: Wo?						

Anmerkung

____

____

____

3.3 Klima: Allgemein

Temperaturempfinden

außerhalb der Realbrandanlage — Note 1 ☐ 2 ☐ 3 ☐ 4 ☐ 5 ☐

Atmungsaktivität — Note 1 ☐ 2 ☐ 3 ☐ 4 ☐ 5 ☐

Nässeschutz bei Regen/Nassübung — Note 1 ☐ 2 ☐ 3 ☐ 4 ☐ 5 ☐

Winddichtigkeit — Note 1 ☐ 2 ☐ 3 ☐ 4 ☐ 5 ☐

Kälteempfinden — Note 1 ☐ 2 ☐ 3 ☐ 4 ☐ 5 ☐

Anmerkung

____

____

____

3.4 Verständigung

Gesamteindruck — Note 1 ☐ 2 ☐ 3 ☐ 4 ☐ 5 ☐

direkt — Note 1 ☐ 2 ☐ 3 ☐ 4 ☐ 5 ☐

per Funk

- mit Helmsprechgarnitur — Note 1 ☐ 2 ☐ 3 ☐ 4 ☐ 5 ☐
- ohne Helmsprechgarnitur — Note 1 ☐ 2 ☐ 3 ☐ 4 ☐ 5 ☐

Anmerkung

____

____

____

4 Trageverhalten und Kompatibilität mit anderer PSA und Zubehör

4.1 Atemschutzeinsatz

Atemschutzgerät

Kompatibilität — Note 3 ☐ ☐ 2 ☐ 4 ☐ 5 ☐

Beeinträchtigungen — Ja ☐ Nein ☐

wenn ja: Wo?

____

____

Hollandtuch

Handhabung des Hollandtuches — Note 1 ☐ 2 ☐ 3 ☐ 4 ☐ 5 ☐

Kompatibilität — Note 1 ☐ 2 ☐ 3 ☐ 4 ☐ 5 ☐

Beeinträchtigungen — Ja ☐ Nein ☐

wenn ja: Wo?

____

____

Flammschutzhaube

Kompatibilität — Note 1 ☐ 2 ☐ 3 ☐ 4 ☐ 5 ☐

Beeinträchtigungen — Ja ☐ Nein ☐

Druckstellen — Ja ☐ Nein ☐

wenn ja: Wo?

____

____

Atemschutzmaske

Kompatibilität	Note	1 ❐	2 ❐	3 ❐	4 ❐	5 ❐
Beeinträchtigungen	Ja ❐	Nein ❐				
wenn ja: Wo?						

____

____

Anmerkung

____

____

____

4.2 Visier und Schutzbrille

Abnehmbarkeit Visier	Ja ❐	Nein ❐				
Abnehmen des Visiers						
• Dauer	Note	1 ❐	2 ❐	3 ❐	4 ❐	5 ❐
• Handhabung	Note	1 ❐	2 ❐	3 ❐	4 ❐	5 ❐
Montieren des Visiers						
• Dauer	Note	1 ❐	2 ❐	3 ❐	4 ❐	5 ❐
• Handhabung	Note	1 ❐	2 ❐	3 ❐	4 ❐	5 ❐
Beschlagen des Visiers	Ja ❐	Nein ❐				
wenn ja: Wie schnell?	Note	1 ❐	2 ❐	3 ❐	4 ❐	5 ❐
wenn ja: Wie stark?Gesonderte	Note	1 ❐	2 ❐	3 ❐	4 ❐	5 ❐
Schutzbrille tragbar?wenn ja:	Ja ❐	Nein ❐				
Sitz						
Anpassung	Note	1 ❐	2 ❐	3 ❐	4 ❐	5 ❐
Abnehmen der Brille	Note	1 ❐	2 ❐	3 ❐	4 ❐	5 ❐
• Dauer	Note	1 ❐	2 ❐	3 ❐	4 ❐	5 ❐
• Handhabung	Note	1 ❐	2 ❐	3 ❐	4 ❐	5 ❐
Montieren der Brille						
• Dauer	Note	1 ❐	2 ❐	3 ❐	4 ❐	5 ❐
• Handhabung	Note	1 ❐	2 ❐	3 ❐	4 ❐	5 ❐

Anmerkung

____

____

____

4.3 Helmsprechgarnitur

vorhanden Kompatibilität	Ja ❐	Nein ❐				
Sitz/Stabilität	Note	1 ❐	2 ❐	3 ❐	4 ❐	5 ❐
Anpassungsfähigkeit	Note	1 ❐	2 ❐	3 ❐	4 ❐	5 ❐
Beeinträchtigungen wenn	Note	1 ❐	2 ❐	3 ❐	4 ❐	5 ❐
ja: Wo?	Ja ❐	Nein ❐				

____

____

Anmerkung

____

____

____

5 Verschleiß

aufgetretene/festgestellte Defekte Ja ❐ Nein ❐
wenn ja: Wo?

____

____

____

6 Weitere Bemerkungen/Verbesserungsvorschläge

____

____

____

____

____

Vielen Dank für die Mitarbeit!

Muster-Fragebogen zur Beurteilung von Schutzkleidung

Testdatum:
Hersteller:
Typ:
Getestet wurde von:

Erläuterung:
Das Benotungssystem ist so zu sehen, dass die ***Note 3*** mit der Qualität und Ausstattung der aktuellen Schutzausrüstung ***gleich*** zu setzen ist.
Die ***Note 1*** steht für ***viel besser***, die ***Note 2*** für **besser**, die ***Note 4*** für ***schlechter*** und die ***Note 5*** für ***viel schlechter***.

Hinweis:
Wenn durch die Fragestellung nicht eindeutig erfasst, bitte bei Vergabe der Noten 1 und 2 eine zusätzliche Begründung abgeben, damit man die Punkte nachvollziehen kann.

Bei den folgenden Punkten bitte Zutreffendes ankreuzen.

1 Testbedingung

1.1 Unterziehkleidung benennen

Poloshirt Fw ❐
Sweatshirt Fw ❐
Diensthose (HuPF leicht) Dienstjacke ❐
(HuPF leicht) ❐
Funktionsunterbekleidung ❐
wenn ja: Welche?

____

____

____

Sonstiges

____

____

____

1.2 Testumstände

Tätigkeiten des Probanden
Schutzkleidungstest Realbrandausbildung ❐
Sonstiges ❐

Typ der Realbrandanlage ________________
Feststoffbefeuerung
Gasbefeuerung ❐

Testdauer ❐
„heiß"
„kalt" ca. ________ min
ca. ________ min

Temperaturen
Realbrandanlage am Probandenstandort
Außentemperatur ca. ________ °C bis ca. ________ °C ca. ________ °C

Tragehäufigkeit
Wie oft wurde diese Garnitur schon von diesem Testträger getragen? ________ mal

Handschuhtyp
Handschuh mit Stulpe
Handschuh mit Strickbund

2 Konstruktion und Funktionsgruppen

2.1 Verarbeitung der Einsatzkleidung

Gesamteindruck	Note	1 ❐	2 ❐	3 ❐	4 ❐	5 ❐

Anmerkung
____
____
____

2.2 Jacke

2.2.1 Taschen

2.2.1.1 Außentaschen unten

Größe	Note	1 ❐	2 ❐	3 ❐	4 ❐	5 ❐
Funktionalität	Note	1 ❐	2 ❐	3 ❐	4 ❐	5 ❐
Anordnung/Platzierung	Note	1 ❐	2 ❐	3 ❐	4 ❐	5 ❐
Verschluss	Note	1 ❐	2 ❐	3 ❐	4 ❐	5 ❐
Anzahl	Note	1 ❐	2 ❐	3 ❐	4 ❐	5 ❐
Verarbeitung	Note	1 ❐	2 ❐	3 ❐	4 ❐	5 ❐

Anmerkung
____
____
____

2.2.1.2 Außentaschen oben

Größe	Note	1 ❐	2 ❐	3 ❐	4 ❐	5 ❐
Funktionalität	Note	1 ❐	2 ❐	3 ❐	4 ❐	5 ❐
Anordnung/Platzierung	Note	1 ❐	2 ❐	3 ❐	4 ❐	5 ❐
Verschluss	Note	1 ❐	2 ❐	3 ❐	4 ❐	5 ❐
Anzahl	Note	1 ❐	2 ❐	3 ❐	4 ❐	5 ❐
Verarbeitung	Note	1 ❐	2 ❐	3 ❐	4 ❐	5 ❐

zwei Funkgerätetaschen	Ja ❒	Nein ❒				
mindestens eine Tasche für Adalitlampe geeignet?	Ja ❒	Nein ❒				
wenn ja: Qualität der Eignung?	Note	1 ❒	2 ❒	3 ❒	4 ❒	5 ❒

Anmerkung

____

____

____

2.2.1.3 Innentaschen

Innentasche vorhanden?	Ja ❒	Nein ❒				
Größe	Note	1 ❒	2 ❒	3 ❒	4 ❒	5 ❒
Funktionalität	Note	1 ❒	2 ❒	3 ❒	4 ❒	5 ❒
Anordnung/Platzierung	Note	1 ❒	2 ❒	3 ❒	4 ❒	5 ❒
Verschluss	Note	1 ❒	2 ❒	3 ❒	4 ❒	5 ❒
Anzahl	Note	1 ❒	2 ❒	3 ❒	4 ❒	5 ❒
Verarbeitung	Note	1 ❒	2 ❒	3 ❒	4 ❒	5 ❒

Anmerkung

____

____

____

2.2.2 Hauptverschluss (Front)

Funktionalität Reißverschluss Platzierung	Note	1 ❒	2 ❒	3 ❒	4 ❒	5 ❒
Reißverschluss	Note	1 ❒	2 ❒	3 ❒	4 ❒	5 ❒
Handhabung Reißverschluss Verarbeitung	Note	1 ❒	2 ❒	3 ❒	4 ❒	5 ❒
Reißverschluss Einklemmgefahr	Note	1 ❒	2 ❒	3 ❒	4 ❒	5 ❒
Funktionalität Klettverschluss Haltewirkung	Note	1 ❒	2 ❒	3 ❒	4 ❒	5 ❒
Klettverschluss Handhabung Klettverschluss	Note	1 ❒	2 ❒	3 ❒	4 ❒	5 ❒
Platzierung Klettverschluss	Note	1 ❒	2 ❒	3 ❒	4 ❒	5 ❒
Verarbeitung Klettverschluss	Note	1 ❒	2 ❒	3 ❒	4 ❒	5 ❒
Quick-Out-Vorrichtung vorhanden?	Note	1 ❒	2 ❒	3 ❒	4 ❒	5 ❒
Reißverschlussüberdeckung ausreichend?	Note	1 ❒	2 ❒	3 ❒	4 ❒	5 ❒
	Ja ❒	Nein ❒				
Anmerkung	Ja ❒	Nein ❒				

____

____

____

2.2.3 Zubehör

spezielle Adalitlampenbefestigung?	Ja ❒	Nein ❒				
Funktionalität	Note	1 ❒	2 ❒	3 ❒	4 ❒	5 ❒
Handhabung	Note	1 ❒	2 ❒	3 ❒	4 ❒	5 ❒
Verarbeitung	Note	1 ❒	2 ❒	3 ❒	4 ❒	5 ❒
Befestigung für Handschuhe?	Ja ❒	Nein ❒				
Funktionalität	Note	1 ❒	2 ❒	3 ❒	4 ❒	5 ❒
Handhabung	Note	1 ❒	2 ❒	3 ❒	4 ❒	5 ❒
Verarbeitung	Note	1 ❒	2 ❒	3 ❒	4 ❒	5 ❒
Befestigung für Funktionskoller?	Ja ❒	Nein ❒				
zwei Namenkletts (rechts + links)?	Ja ❒	Nein ❒				

Anmerkung

____
____
____

2.2.4 Ärmelabschluss und Kompatibilität mit Handschuhen

Funktionalität	Note	1 ❒	2 ❒	3 ❒	4 ❒	5 ❒
Verarbeitung	Note	1 ❒	2 ❒	3 ❒	4 ❒	5 ❒
Größe	Note	1 ❒	2 ❒	3 ❒	4 ❒	5 ❒
Ärmelabschluss verstellbar?	Ja ❒	Nein ❒				
falls ja: Verstellbarkeit des Ärmelabschlusses						
• mit Handschuhe	Note	1 ❒	2 ❒	3 ❒	4 ❒	5 ❒
• ohne Handschuhe	Note	1 ❒	2 ❒	3 ❒	4 ❒	5 ❒
Klettverschlussüberdeckung ausreichend?	Ja ❒	Nein ❒				
Bündchen mit Daumeneingriff?	Ja ❒	Nein ❒				

Anmerkung

____
____
____

2.2.5 Halsabschluss und Kompatibilität mit Helm/Flammschutzhaube

Funktionalität	Note	1 ❒	2 ❒	3 ❒	4 ❒	5 ❒
Verarbeitung	Note	1 ❒	2 ❒	3 ❒	4 ❒	5 ❒
Größe	Note	1 ❒	2 ❒	3 ❒	4 ❒	5 ❒
Einklemmgefahr	Note	1 ❒	2 ❒	3 ❒	4 ❒	5 ❒
Engegefühl am Hals?	Ja ❒	Nein ❒				
Kompatibilität mit Helm/Flammschutzhaube	Note	1 ❒	2 ❒	3 ❒	4 ❒	5 ❒

Anmerkung

____
____
____

2.2.6 Schulterschutz (innen)

Stärke	Note	1 ❒	2 ❒	3 ❒	4 ❒	5 ❒
Größe	Note	1 ❒	2 ❒	3 ❒	4 ❒	5 ❒
Platzierung	Note	1 ❒	2 ❒	3 ❒	4 ❒	5 ❒
Beweglichkeit	Note	1 ❒	2 ❒	3 ❒	4 ❒	5 ❒

Anmerkung

____
____
____

2.2.7 Schulterschutz (außen)

Schutz vor Verrutschen der PA-Bebänderung	Note	1 ❒	2 ❒	3 ❒	4 ❒	5 ❒
mechanischer Schutz	Note	1 ❒	2 ❒	3 ❒	4 ❒	5 ❒

Anmerkung

____
____
____

2.2.8 Ellenbogenschutz

Stärke	Note	1 ❒	2 ❒	3 ❒	4 ❒	5 ❒
Größe	Note	1 ❒	2 ❒	3 ❒	4 ❒	5 ❒
Platzierung	Note	1 ❒	2 ❒	3 ❒	4 ❒	5 ❒
Beweglichkeit mechanischer	Note	1 ❒	2 ❒	3 ❒	4 ❒	5 ❒
Schutz (außen!)	Note	1 ❒	2 ❒	3 ❒	4 ❒	5 ❒

Anmerkung

____

____

____

2.3 Hose

2.3.1 Taschen und Durchgreiföffnungen

2.3.1.1 Seitentaschen

Größe	Note	1 ❒	2 ❒	3 ❒	4 ❒	5 ❒
Funktionalität	Note	1 ❒	2 ❒	3 ❒	4 ❒	5 ❒
Anordnung/Platzierung	Note	1 ❒	2 ❒	3 ❒	4 ❒	5 ❒
Verschluss	Note	1 ❒	2 ❒	3 ❒	4 ❒	5 ❒
Anzahl	Note	1 ❒	2 ❒	3 ❒	4 ❒	5 ❒
Verarbeitung	Note	1 ❒	2 ❒	3 ❒	4 ❒	5 ❒

Anmerkung

____

____

____

2.3.1.2 Durchgreiföffnungen

Größe	Note	1 ❒	2 ❒	3 ❒	4 ❒	5 ❒
Funktionalität	Note	1 ❒	2 ❒	3 ❒	4 ❒	5 ❒
Anordnung/Platzierung	Note	1 ❒	2 ❒	3 ❒	4 ❒	5 ❒
Verschluss	Note	1 ❒	2 ❒	3 ❒	4 ❒	5 ❒
Verarbeitung	Note	1 ❒	2 ❒	3 ❒	4 ❒	5 ❒

Anmerkung

____

____

____

2.3.2 Hauptverschluss

Funktionalität	Note	1 ❒	2 ❒	3 ❒	4 ❒	5 ❒
Haltewirkung	Note	1 ❒	2 ❒	3 ❒	4 ❒	5 ❒
Handhabung	Note	1 ❒	2 ❒	3 ❒	4 ❒	5 ❒
Platzierung	Note	1 ❒	2 ❒	3 ❒	4 ❒	5 ❒
Verarbeitung Klettverschlussüberdeckung	Note	1 ❒	2 ❒	3 ❒	4 ❒	5 ❒
ausreichend?	Ja ❒	Nein ❒				

Anmerkung

____

____

____

2.3.3 Hosenträger

Funktionalität	Note	1 ❐	2 ❐	3 ❐	4 ❐	5 ❐
Verschluss	Note	1 ❐	2 ❐	3 ❐	4 ❐	5 ❐
Verstellbarkeit	Note	1 ❐	2 ❐	3 ❐	4 ❐	5 ❐
Elastizität	Note	1 ❐	2 ❐	3 ❐	4 ❐	5 ❐
Polsterung	Note	1 ❐	2 ❐	3 ❐	4 ❐	5 ❐
Verarbeitung	Note	1 ❐	2 ❐	3 ❐	4 ❐	5 ❐
Rutschen leicht von den Schultern?	Ja ❐	Nein ❐				
Austauschbarkeit	Ja ❐	Nein ❐				

Anmerkung

____

____

____

2.3.4 Beinabschluss und Kompatibilität mit Stiefeln

Funktionalität	Note	1 ❐	2 ❐	3 ❐	4 ❐	5 ❐
Verarbeitung	Note	1 ❐	2 ❐	3 ❐	4 ❐	5 ❐
Größe	Note	1 ❐	2 ❐	3 ❐	4 ❐	5 ❐
Beinabschluss verstellbar?	Ja ❐	Nein ❐				
Reißverschluss?	Ja ❐	Nein ❐				
Reißverschlussüberdeckung? ausreichend Abschlussbündchen	Ja ❐	Nein ❐				
Kompatibilität mit Stiefeln	Ja ❐	Nein ❐				
	Note	1 ❐	2 ❐	3 ❐	4 ❐	5 ❐

Anmerkung

____

____

____

2.3.5 Knieschutz

Stärke	Note	1 ❐	2 ❐	3 ❐	4 ❐	5 ❐
Größe	Note	1 ❐	2 ❐	3 ❐	4 ❐	5 ❐
Platzierung	Note	1 ❐	2 ❐	3 ❐	4 ❐	5 ❐
Beweglichkeit mechanischer	Note	1 ❐	2 ❐	3 ❐	4 ❐	5 ❐
Schutz (außen!)	Note	1 ❐	2 ❐	3 ❐	4 ❐	5 ❐

Anmerkung

____

____

____

2.4 Sichtbarkeit

Hier beispielsweise Menge und Anordnung der Reflexstreifen, Erkennbarkeit der Konturen, Farbwahl und -gestaltung der Schutzkleidung berücksichtigen.

Warnwirkung	Note 1 ❐	2 ❐	3 ❐	4 ❐	5 ❐

3 Trageverhalten

3.1 Sitz/Passform/Bewegungsfreiheit

Hier auch Trageverhalten der Einsatzkleidung beim Knien, Kriechen, Steigen auf Treppen und Leitern sowie beim Heben beider Hände über den Kopf etc. mit berücksichtigen.

Gesamteindruck	Note	1 ❐	2 ❐	3 ❐	4 ❐	5 ❐
Stimmigkeit der Konfektionsgröße	Note	1 ❐	2 ❐	3 ❐	4 ❐	5 ❐
Jackenlänge	Note	1 ❐	2 ❐	3 ❐	4 ❐	5 ❐
Achseln	Note	1 ❐	2 ❐	3 ❐	4 ❐	5 ❐
Kniekehlen	Note	1 ❐	2 ❐	3 ❐	4 ❐	5 ❐
Schritt/Bein	Note	1 ❐	2 ❐	3 ❐	4 ❐	5 ❐
Hals	Note	1 ❐	2 ❐	3 ❐	4 ❐	5 ❐
Arme	Note	1 ❐	2 ❐	3 ❐	4 ❐	5 ❐
Arbeiten im Überkopfbereich	Note	1 ❐	2 ❐	3 ❐	4 ❐	5 ❐
Druck-/Scheuerstellen	Note	1 ❐	2 ❐	3 ❐	4 ❐	5 ❐
falls ja: Wo?						

Anmerkung

____

____

____

3.2 Klima: speziell Realbrandanlage

Isolation/Wärmeempfinden						
• Knie	Note	1 ❐	2 ❐	3 ❐	4 ❐	5 ❐
• Ellenbogen	Note	1 ❐	2 ❐	3 ❐	4 ❐	5 ❐
• allgemein in der Realbrandanlage	Note	1 ❐	2 ❐	3 ❐	4 ❐	5 ❐
Atmungsaktivität						
• allgemein	Note	1 ❐	2 ❐	3 ❐	4 ❐	5 ❐
• im Bereich des Pressluftatmers	Note	1 ❐	2 ❐	3 ❐	4 ❐	5 ❐
• im Bereich der Hosenträger	Note	1 ❐	2 ❐	3 ❐	4 ❐	5 ❐
Nässeschutz bei Bewässerung der Kleidung (Simulation des Schlauchplatzers)	Note	1 ❐	2 ❐	3 ❐	4 ❐	5 ❐
Wärmeempfinden bei durchnässter Kleidung	Note	1 ❐	2 ❐	3 ❐	4 ❐	5 ❐
erhöhter Wärmedurchschlag?	Ja ❐	Nein ❐				
falls ja: Wo?						

Anmerkung

____

____

____

3.3 Klima allgemein

Temperaturempfinden						
außerhalb der Realbrandanlage	Note	1 ❐	2 ❐	3 ❐	4 ❐	5 ❐
Atmungsaktivität						
• allgemein	Note	1 ❐	2 ❐	3 ❐	4 ❐	5 ❐
• im Bereich des Pressluftatmers	Note	1 ❐	2 ❐	3 ❐	4 ❐	5 ❐
• im Bereich der Hosenträger	Note	1 ❐	2 ❐	3 ❐	4 ❐	5 ❐
Nässeschutz bei Regen/Nassübung	Note	1 ❐	2 ❐	3 ❐	4 ❐	5 ❐
Winddichtigkeit	Note	1 ❐	2 ❐	3 ❐	4 ❐	5 ❐

Anhang

____
____
____

3.4 Gesamtgewicht der Einsatzkleidung

trocken	Note	1 ❐	2 ❐	3 ❐	4 ❐	5 ❐
nass	Note	1 ❐	2 ❐	3 ❐	4 ❐	5 ❐

4 Pflege und Verschleiß

4.1 Revisionsöffnungen

vorhanden Ja ❐ Nein ❐

Anmerkung

____
____
____

4.2 Maßveränderung

vorhanden Ja ❐ Nein ❐

Anmerkung

____
____
____

4.3 Farbechtheit

vorhanden Ja ❐ Nein ❐

Anmerkung

____
____
____

4.4 Verschleiß

vorhanden Ja ❐ Nein ❐

Anmerkung

____
____
____

4.5 Imprägnierung

Abperlen Ja ❐ Nein ❐

Durchnässung Ja ❐ Nein ❐

wenn ja, Wo?

____
____
____

5 Weitere Bemerkungen/Verbesserungsvorschläge
Vielen Dank für die Mitarbeit!

7.4 Unfallmeldungen

Meldung an www.atemschutzunfaelle.eu

Meldung an www.atemschutzunfaelle.eu

Abs.: ______________________

An
Atemschutzunfaelle.eu
Schulstr. 4

D-49565 Bramsche

Meldung von kritischen Ereignissen[1]

☐ Beinaheunfall/technische Auffälligkeit
☐ Leichte Verletzung/Erkrankung (Verbandbucheintrag erfolgt)
☐ Verletzung/Erkrankung mit ärztlicher Behandlung (Unfallanzeige erfolgt)
☐ Verletzung/Erkrankung mit Todesfolge

Datum/Zeit (Bitte mindestens das Jahr angeben)

Veröffentlichung

☐ Meldung OHNE Veröffentlichung (nur interne Datenbank/Statistik)
☐ Anonyme Veröffentlichung
☐ Veröffentlichung mit Quellenangabe (nach gesonderter Freigabe)

Erreichbarkeit für Rückfragen (z.B. Telefon, eMail-Adresse)

1 Ereignisse im Gefahrenbereich / bei Übungen mit Bezug Brandbekämpfung, ABC-Gefahrstoffe, Tauchen etc.

Meldebogen – Stand: 24. Oktober 2020 Seite 1 von 3

Meldung an www.atemschutzunfaelle.eu

Fallbeschreibung[2]

2 Bitte beschreiben Sie neben der Lage, der durchgeführten Taktik, der Vorgehensweise der Trupps, Truppstärken, auch die Verletzungen und die getragene Schutzkleidung sowie die Maßnahmen zur Rettung und die dafür notwendigen Personalstärken bzw. Ausrüstungen. Sollte der Platz auf dem Vordruck nicht ausreichen senden Sie bitte weitere Seiten an uns. Bilder, Grafiken und Videos können ebenfalls veröffentlicht werden.

Bei technischen Auffälligkeiten bitten wir um detaillierte Angaben zu den Komponenten, Herstellungsjahre, ggfs. Angaben zu Wartungen und Prüfungen (Verfahren, Intervalle etc.)

Meldebogen – Stand: 24. Oktober 2020 Seite 2 von 3

Meldung an www.atemschutzunfaelle.eu

Hinweise für deutsche Feuerwehren

Unabhängig von einer freiwilligen Meldung an Atemschutzunfaelle.eu müssen bei Unfällen mit Personenschäden selbstverständlich die zuständigen Unfallkassen (FF), Berufsgenossenschaften (WF) bzw. die zuständigen Ämter (BF) mit einer Unfallanzeige informiert werden. Für Bagatellverletzungen ist ein Eintrag im Verbandbuch erforderlich.

Mit Einführung der Feuerwehr-Dienstvorschrift 7 – Atemschutz (seit der Ausgabe 2002) ist zudem gefordert:

> *Unfälle oder Beinaheunfälle sind dem Leiter der Feuerwehr zu melden.*
>
> *Falls mit einem Atemschutzgerät ein Unfall passiert, ist der Öffnungszustand des Ventils zu kennzeich nen und schriftlich festzuhalten (auch Anzahl der Umdrehungen bis zum Schließen des Ventils). Der Behälterdruck ist ebenfalls schriftlich festzuhalten. Das Atemschutzgerät (einschließlich des Ateman schlusses) ist sicherzustellen.*

Kooperation mit der Vereinigung zur Förderung des deutschen Brandschutzes e.V.

Das Referat 8 "Persönliche Schutzausrüstung" der vfdb bemüht sich um die Belange rund um die persönliche Schutzausrüstung: Atemschutztechnik, Schutzkleidung etc. Das Referat 8 prüft die Relevanz für den gesamten Feuerwehrbereich, im Bedarfsfall wird Einfluss auf das DIN, Hersteller und/oder Anwender genommen.

☐ Bitte um Weiterleitung an die vfdb, Referat 8

Datenschutz

Wir nehmen den Schutz Ihrer persönlichen Daten sehr ernst. Wie wir den Datenschutz umsetzen erfahren Sie hier: https://www.atemschutzunfaelle.eu/impressum.html#datenschutz

Für anonymisierte Meldungen garantieren wir die erforderliche Diskretion!

Vor einer gewünschten Veröffentlichung halten wir Rücksprache!

Formular an info@atemschutzunfaelle.eu senden

Inhaltlich Verantwortlicher gemäß Telemediengesetz (§ 5 TMG):

Atemschutzunfaelle.eu
Björn Lüssenheide
Schulstr. 4
D-49565 Bramsche

Tel.: +49 5461 / 7077-12

info@atemschutzunfaelle.eu
www.atemschutzunfaelle.eu

Ust-Id Nr.: DE258010835 (für Deutschland)
Ust-Id Nr.: ATU68510738 (für Österreich)

Meldebogen – Stand: 24. Oktober 2020 Seite 3 von 3

Bzw. über folgenden Link:

https://www.atemschutzunfaelle.de/download/Atemschutzunfaelle.eu/meldung.pdf

7.5 Abkürzungsverzeichnis

8. GPSGV	8. Verordnung zum Geräte- und Produktsicherheitsgesetz
8. ProdSGV	8. Verordnung zum Produktesicherheitsgesetz
ABC	Atomar, biologisch, chemisch
AGT	Atemschutzgeräteträger
AK	Arbeitskreis
ArbSchG	Arbeitsschutzgesetz
BF	Berufsfeuerwehr
BFD	Boston Fire Departement
BG	Berufsgenossenschaft
BM	Brandmeister
CBRN	Chemisch, biologisch, radiologisch, nuklear
CSA	Chemikalienschutzanzug
DGUV	Deutsche Gesetzliche Unfallversicherung
DIN	Deutsches Institut für Normung e.V.
DLK	Drehleiter mit Korb
EN	Europäische Norm
EU	Europäische Union
EuGH	Europäischer Gerichtshof
EWG	Europäische Wirtschaftsgemeinschaft
FA	Feuerwehrangehöriger
FF	Freiwillige Feuerwehr
FFP	Filtering Face Piece
FwDV	Feuerwehr-Dienstvorschrift
FUK	Feuerwehr-Unfallkasse
GefStoffV	Gefahrstoffverordnung
GUV	Gesetzliche Unfallversicherung
HLF	Hilfeleistungslöschgruppenfahrzeug
HMK	Helm-Masken-Kombination

HTI	Heat Transfer Index
HuPF	Herstellungs- und Prüfungsbeschreibung für eine universelle Feuerwehrschutzbekleidung
ISO	Internationale Organisation für Normung
KWF	Kuratorium für Waldarbeit und Forsttechnik e.V.
NFPA	National Fire Protection Association
NIOSH	National Institute for Occupational Safety and Health
PA	Pressluftatmer
PES	Polyester
PSA	Persönliche Schutzausrüstung
PSA-BV	PSA-Benutzungsverordnung
PTFE	Polytetrafluorethylen
PU(R)	Polyurethan
PVC	Polyvinylchlorid
RHTI	Radiant Heat Transfer Index
SER	Standardeinsatzregel
THL	Technische Hilfeleistung
UK	(hier:) Unfallkasse
UVV	Unfallverhütungsvorschrift
vfdb	Vereinigung zur Förderung des Deutschen Brandschutzes e.V.

7.6 Literaturverzeichnis

8. Verordnung zum Produktsicherheitsgesetz (8. ProdSGV)

AK Technik: Niederschrift AK Technik NW100315, Anlage 2 vom 9.2.2010

Anderson, Norma: Many lessons learned from El Al crash, in: fire international, 11/1993

Arbeitsschutzgesetz (ArbSchG)

Ausschuss für biologische Arbeitsstoffe (ABAS): Technische Regeln für biologische Arbeitsstoffe, TRBA 500: Allgemeine Hygienemaßnahmen – Mindestanforderungen, März 1999

Bartmann, Hubertus/Cimolino, Dr. Ulrich: Hochwasser- und Starkregeneinsatz, Fachwissen Feuerwehr, ecomed-Verlag, Landsberg 2025

Besch, Florian; Cimolino, Dr. Ulrich; Lorenzen, Lars, Wolf, Ulrich: Einsätze bei Anlagen erneuerbarer Energien, ecomed-Verlag, Landsberg, 2024

BGI 5026: BG-Information – Biologische Arbeitsstoffe beim Umgang mit Verstorbenen, Berufsgenossenschaft für Fahrzeughaltungen, Köln, 2009

Bovelett, Harald: Ausarbeitung zur Haltbarkeit von Schnittschutzkleidung, Harald Bovelett, BF Düsseldorf, 2010

Cimolino, Dr. Ulrich et al.: Neuer Feuerwehrsicherheitsgurt, in 112, 10/97, efb-Verlag, Köln, 1997

Cimolino, Dr. Ulrich (Hrsg.): Der Zug im Einsatz von Löschgeräten. Reihe Standard-Einsatz-Regeln, ecomed-Verlag, Landsberg, 2005B

Cimolino, Dr. Ulrich: Einsatzleiter-Handbuch Feuerwehr, ecomed-Verlag, Landsberg, 2025

Cimolino, Dr. Ulrich: Führungskräftekennzeichnung. in: 112, Magazin der Feuerwehr, 5/96, efb-Verlag, Köln, 1996

Cimolino, Dr. Ulrich (Hrsg.): (Die Staffel/Gruppe im) Einsatz von Löschgeräten. Reihe Standard-Einsatz-Regeln, ecomed-Verlag, Landsberg, 2005A

Cimolino, Dr. Ulrich: Recherchen und Aufgabenstellung für Abschnittsarbeiten. Düsseldorf, 1994

Cimolino, Dr. Ulrich: Vorschläge zur Kennzeichnung von Fahrzeugen, Räumen, Wegen usw. Düsseldorf, 2003; vgl. auch Greager 2003, DFV-Empfehlung 2004 und Cimolino/Zawadke 2005

Cimolino, Dr. Ulrich/Aschenbrenner, Dirk/Lembeck, Thomas/Pannier, Christian/Südmersen, Jan: Atemschutz, ecomed-Verlag, Landsberg, 1999–2011

Cimolino, Dr. Ulrich/Baumgartner, Andreas/De Vries, Dr. Holger/Müller, Christian: Standard-Einsatz-Regeln: Wasserrettung, ecomed-Verlag, Landsberg, 2011

Cimolino, Dr. Ulrich/Bayer, Gerhard/Schneider, Siegfried/Schweigger, Andreas: Kommunikation im Einsatz, ecomed-Verlag, Landsberg, 2008

Cimolino, Dr. Ulrich; Brinkmann, Dag; Kühner, André: Workshop: Kennzeichnung von Führungskräften. Messe Rescue 2001, Stuttgart, 2001

Cimolino, Dr. Ulrich/Horn,Ingo/Pannier, Christian/Südmersen, Jan et. al.: Stellungnahme zur Veröffentlichung des IM, LFS und UK Baden-Württemberg vom 29.07.2003

Cimolino, Dr. Ulrich/Ridder, Adrian/Lüssenheide, Björn/Reeker, Christian/Südmersen, Jan: Atemschutz-Notfallmanagement, ecomed-Verlag, Landsberg, 2011

Cimolino, Dr. Ulrich/Südmersen, Jan/Maushake, Detlef/Neumann, Nicolas: Standard-Einsatz-Regeln: Wald- und Flächenbrandbekämpfung, ecomed-Verlag, 2013–2019

Cimolino, Dr. Ulrich (Hrsg.)/Südmersen, Jan/Zawadke, Thomas: Vegetationsbrandbekämpfung, ecomed-Verlag, Landsberg, 2020

Cimolino, Dr. Ulrich: Vortrag zu Auswertungen der vfdb-Expertenkommission Starkregen für die vfdb, Münster, 2022

CIMOLINO, Dr. ULRICH/WEICH-ARIN, ANDREAS: Standard-Einsatz-Regeln: Kennzeichnung von Führungskräften, Fahrzeugen, Wegen, ecomed-Verlag, Landsberg, 2007–2024

DAVIS, P. O.: For best results, maintain fitness levels. Fire Chief, ed. 39, 24–28, 1995

DGUV-Spitzenverband: BGI/GUV-I 8591, Information – Warnkleidung, Berlin, 2010

DGUV-Spitzenverband: BGI/GUV-I 8671, Information – Auswahl von Chemikalienschutzanzügen bei der Feuerwehr, Berlin, 2010

DGUV-Spitzenverband: BGR/GUV-R 190, Regel – Benutzung von Atemschutzgeräten, Berlin, 2011 DGUV-Spitzenverband: Hinweise zu Schutzhandschuhen gegen mechanische Gefahren bei der Feuerwehr und den Hilfeleistungsorganisationen, 2011

Deutscher Feuerwehrverband: Empfehlung zur Führungskräftekennzeichnung. in: 112-Magazin der Feuerwehr, in: 112, 10/99, efb-Verlag, Köln, 1999

Deutscher Feuerwehrverband (CIMOLINO, Dr. ULRICH; DONNER, HANS-JOACHIM; ZIEBS, HARTMUT): Kennzeichnung von Führungsmitteln und -plätzen (Musterempfehlung des DFV). Empfehlung, 06.12.2004

Deutsches Institut für Normung e.V.: DIN 14530-27 Löschfahrzeuge – Teil 27: Hilfeleistungs-Löschgruppenfahrzeug HLF 20, Beuth-Verlag, Berlin, 2011

Deutsches Institut für Normung e.V.: DIN 14800-17 Feuerwehrtechnische Ausrüstung für Feuerwehrfahrzeuge – Teil 17: Gerätesatz Absturzsicherung, Beuth-Verlag, Berlin, 2007

Deutsches Institut für Normung e.V.: DIN 14920 Feuerwehrleine – Anforderungen, Prüfung, Behandlung, Beuth-Verlag, Berlin, 2010

Deutsches Institut für Normung e.V.: DIN 14926 Feuerwehr-Haltegurt mit Zweidornschnalle für den Selbstrettungseinsatz – Anforderungen, Prüfung [ZURÜCKGEZOGEN], Beuth-Verlag, Berlin, 2003

Deutsches Institut für Normung e.V.: DIN 14927 Feuerwehr-Haltegurt mit Zweidornschnalle und Karabinerhaken mit Multifunktionsöse – Anforderungen, Prüfung, Beuth-Verlag, Berlin, 2005

Deutsches Institut für Normung e.V.: DIN 14940 Feuerwehrhelm; Anforderungen, Prüfung [ZURÜCKGEZOGEN], Beuth-Verlag, Berlin, 1990

Deutsches Institut für Normung e.V.: DIN EN 13274-1 Atemschutzgeräte – Prüfverfahren – Teil 1: Bestimmung der nach innen gerichteten Leckage und der gesamten nach innen gerichteten Leckage, Beuth-Verlag, Berlin, 2001

Deutsches Institut für Normung e.V.: DIN EN 13274-3 Atemschutzgeräte – Prüfverfahren – Teil 3: Bestimmung des Atemwiderstandes. Beuth-Verlag, Berlin, 2002

Deutsches Institut für Normung e.V.: DIN EN 136 Atemschutzgeräte – Vollmasken – Anforderungen, Prüfung, Kennzeichnung, Beuth-Verlag, Berlin, 1998

Deutsches Institut für Normung e.V.: DIN EN ISO 11611 Schutzkleidung für Schweißen und verwandte Verfahren, Beuth-Verlag, Berlin, 2008

Deutsches Institut für Normung e.V.: DIN EN 137 Atemschutzgeräte – Behältergeräte mit Druckluft (Pressluftatmer) mit Vollmaske – Anforderungen, Prüfung, Kennzeichnung, Beuth-Verlag, Berlin, 2007

Deutsches Institut für Normung e.V.: DIN EN 1385 Helme für den Kanu- und Wildwassersport, Beuth- Verlag, Berlin, 2012

Deutsches Institut für Normung e.V.: DIN EN 13911 Schutzkleidung für die Feuerwehr – Anforderungen und Prüfverfahren für Feuerschutzhauben für die Feuerwehr, Beuth-Verlag, Berlin, 2004

Deutsches Institut für Normung e.V.: DIN EN 140 Atemschutzgeräte – Halbmasken und Viertelmasken – Anforderungen, Prüfung, Kennzeichnung, Beuth-Verlag, Berlin, 1998

Deutsches Institut für Normung e.V.: DIN EN 14225-1 Tauchanzüge – Teil 1: Nasstauchanzüge – Anforderungen und Prüfverfahren, Beuth-Verlag, Berlin, 2005

Deutsches Institut für Normung e.V.: DIN EN 143 Atemschutzgeräte – Partikelfilter – Anforderungen, Prüfung, Kennzeichnung, Beuth-Verlag, Berlin, 2006

Deutsches Institut für Normung e.V.: DIN EN 14458 Persönlicher Augenschutz – Gesichtsschutzschilde und Visiere zur Verwendung mit Schutzhelmen für die Feuerwehr, Krankenwagenpersonal und Notfalldienste, Beuth-Verlag, Berlin, 2004

Deutsches Institut für Normung e.V.: DIN EN 1486 Schutzkleidung für die Feuerwehr – Prüfverfahren und Anforderungen für reflektierende Kleidung für die spezielle Brandbekämpfung, Beuth-Verlag, Berlin, 2008

Deutsches Institut für Normung e.V.: DIN EN 149 Atemschutzgeräte – Filtrierende Halbmasken zum Schutz gegen Partikeln – Anforderungen, Prüfung, Kennzeichnung, Beuth-Verlag, Berlin, 2009

Deutsches Institut für Normung e.V.: DIN EN 15090 Schuhe für die Feuerwehr, Beuth-Verlag, Berlin, 2012

Deutsches Institut für Normung e.V.: DIN EN 15614 Schutzkleidung für die Feuerwehr – Laborprüfverfahren und Leistungsanforderungen für Schutzkleidung für die Brandbekämpfung im freien Gelände, Beuth-Verlag, Berlin, 2007

Deutsches Institut für Normung e.V.: DIN EN 16471 Feuerwehrhelme – Helme für Wald- und Flächenbrandbekämpfung [NORM-ENTWURF], Beuth-Verlag, Berlin, 2012

Deutsches Institut für Normung e.V.: DIN EN 166 Persönlicher Augenschutz – Anforderungen, Beuth-Verlag, Berlin, 2001

Deutsches Institut für Normung e.V.: DIN EN 20811 Textilien; Bestimmung des Widerstandes gegen das Durchdringen von Wasser; Hydrostatischer Druckversuch (ISO 811:1981), Beuth-Verlag, Berlin, 1992

Deutsches Institut für Normung e.V.: DIN EN 24920 Textilien; Bestimmung der wasserabweisenden Eigenschaften (Sprühverfahren) (ISO 4920:1981) [ZURÜCKGEZOGEN], Beuth-Verlag, Berlin, 1992

Deutsches Institut für Normung e. V: DIN EN 31092 Textilien – Physiologische Wirkungen – Messung des Wärme- und Wasserdampfdurchgangswiderstandes unter stationären Bedingungen (sweating guarded-hotplate test) (ISO 11092:1993 + Amd.1:2012), Beuth-Verlag, Berlin, 2013

Deutsches Institut für Normung e.V.: DIN EN 345-2 Sicherheitsschuhe für den gewerblichen Gebrauch – Teil 2: Zusätzliche Spezifikation, Beuth-Verlag, Berlin, 1996

Deutsches Institut für Normung e.V.: DIN EN 352-1 Gehörschützer – Allgemeine Anforderungen – Teil 1: Kapselgehörschützer, Beuth-Verlag, Berlin, 2003

Deutsches Institut für Normung e.V.: DIN EN 352-2 Gehörschützer – Allgemeine Anforderungen – Teil 2: Gehörschutzstöpsel, Beuth-Verlag, Berlin, 2003

Deutsches Institut für Normung e.V.: DIN EN 365 [MIT BERICHTIGUNGEN] Persönliche Schutzausrüstung zum Schutz gegen Absturz – Allgemeine Anforderungen an Gebrauchsanleitungen, Wartung, regelmäßige Überprüfung, Instandsetzung, Kennzeichnung und Verpackung; Deutsche Fassung EN 365:2004, Berichtigungen zu DIN EN 365:2004-12, Beuth-Verlag, Berlin, 2007

Deutsches Institut für Normung e.V.: DIN EN 367 Schutzkleidung; Schutz gegen Wärme und Flammen; Prüfverfahren: Bestimmung des Wärmedurchgangs bei Flammeneinwirkung, Beuth-Verlag, Berlin, 1992

Deutsches Institut für Normung e.V.: DIN EN 374-3 Schutzhandschuhe gegen Chemikalien und Mikroorganismen – Teil 3: Bestimmung des Widerstandes gegen Permeation von Chemikalien, Beuth-Verlag, Berlin, 2003

Deutsches Institut für Normung e.V.: DIN EN 381 Schutzkleidung für die Benutzer von handgeführten Kettensägen, Teile 1–5 und 7–11, Beuth-Verlag, Berlin, 1993–2003

Deutsches Institut für Normung e.V.: DIN EN 381-11 Schutzkleidung für die Benutzer von handgeführten Kettensägen – Teil 11: Anforderungen für Oberkörperschutzmittel, Beuth-Verlag, Berlin, 2003

Deutsches Institut für Normung e.V.: DIN EN 381-5 Schutzkleidung für die Benutzer von handgeführten Kettensägen – Teil 5: Anforderungen an Beinschutz, Beuth-Verlag, Berlin, 1995

Deutsches Institut für Normung e.V.: DIN EN 381-7 Schutzkleidung für Benutzer von handgeführten Kettensägen – Teil 7: Anforderungen an Schutzhandschuhe für Kettensägen, Beuth-Verlag, Berlin, 1999

Deutsches Institut für Normung e.V.: DIN EN 388 Schutzhandschuhe gegen mechanische Risiken, Beuth-Verlag, Berlin, 2003

Deutsches Institut für Normung e.V.: DIN EN ISO 12402-5 Persönliche Auftriebsmittel – Teil 5: Schwimmhilfen (Stufe 50), Beuth-Verlag, Berlin, 2006

Deutsches Institut für Normung e.V.: DIN EN ISO 12402-3 Persönliche Auftriebsmittel – Teil 3: Rettungswesten, Stufe 150 – Sicherheitstechnische Anforderungen, Beuth-Verlag, Berlin, 2006

Deutsches Institut für Normung e.V.: DIN EN ISO 12402-2 Persönliche Auftriebsmittel – Teil 2: Rettungswesten, Stufe 275 – Sicherheitstechnische Anforderungen, Beuth-Verlag, Berlin, 2006

Deutsches Institut für Normung e.V.: DIN EN ISO 12402-7 Persönliche Auftriebsmittel – Teil 7: Werkstoffe und Bestandteile – Sicherheitstechnische Anforderungen und Prüfverfahren, Beuth-Verlag, Berlin, 2006

Deutsches Institut für Normung e.V.: DIN EN ISO 12402-9 Persönliche Auftriebsmittel – Teil 9: Prüfverfahren, Beuth-Verlag, Berlin, 2006

Deutsches Institut für Normung e.V.: DIN EN 405 Atemschutzgeräte – Filtrierende Halbmasken mit Ventilen zum Schutz gegen Gase oder Gase und Partikeln – Anforderungen, Prüfung, Beuth-Verlag, Berlin, 2009

Deutsches Institut für Normung e.V.: DIN EN 443 Feuerwehrhelme für die Brandbekämpfung in Gebäuden und anderen baulichen Anlagen, Beuth-Verlag, Berlin, 2008

Deutsches Institut für Normung e.V.: DIN EN 455 Medizinische Handschuhe zum einmaligen Gebrauch, Teile 1–4, Beuth-Verlag, Berlin, 2000–2011

Deutsches Institut für Normung e.V.: DIN EN 469 Schutzkleidung für die Feuerwehr – Leistungsanforderungen für Schutzkleidung für die Brandbekämpfung, Beuth-Verlag, Berlin, 2006

Deutsches Institut für Normung e.V.: DIN EN 471, Warnkleidung – Prüfverfahren und Anforderungen [ZURÜCKGEZOGEN], Beuth-Verlag, Berlin, 2003

Deutsches Institut für Normung e.V.: DIN EN 659 Feuerwehrschutzhandschuhe, Beuth-Verlag, Berlin, 2008

Deutsches Institut für Normung e.V.: DIN EN 943-1 Schutzkleidung gegen flüssige und gasförmige Chemikalien, einschließlich Flüssigkeitsaerosole und feste Partikel – Teil 1: Leistungsanforderungen für belüftete und unbelüftete ‚gasdichte' (Typ 1) und ‚nicht gasdichte' (Typ 2) Chemikalienschutzanzüge, Beuth-Verlag, Berlin, 2002

Deutsches Institut für Normung e.V.: DIN EN 943-2 Schutzkleidung gegen flüssige und gasförmige Chemikalien, einschließlich Flüssigkeitsaerosole und feste Partikel – Teil 2: Leistungsanforderungen für gasdichte (Typ 1) Chemikalienschutzanzüge für Notfallteams (ET), Beuth-Verlag, Berlin, 2002

Deutsches Institut für Normung e.V.: DIN EN ISO 11612 Schutzkleidung – Kleidung zum Schutz gegen Hitze und Flammen, Beuth-Verlag, Berlin, 2009

Deutsches Institut für Normung e.V.: DIN EN ISO 17491 Schutzkleidung – Prüfverfahren für Chemikalienschutzkleidung, Teile 3 und 4, Beuth-Verlag, Berlin, 2009

Deutsches Institut für Normung e.V.: DIN EN ISO 17493 Kleidung und Ausrüstung zum Schutz gegen Hitze – Prüfung des konvektiven Hitze-Widerstandes bei der Benutzung eines Heißluftumwälzofens, Beuth-Verlag, Berlin, 2000

Deutsches Institut für Normung e.V.: DIN EN ISO 20471 Hochsichtbare Warnkleidung – Prüfverfahren und Anforderungen, Beuth-Verlag, Berlin, 2013

Deutsches Institut für Normung e.V.: DIN EN ISO 5077 Textilien – Bestimmung der Maßänderung beim Waschen und Trocknen, Beuth-Verlag, Berlin, 2008

Deutsches Institut für Normung e.V.: DIN EN ISO 6529 Schutzkleidung – Schutz gegen Chemikalien – Bestimmung des Widerstands von Schutzkleidungsmaterialien gegen die Permeation von Flüssigkeiten und Gasen, Beuth-Verlag, Berlin, 2003

Deutsches Institut für Normung e.V.: DIN EN ISO 6942 Schutzkleidung – Schutz gegen Hitze und Feuer – Prüfverfahren: Beurteilung von Materialien und Materialkombinationen, die einer Hitze-Strahlungsquelle ausgesetzt sind, Beuth-Verlag, Berlin, 2002

DGUV: GUV-V C 53 „UVV Feuerwehren", Berlin, 2005

DGUV: GUV-I 8675 Information – Auswahl von persönlicher Schutzausrüstung auf der Basis einer Gefährdungsbeurteilung für Einsätze bei deutschen Feuerwehren, Berlin, 2008

DGUV: Auswahl von persönlicher Schutzausrüstung für Einsätze bei der Feuerwehr, Basierend auf einer Gefährdungsbeurteilung, DGUV Information 205–114, Berlin, September 2016;

DGUV: Warnkleidung, DGUV Information 212–016, Berlin, 2021; https://publikationen.dguv.de/widgets/pdf/download/article/841, abgerufen: 29.01.2025

DGUV: Sicherheit und Gesundheit bei der Vegetationsbrandbekämpfung, FBFHB-035, DGUV Aktuell vom 30.08.2022, Berlin, 2022; https://publikationen.dguv.de/widgets/pdf/download/article/4605, abgerufen: 02.01.2024

DGUV: DGUV-Regel 105-049 „Feuerwehren"; https://www.ukrlp.de/fileadmin/ukrlp/daten/pdf/startseite_internetseite/service/publikationen/dguv_regelwerk/DGUV_Regel_105-049_Feuerwehren_UKRLP.pdf, abgerufen: 01.02.2024

DGUV: DGUV-Vorschrift 49 „Feuerwehren"; https://publikationen.dguv.de/widgets/pdf/download/article/1507, abgerufen: 01.02.2024

Domke, Jürgen: Einkaufen nach Plan, PSA für Feuerwehren, in: Faktor Arbeitsschutz 1/2003 EuGH: Urteil vom 22.05.2003 (Aktenzeichen C-103/01)

EWG-Richtlinie 89/656/EWG: „Richtlinie des Rates über die Mindestvorschriften für Sicherheit und Gesundheitsschutz bei der Benutzung persönlicher Schutzausrüstung durch Arbeitnehmer bei der Arbeit“

Fabrizio, Manuel: Bachelorarbeit – Praxisvergleich unterschiedlicher Helme nach DIN EN 443:2008, Schopfheim, 2010

Fabrizio, Manuel: Tragetests von Feuerschutzkleidung nach DIN EN 469 – Auswertung der Testreihe der Feuerwehr Düsseldorf 2008/2009, Schopfheim, 2009

Feuerwehr-Unfallkasse Niedersachsen: Infoblatt Motorsägearbeiten – Drehleiterkorb, Hannover, 2006 Feuerwehr-Unfallkasse Niedersachsen: Infoblatt Motorsägearbeiten, Hannover, 2007

Finteis, Thorsten/Oehler, J.-C./Genzwürker, H./Hinkelbein, J./Dempfle, C.-E./Becker, H./Ellinger, K.: Stressbelastung von Atemschutzgeräteträgern bei der Einsatzsimulation im Feuerwehr- Übungshaus Bruchsal – Landesfeuerwehrschule Baden-Württemberg (STATT-Studie), Mannheim, 2002

Fischer, Christian: Zusammenfassung des Workshops zur Kennzeichnung von Einsatzkräften auf der Messe Rescue 2001 in Stuttgart, 2001

Franz, Kurt: Chemikalienschutzanzüge mit externer Lufteinspeisung – Erfahrungen der Werkfeuerwehr der Technischen Universität München, in: Brandschutz – Deutsche Feuerwehr-Zeitung 11/2004, S. 770–774, Stuttgart 2004

FUK: Sicherer Einsatz an und auf dem Wasser, Begleitheft, 2015; https://www.hfuknord.de/hfuk-wAssets/docs/service-und-downloads/download-praevention/Medienpakete/Sicherer-Einsatz-an-und-auf-dem-Wasser/Begleitheft-Sicherer-Einsatz-an-und-auf-dem-Wasser.pdf, abgerufen: 04.02.2024

FUKBB: Aussonderungsfrist Feuerwehrhaltegurt nach DIN 14927, Frankfurt (Oder), o.J.; https://www.fukbb.de/praevention/wichtige-informationen/aussonderungsfrist-feuerwehrhaltegurt, abgerufen: 02.01.2024

FwDV 1: Grundtätigkeiten – Lösch- und Hilfeleistungseinsatz, 2006 FwDV 500: Der ABC-Einsatz, 2022; https://www.lfs-bw.de/fileadmin/LFS-BW/themen/gesetze_vorschriften/fwdv/dokumente/FwDV500_AFKzV_2022-03-16_02.pdf, abgerufen: 02.01.2024

FwDV 7: Atemschutz, 2002 mit Änderungen 2005

Gavhed, Dc/Holmer, I: Thermoregulatory responses of firemen to exercies in the heat. European Journal of Applied Physiology, 59, 115–122, 1989

GefStoffV: Verordnung zum Schutz vor Gefahrstoffen – Gefahrstoffverordnung (GefStoffV)

Graeger, Arvid/Cimolino, Dr. Ulrich/De Vries, Dr. Holger/Haisch, Dr. Michael/Südmersen, Jan: Einsatz- und Abschnittsleitung, ecomed-Verlag, Landsberg, 2009

Gressmann, Hans-Joachim/Von Hoegen, Thomas/Südmersen, Jan: „Feuerwehrschutzkleidung zwischen Leistungsanforderungen und Finanzierbarkeit. Die neue DIN EN 469 und ihre Auswirkungen", Brandschutz, Deutsche Feuerwehr-Zeitung, 11/05, S. 873

Hellmann, Tanja; Cimolino, Dr. Ulrich: Alternative Fahrzeugantriebe, ecomed-Verlag, Landsberg, 2022

HFUK-Nord: Sicherer Umgang mit Hubrettungsfahrzeugen, Ausgabe 2022; https://www.hfuknord.de/hfuk-wAssets/docs/service-und-downloads/informationsschriften/Sicherer-Umgang-mit-Hub rettungsfahrzeugen_V3.pdf, abgerufen: 04.02.2024

HFUK-Nord: https://www.hfuknord.de/hfuk/aktuelles/meldungen/2015/Hilfeleistungshandschuhe.php, 2015

Hinz, Thomas: Fulda: Schutzkleidung mit Wahrnehmbarkeit nach DIN EN 471; in: BrandSchutz 11/08, S. 906, Kohlhammer, Stuttgart, 2008

HuPF: Herstellungs- und Prüfungsbeschreibung für eine universelle Feuerwehr-Schutzbekleidung, 2006

Innenministerium Baden-Württemberg: Bericht zum Einsatz Tübingen, Reutlinger Str. 34/1, 29. Juli 2006

KUVB: Warnwirkung von Feuerwehrschutzkleidung, KUVB-Information vom Januar 2019; https://kuvb.de/fileadmin/daten/dokumente/GBI/Feuerwehr/Infobl%C3 %A4tter/KUVB_Information_Warnwirkung_von_Feuerwehrschutzkleidung__2019-01-08_.pdf, abgerufen: 04.02.2024

KUVB: Persönliche Schutzausrüstung der Feuerwehr bei Motorsägearbeiten, KUVB-Information vom 07.07.2021; https://kuvb.de/fileadmin/daten/dokumente/GBI/Feuerwehr/Infobl%C3 %A4tter/KUVB_Information_PSA_Motors%C3 %A4gearbeiten__2021-07-07_.pdf, abgerufen: 04.02.2024

März, R.: Schutz des Feuerwehrmannes vor Schadstoffen, in: Brandschutz 5/1992

Mager, David: Evaluating the results of a modified Bunker Gear Policy. Forschungsprojekt im Rahmen des Executive Fire Officer Program, 2002

Maurer et al.: Unfallkommission Einsatz Kierberger Straße 15, ausführlicher Abschlussbericht der Unfallkommission, Köln, 1996, http://www.atemschutzunfaelle.eu/download/Unfaelle/Stampe/Abschlussbericht.doc

Meier, Angela: Schnittschutzhosen bei der Feuerwehr. Was muss bei der Nutzungsdauer beachtet werden? In: Brandschutz 10/13, Kohlhammer, Stuttgart, 2013

MSA: Produktbeschreibung MSA F1SF, MSA-Auer, Berlin, 2008

Niosh: Niosh Report #99F47, Tragedy in Worcester, in: www.firehouse.com vom 10.03.2000 sowie Folgebericht von Anfang 2001

Pannier, Christian: HuPF: 2006 – Was ist neu? in: Brandschutz, 4/07, Verlag W. Kohlhammer, Stuttgart, 2007

Petter, F.: Richtiges Beurteilen von Gift in Brandrückständen, in Blaulicht 1-3/94

PIEHL, INGO: Hanseatische Feuerwehrunfallkasse Nord: Die Feuerwehr im Motorsägeneinsatz, Teil 3 in: UB Feuerwehr, Ausgabe 1-2/03

Richtlinie 89/686/EWG des Rates vom 21. Dezember 1989 zur Angleichung der Rechtsvorschriften der Mitgliedstaaten für persönliche Schutzausrüstungen

RIDDER, ADRIAN/CIMOLINO, Dr. ULRICH/FUCHS, MARTIN/SÜDMERSEN, JAN/VOLKMAR, GUIDO: Brandbekämpfung im Innenagriff, ecomed-Verlag, Landsberg, 2013

Schuberth: Produktdatenblatt Schuberth F130, Schuberth, Magdeburg, 2009

SPLADING, MIKE: Memoir of a firefighter – trapped in hell; in: www.vfre.com/knapp-delisio/memoir.htm

THIELEN, VALENTIN: Vergleichen Sie kritisch die einzelnen Systeme zur Kennzeichnung der Funktion und Qualifikation von FM (SB) in der BRD. Abschnittsarbeit für den gehobenen Dienst Feuerwehr, Berufsfeuerwehr Düsseldorf, 1994

TREMMEL, THOMAS: Entwurf für Bachelorarbeit an der Bergischen Universität Wuppertal, 2007

UK NRW: Unfallkasse NRW – Abschlussbericht zur Unfallermittlung (St. Augustin), Düsseldorf 01/2025; https://sifw.rms2cdn.de/files/pdf_files/UK_NRW-Bericht_Sankt_Augustin.pdf, abgerufen: 28.01.2025

UNTERHALT, MICHAEL: Neue Norm für Feuerwehrgut verabschiedet, in: Feuermelder 38, Feuerwehr Düsseldorf, 2003

Verordnung über Sicherheit und Gesundheitsschutz bei der Benutzung persönlicher Schutzausrüstung bei der Arbeit (PSA-Benutzungsverordnung – PSA-BV)

vfbd, Referat 10: Richtlinie 10/03; Schadstoffe bei Bränden; München, Stand: 26.08.1997

vfdb-Richtlinie 08/01: Auswahl von Chemikalienschutzanzügen für Einsatzaufgaben bei den Feuerwehren, 2006

vfdb-Richtlinie 08/05: Empfehlungen zur Auswahl von Feuerwehrschutzausrüstungen, 2007 vfdb-Richtlinie 10/03: Schadstoffe bei Bränden, 2009

VOLKMAR, GUIDO: Kennzeichnungssysteme von Funktion und Qualifikation von FM (SB) außerhalb der BRD. Abschnittsarbeit für den gehobenen Dienst Feuerwehr, Berufsfeuerwehr Düsseldorf, 1994

WERFT, WOLFGANG/CIMOLINO, DR. ULRICH/HEYNE, TIM/SPRINGER, HUBERT: Absturzsicherung, ecomed-Verlag, Landsberg, 2009

WIDETSCHEK, DR. OTTO: Aktuelles kommentiert „Langzeitschäden", in: Blaulicht 1/94